"十四五"职业教育国家规划教材

职业教育机电专业微课版创新教材

钳工工艺与技能实训 第2版 微课版

高永伟 / 主编

王尧林 / 徐巨峰 副主编 / / 滕朝晖 / 主审

U0262253

人民邮电出版社

北 京

图书在版编目（CIP）数据

钳工工艺与技能实训 : 微课版 / 高永伟主编. -- 2
版. -- 北京 : 人民邮电出版社, 2017.3
职业教育机电专业微课版创新教材
ISBN 978-7-115-43945-1

Ⅰ. ①钳… Ⅱ. ①高… Ⅲ. ①钳工－工艺学－高等职
业教育－教材 Ⅳ. ①TG9

中国版本图书馆CIP数据核字(2016)第320751号

内 容 提 要

本书根据国家职业技能鉴定钳工中级工考核标准，结合相关的岗位要求，采用理实一体化的形式，介绍了钳工的基本工艺和基本技能。

本书共 8 个模块，主要内容包括：钳工基本知识与技能训练，钳工特殊知识与技能训练，钳工常用设备与操作技能训练，装配工艺规程与装配技能训练，减速器的结构与装配，综合练习（一）钳工常见作业练习，综合练习（二）初、中级技能考核训练和安全用电。

本书可作为技工学校、技师学院和各职业院校机电类专业实训课教材，也可供相关从业人员学习参考。

◆ 主　　编　高永伟
　 副主编　王尧林　徐巨峰
　 主　　审　滕朝晖
　 责任编辑　刘　佳
　 责任印制　焦志炜

◆ 人民邮电出版社出版发行　　北京市丰台区成寿寺路 11 号
　 邮编　100164　 电子邮件　315@ptpress.com.cn
　 网址　https://www.ptpress.com.cn
　 涿州市京南印刷厂印刷

◆ 开本：787×1092　1/16
　 印张：15.25　　　　　　　　　2017 年 3 月第 2 版
　 字数：389 千字　　　　　　　2024 年 12 月河北第 13 次印刷

定价：39.80 元

读者服务热线：(010)81055256　印装质量热线：(010)81055316
反盗版热线：(010)81055315

　　本书全面贯彻党的二十大精神，以社会主义核心价值观为引领，传承中华优秀传统文化，坚定文化自信，使内容更好体现时代性、把握规律性、富于创造性，为建设社会主义文化强国添砖加瓦。

　　随着我国机械制造技术的迅猛发展，职业学校"钳工工艺与技能训练"课程在教学上存在的主要问题是教学内容、要求与现代制造业企业的生产实际需求有较大差异。本书尝试打破原来的学科知识体系，按现代机械制造企业的生产流程和企业的岗位要求来构建本课程的技能训练体系。

　　本书依据现行国家职业技能鉴定规范编写而成。采用任务驱动的教学方法，以本专业学生必备的基本知识为主线，内容主要包括钳工入门知识与钳工常用量具的使用与维护；钳工划线、锉、锯、孔加工、螺纹加工和锉配加工的基础知识与技能；钳工弯曲、矫正、刮削、研磨、铆接和粘接等特殊技能；钳工常用设备与钻夹具的使用与保养；装配工艺与方法等。本书通过典型机械产品——减速器的装配，使学生了解实际生产中的装配过程与方法；通过大量综合练习，使学生具备通过职业技能鉴定和胜任相关岗位的能力；通过制作 35mm 台虎钳让学生开阔眼界，发展思维能力，使学生理解钳工加工工艺和技能在生产中的应用。通过本书的学习学生将具备钳工基本知识与操作的能力，具备从事机械设备维修、产品整机装配的知识及能力。

　　教育的根本任务在于立德树人。总书记习近平在全国高校思想政治工作会议上强调，"要坚持把立德树人作为中心环节，把思想政治工作贯穿教育教学全过程，实现全程育人、全方位育人"。

　　钳工工艺与技能训练课程是职业院校机械类和近机械类专业学生实践能力和创新意识培养的重要教育环节。钳工专业课程思政育人，强调专业技能的实践和运用，重在培育学生的工匠精神与工程能力素养，发挥其中隐含着大量思政教育要素。在教学中浸润课程思政内涵，是职业教育改革建设的重要内容，也是钳工课程实现教学目的和人才培育目标的内在要求。

　　习近平总书记在十九大报告中指出要"弘扬劳模精神和工匠精神，营造劳动光荣的社会风尚和精益求精的敬业风气"。本书在不同的环节，以二维码形式，增加了大国工匠、改革先锋、感动中国等相关人物的优秀事迹，让学生深入了解和体会执着专注、严谨作风、精益求精、敬业守信、推陈出新的工匠精神，将思政素养、人文素养和职业素养渗透到具体的教学实践活动当中。加强了对学生的职业生涯规划、价值观念树立等潜移默化的影响。本书重要实践，让同学真实地置于工厂环境中，如在锉削时可以学习吃苦耐劳的美德，在刮削能让学生追求精益求精的工匠态度，过程中对"精益求精"、"严谨专注"、"持续创新"工匠精神的追求和体现，以及良好工作习惯、安全责任意识等的树立和养成。

　　本书在编写体例上采用新的形式，文字表述简明、准确；并结合大量实物图片，直观明了。本书注重理论和实践的结合，通过配套的技能训练项目来加强对学生操作技能的培养。

增加了部分"四新技术"以使钳工知识与技术更贴近现代制造业的发展与需要。

本课程的教学课时数建议为 572 课时，各模块的参考教学课时见下面的课时分配表，其中实践课时可根据学校的教学安排进行调整。

模　块	课　程　内　容	课 时 分 配	
		讲　授	实 践 训 练
模块一	钳工基本知识与技能训练	42	176
模块二	钳工特殊知识与技能训练	16	72
模块三	钳工常用设备与操作技能训练	6	18
模块四	装配工艺规程与装配技能训练	16	36
模块五	减速器的结构与装配	6	18
模块六	综合练习（一）钳工常见作业练习	16	80
模块七	综合练习（二）初、中级技能考核训练	6	54
模块八	安全用电	6	4
课 时 总 计		114	458

本书由杭州萧山技师学院高永伟任主编并编写模块一中的课题六、课题八及模块五和模块七，杭州萧山技师学院王尧林任副主编并编写模块一中的课题一至课题五，杭州萧山技师学院徐巨峰任副主编并编写模块一中的课题七和模块四和模块八，杭州萧山技师学院钱峰编写模块二和模块三。临安技工学校校长滕朝晖对全书进行了审稿。本书的编写得到杭州萧山技师学院院长许红平教授、副院长徐巨峰的大力指导和帮助，在此表示衷心感谢。

限于编者水平和经验，书中难免存在不妥之处，恳请广大读者批评指正。

编　者

2022 年 11 月

目 录

模块一
钳工基本知识与技能训练

钳工主要使用手工工具或设备，按技术要求对工件进行加工、修整、装配，是机械制造业中的重要工种之一。由于钳工设备简单、操作方便、技术成熟，能制造高精度的机械零件，所以在当今先进制造业中，即使已经大量采用高科技设备、设施以及各种先进的加工方法，仍然有很多工作需要由钳工来完成。钳工的基本操作可分为：

（1）辅助性操作。如在单件、小批量生产中加工前的准备工作、毛坯表面的清理以及工件上的划线等。

（2）切削性操作。产品零件、装配成机器之前的錾削、锯削、锉削、攻螺纹、套螺纹、钻孔（扩孔、铰孔）；某些精密零件的加工，如配刮、研磨、锉制样板等。

（3）装配性操作。设备的装配、调试，将零件或部件按图样技术要求组装成机器的工艺过程。

（4）维修性操作。对机械、设备进行维修、检查、修理等。

| 课题一　钳工入门知识 |

本课题主要介绍钳工的基本知识并进行基本的训练，通过学习了解钳工的工作性质和任务，熟悉工作现场；掌握使用简单手工工具对台虎钳进行拆装，了解其构造和使用要求；学习钳工安全文明生产知识。

【技能目标】

◎ 掌握安全文明生产的要求

◎ 会装拆台虎钳

一、基础知识

视频 1 认识钳工

1. 钳工的主要任务及种类

（1）钳工的主要任务有加工零件、装配、设备维修、工具的制造和修理等。

① 加工零件。一些采用机械方法不适宜或不能解决的加工，都可由钳工来完成。例如，零件加工过程中的划线、精密加工（如刮削、研磨等）以及检验及修配等。

② 装配。把零件按机械设备的装配技术要求进行组件、部件装配及总装配，并经过调整、检验、试车等，使之成为合格的机械设备。

③ 设备维修。当机械在使用过程中产生故障、出现损坏或长期使用后精度降低影响使用时，也要通过钳工进行维护和修理。

④ 工具的制造和修理。制造和修理各种工具、量具、夹具、模具和各种专业设备。

根据钳工的主要任务，钳工的基本操作包括划线、錾削、锉削、锯削、钻孔、扩孔、锪孔、铰孔、攻丝与套丝、弯曲与矫正、刮削、研磨以及对部件或机器进行装配、调试、维修等。

（2）钳工的种类。由于钳工技术应用的广泛性，钳工目前已有了专业性分工，如装配钳工、机修钳工、工具钳工、模具钳工等，以适应不同工作和不同场合的需要。

2. 钳工工作场地

钳工的工作场地是供一人或多人进行钳工操作的地点。对钳工工作场地的要求有以下几个方面。

（1）主要设备的布局应合理适当。钳工工作台应放在光线适宜、工作方便的地方。面对面使用钳工工作台时，应在两个工作台中间安置安全网。砂轮机和钻床应设置在场地边缘，以保证安全。

（2）正确摆放毛坯和工件。毛坯和工件要分别摆放整齐、平稳，并尽量放在工件搁架上，以免磕碰。

（3）合理摆放工具、夹具和量具。常用工具、夹具和量具应放在工作位置附近，便于随时取用，不应任意堆放，以免损坏。工具、夹具和量具用后应及时清理、维护和保养并且妥善放置。

（4）工作场地应保持清洁。工作完毕后要对设备进行清理、润滑、保养，并及时清扫场地。

3. 钳工常用设备

钳工常用设备有钳工工作台、台虎钳、砂轮机、台钻等。

（1）钳工工作台。

简称钳台或钳桌，常用硬质木材或钢材制成，要求坚实、平稳。台面高度为 800～900mm，台面上安装台虎钳和防护网或工量具架，如图 1.1 所示。

（2）台虎钳。

台虎钳是夹持工件的主要工具，它有固定式和回转式两种。台虎钳规格用钳口的宽度表示，常用的为 100mm、125mm、150mm 等。

图 1.2 所示为回转式台虎钳，台虎钳的主体由铸铁制成，分固定钳身和活动钳身两个部分。转动手柄，依靠丝杠与固定钳身内的螺母组成的螺旋副带动活动钳身靠近或离开固定钳身，实现对工件的夹紧或放松。转盘座用螺栓紧固在钳台上。对于回转式台虎钳，松开锁止螺钉，可实现钳身的回转。

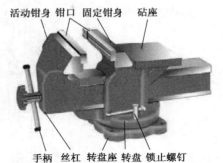

图 1.1　钳工工作台　　　　　　　　　　图 1.2　回转式台虎钳

在钳桌上安装台虎钳时，应使固定钳身的钳口露出钳台边缘，以利于夹持长的工件。转盘座应该用螺栓紧固在钳台上。

4．钳工安全文明生产基本要求

钳工除了在生产实践中严格按《切削加工通用工艺守则　钳工》（JB/T 9168.13—1998）执行外，还应注意以下要求。

（1）工作前按要求穿戴好防护用品（如穿工作服，戴工作帽）。

（2）不准擅自使用不熟悉的机床、工具和量具，严禁戴手套操作机床。

（3）使用电动工具时，要有绝缘防护和安全接地措施；使用砂轮机时，要戴好防护眼镜。

（4）用刷子清理铁屑时，不要用棉纱擦或用嘴吹，更不允许用手直接去清除铁屑。

（5）工具、量具要排列整齐、安放平稳、保证安全、便于取放。在钳台上工作时，为了取用方便，右手取用的工具、量具放在右边，左手取用的工具、量具放在左边，严禁乱堆乱放。

（6）量具不能与工具或工件混放在一起，应放在量具盒内或专用格架上。

（7）工具、量具用完后，要清理干净，整齐地放入工具箱内，不应任意堆放，以防损坏和取用不便。

二、课题实施

熟悉钳工工作场地

钳工工作场地是钳工生产或实习的场所，熟悉钳工工作场地，了解场地内的主要设施、设备，理解钳工安全文明生产基本要求，是每个钳工学生入门学习的必修课。

操作一　参观钳工实训场地

参观钳工实训场地，认识主要钳工设施，如台虎钳、钳台、砂轮机、台钻等。有条件的可组织学生到机械厂生产现场参观学习。

操作二　检查钳工工位高度

检查各自钳工工位高度是否合适。检查的方法是人在台虎钳前站立，握拳、弯曲手臂，使拳

头轻抵下颚，手肘下端应刚好在钳口上面（见图1.3）。否则需要调钳台高度或在地面垫脚踏板以提高人的高度。

图1.3　检查钳工工位高度

操作三　学习钳工安全文明生产要求

逐条学习钳工安全文明生产基本要求，对照场地、设备进行检查。按照安全文明生产要求在钳台上摆放工具、量具等物品。

操作四　学习台虎钳的使用和安全要求

台虎钳使用时的安全要求有以下几点。

（1）工作时，夹紧工件要松紧适当，只能用手扳紧手柄，不得借助其他工具进行加力。

（2）进行强力作业时，应尽可能使作用力朝向固定钳身。

（3）不允许在活动钳身和光滑平面上进行敲击作业。

（4）对丝杆、螺母等活动表面应经常清洗、润滑上油，以防生锈。

砂轮机、台钻的使用参见后面课题。

三、拓展训练

装拆、保养台虎钳

台虎钳是钳工主要用到的工具之一，图1.4所示为回转式台虎钳。装拆、保养时，首先要了解台虎钳的结构、工作原理，准备好训练需用的工具如螺丝刀、活络扳手、钢丝刷、毛刷、油枪、润滑油、黄油等。注意拆卸顺序正确，拆下的零部件排列有序并清理干净、涂油。装配后要检查是否使用灵活。

【操作步骤】

（1）拆下活动钳身1。逆时针转动手柄12，一手托住活动钳身并慢慢取出。

（2）拆下丝杠13。依次拆下开口销钉9、挡圈10、弹簧11，将丝杠从活动钳身取出。

（3）拆下固定钳身4。转动手柄6松开锁止螺钉，将固定钳身从转盘座8上取出。

（4）拆下丝杠螺母5。用活络扳手松开紧固螺钉，拆下丝杠螺母5。

（5）拆下两个钳口3。用螺丝刀（或内六角扳手）松开钳口紧固螺钉2。

（6）拆下转盘座8和夹紧盘7。用活络扳手松开紧固转盘座和钳桌的三个联接螺栓。

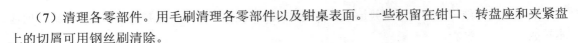

（7）清理各零部件。用毛刷清理各零部件以及钳桌表面。一些积留在钳口、转盘座和夹紧盘上的切屑可用钢丝刷清除。

（8）涂油。丝杠、丝杠螺母涂润滑油，其他螺钉涂防锈油。

（9）装配。按照与拆卸相反的顺序装配好台虎钳，装配后检查活动钳身转动、丝杠旋转是否灵活。

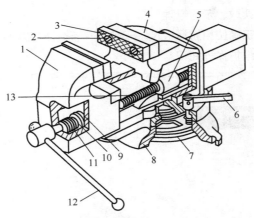

图 1.4　回转式台虎钳

1—活动钳身　2—螺钉　3—钳口　4—固定钳身　5—螺母　6—手柄　7—夹紧盘
8—转盘座　9—销钉　10—挡圈　11—弹簧　12—手柄　13—丝杠

注　意

① 安装钳口时，要拧紧螺钉 2，否则在使用时易损坏钳口和螺钉 2 并使工件夹不稳。

② 安装螺母 5 时要用扳手拧紧紧固螺钉，否则当用力夹工件时，易使螺母 5 毁坏。

③ 安装活动钳身时，应先对准转盘安装孔和夹紧盘上的两个螺孔，再装入锁止螺钉。

四、小结

本课题以钳工的入门知识为例，介绍了钳工的主要任务及其种类、工作场地、常用设备、钳工安全文明生产知识等；通过对本模块的学习，要了解钳工的主要任务及其种类；熟悉钳工工作场地，了解钳工常用设备；理解钳工安全文明生产知识并在今后的工作中严格执行；学会台虎钳的装拆与保养。

｜课题二　常用量具的使用｜

量具是生产加工中测量工件尺寸、角度、形状的专用工具，一般可分为通用量具、标准量具、专用量具以及量仪和极限量规等。钳工在制作零件、检修设备、安装和调试等各项工作中，都需要使用量具对工件的尺寸、形状、位置等进行检查。常用的通用量具（如游标卡尺、螺旋千分尺、百分表、万能角度尺）、标准量具（如量块、刀口角尺）和极限量规（如螺纹量规）等如图 1.5 所示。

熟悉量具的结构、性能、刻线原理以及使用方法，能正确使用、保养量具，是钳工的一项基本技能。

【学习目标】

◎ 了解常用量具的结构、功能、规格、性能及使用方法

◎ 理解常用量具的读数、示值原理

◎ 能够合理选择并正确使用游标卡尺、千分尺、百分表等常用量具检验工件加工质量

◎ 学会常用量具的维护保养知识

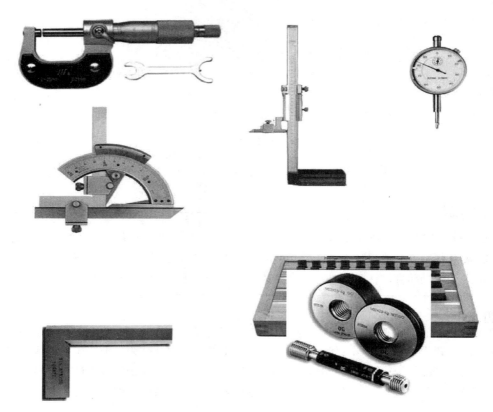

图 1.5　常用量具

任务一　游标类量具的使用

卡尺的出现始于王莽新朝始建国元年（公元 9 年），我们的祖先所使用的铜卡尺，其记载见于晚清一些著录上（如吴大澂《权衡度量实验考》和容庚所编《秦汉金文录》），游标卡尺是法国数学家维尼尔·皮尔（公元 1580－1637 年）在 1631 年发明的。

游标类量具是一种中等测量精度的量具，有游标卡尺、高度游标尺、深度游标尺等。虽然不同的游标类量具结构、形状、功能不同，但其刻线原理和读数方法是相同的。下面以游标卡尺为例说明其结构、原理及其使用。

【技能目标】

　　◎　正确使用游标卡尺
　　◎　用读数值为 0.02mm 的游标卡尺测量工件，要求测量误差在±0.04mm 以内
　　◎　掌握游标卡尺的维护保养技能

一、基础知识

1．游标卡尺的结构和功能

　　图 1.6 所示为带测深杆的游标卡尺各部分结构名称以及基本功能。游标卡尺可以用外测量爪测量工件的外径、长度、宽度、厚度等，用内侧量爪测量工件的内径、槽宽等，用测深杆测量孔深度、高度等。

2．游标卡尺的刻线原理及读数方法

　　游标卡尺的测量范围可分为 0～125mm、0～150mm、0～200mm、0～300mm、0～500mm 等多种。测量精度可分为 0.1mm、0.05mm 和 0.02mm 三种。测量时，应按照工件尺寸大小、尺寸精度要求选择游标卡尺。游标卡尺属于中等精度（IT10－IT6）量具，不能测量毛坯或高精度工件。

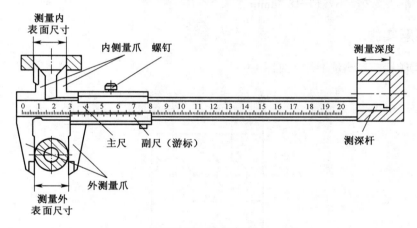

图 1.6　游标卡尺

　　下面以精度为 0.02mm 的游标卡尺为例，讨论其刻线原理及其读数方法。

　　（1）精度为 0.02mm 游标卡尺的刻线原理。

　　擦净并合拢游标卡尺两量爪测量面，观察主、副尺刻线对齐情况。如图 1.7 所示，副尺 50 格对准主尺 49 格（49mm），则副尺每格长度为 49/50=0.98mm，主、副尺每格差值为 1mm－0.98mm=0.02 mm。利用主、副尺每格差值，得出该游标卡尺的最小读数精确值就是 0.02mm。

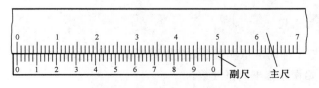

图 1.7　主副尺线对齐情况

（2）游标卡尺读数方法。

图1.8所示游标卡尺读数方法的步骤如下。

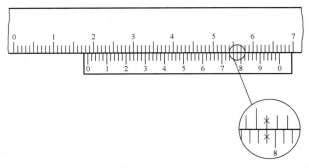

图1.8 游标卡尺读数方法

① 读取整数值。主尺上副尺零刻线左侧整毫米数值——18mm。

② 读小数值。

◇ 找主副尺对齐刻线（注意观察对齐刻线左右两侧刻线特点）。

◇ 读小数值为 0.7mm+4×0.02mm=0.78mm。

③ 测量值=整数值+小数值=18.78mm。

二、课题实施

正确使用游标卡尺测量工件（见图1.9）

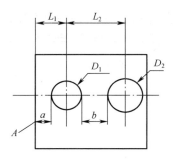

图1.9 测量工件图

正确使用游标卡尺测量工件，测量的步骤包括测量前检查游标卡尺、用游标卡尺卡爪接触工件、读数等。测量中还要注意动作、姿势的正确，测量后学会游标卡尺的保养等。

操作一 准备工件

准备可测量宽度、外径、内径、深度尺寸类型的工件一套。

操作二 检查游标卡尺

松开紧定螺钉，擦干净两卡爪测量面，合拢两卡爪，透光检查副尺零线与主尺零线是否对齐。若未对齐，应根据原始误差修正测量读数。

操作三 用卡爪接触工件

将工件置于稳定的状态。用左手拿主尺卡爪，右手拿副尺卡爪。移动副尺卡爪，使两卡爪测量面与工件的被测量面贴合。对于小型工件，可以左手拿工件，右手拿游标卡尺测量工件（见图 1.10）。测量时，卡爪测量面必须与工件的表面平行或垂直，不得歪斜，且用力不能过大，以免卡脚变形或磨损，影响测量精度（见图 1.11）。

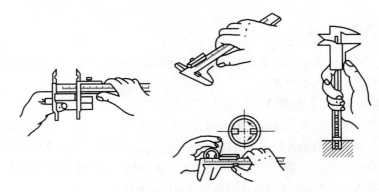

图 1.10 游标卡尺的正确使用方法

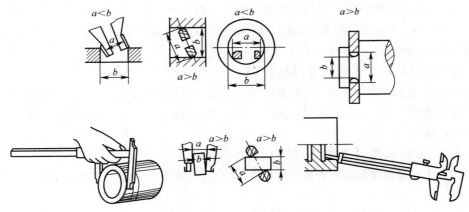

图 1.11 游标卡尺错误的测量方法

操作四 读数

从刻度线的正面正视刻度。先读出主尺刻度值（整毫米数），再找出主、副尺对齐刻线，读出副尺小数值。测量值即为整毫米数+小数值。

操作五 测量 L_1 和 L_2

L_1 测量。先测量 D_1 孔径，再测量 D_1 孔壁到 A 边的距离 a，计算得 $L_1=a+D_1/2$。

L_2 测量。先测量 D_1、D_2 孔径,再测量两孔壁间的距离 b，计算得 $L_2=b+D_1/2+D_2/2$。

操作六 放置与保存游标卡尺

游标卡尺不能与其他工具、量具叠放。用完后，仔细擦净，抹上防护油，主尺和副尺量爪之间保持 0.1～0.2mm 间隙，平放在盒内，不可将副尺紧定螺钉拧紧。

提 示

① 测量前，要校对游标卡尺零位，检查量爪是否平行，若有问题应及时检修。

② 测力要适当，读数时应与尺面垂直。不允许测量运动中的工件。长工件应多测几处。

③ 测量点要尽可能靠近尺身，紧固螺钉应适当拧紧，以减少测量误差。

三、拓展训练

上述是最常用的游标卡尺。在生产中还用到诸如带表游标卡尺、数显游标卡尺，深度游标卡尺、高度游标卡尺等，如图 1.12 所示。

1．带表游标卡尺［见图 1.12（a）］

带表游标卡尺以精密齿条、齿轮的齿距作为已知长度，以带有相应分度的指示表放大、细分和指示测量尺形。常见的最小读数值有 0.05mm 和 0.02mm 两种。带表游标卡尺能解决普通游标卡尺读数时主尺和游标尺重合刻线不易分辨的问题。读数时，整毫米数在主尺上读取，小数在表上读取。表上每格表示 0.02mm（当最小读数值为 0.02mm 时）。

2．数显游标卡尺［见图 1.12（b）］

数显游标卡尺是利用电容、光栅等测量系统、以数字显示量值的一种长度测量工具。常用的分辨率为 0.01mm，允许误差为 0.03mm/150mm。由于读数直观、清晰，测量效率较高，但受测量力和环境温度的影响。

3．深度游标卡尺［见图 1.12（c）］

深度游标卡尺用来测量台阶长度和孔、槽的深度，其刻线原理和读法与普通游标卡尺相同。使用方法是：把尺框贴在工件孔或槽端面，再将尺身插到底部，并用螺钉紧固后看尺寸。一般最小读数为 0.02mm 。

4．高度游标卡尺［见图 1.12（d）］

高度游标卡尺是用来测量零件的高度和进行精密划线的，其刻线原理和读数方法与普通游标卡尺相同。

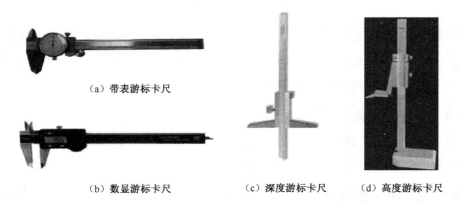

（a）带表游标卡尺

（b）数显游标卡尺　　　　（c）深度游标卡尺　　　（d）高度游标卡尺

图 1.12　常见游标卡尺

【操作步骤】

（1）用深度游标卡尺测量工件槽深或台阶尺寸

① 测量前检查。左手拿住深度游标卡尺底座，贴紧工件表面，右手将主尺往沟槽深度方向推进至卡尺端部与槽底接触，拧紧紧定螺钉。

③ 根据读数方法读出测量值。

（2）用高度游标卡尺测量工件高度

① 将平板和高度游标卡尺尺座底部擦干净，轻轻放置高度游标卡尺到平板上。

② 松开高度游标卡尺微调部分和副尺上的紧定螺钉，将测量爪或划线头下降至平板上，观察高度游标卡尺的主副零刻线是否对齐。若未对齐，读出原始误差值，根据上正下负（副尺零刻线在主尺零刻线上方）修正测量读数。

③ 缓慢移动高度游标卡尺测量头至被测工件高度处，使测量面下方贴紧被测表面，拧紧副尺紧定螺钉。

④ 从刻度线的正面正视刻度读出整毫米数和小数值。

四、小结

在本任务中，要了解游标卡尺的结构，理解游标卡尺的刻线原理和读数方法，熟练运用游标卡尺的读数方法准确读出测量值。尤为重要的是，要通过练习，掌握正确的测量姿势、测量用力，学会游标卡尺的使用和保养。作为中等精度的量具，只有正确使用，才能保证测量的有效性。

为了便于记忆，更好地掌握游标卡尺的使用方法，可以把上述提到的几个主要问题，用口诀加以记忆。

量爪贴合无间隙，主尺游标两对零；尺框活动能自如，不松不紧不摇晃；测力松紧细调整，不当卡规用力卡；量轴防歪斜，量孔防偏歪；测量内尺寸，爪厚勿忘加；面对光亮处，读数垂直看。

任务二　千分尺的使用

千分尺又称分厘卡，是法国人帕尔默于 1848 年发明的。千分尺是一种精密的测微量具，用来测量加工精度要求较高的零件尺寸，其最小刻度为 0.01mm，广泛用于机械产品加工行业。

【技能目标】

◎ 正确使用千分尺

◎ 用读数值为 0.01mm 的外径千分尺测量工件，要求测量误差在 ±0.02mm 以内

◎ 掌握千分尺的维护保养技能

一、基础知识

1．外径千分尺的功能和结构

千分尺的种类繁多，如外径千分尺、内径千分尺、测深千分尺以及螺纹千分尺等。其中外径

千分尺的应用较为广泛。

外径千分尺主要用于测量精密工件的外径、长度和厚度等。

外径千分尺的规格按测量范围分为：0～25mm、25～50mm、50～75mm、75～100mm、100～125mm 等，使用时按被测工件的尺寸选用。

外径千分尺的结构如图 1.13 所示，主要由尺架、测砧、测微螺杆、固定套管、测力装置、锁紧手柄、隔热垫等组成。

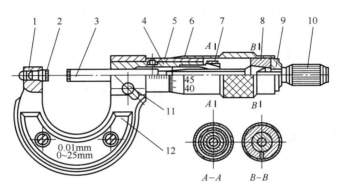

图 1.13　千分尺结构

1—尺架　2—固定量砧　3—测微螺杆　4—螺套　5—固定套管　6—活动套管　7—螺母
8—锥管接头　9—垫片　10—测力装置　11—锁紧手柄　12—绝热版

2．千分尺的刻线原理

千分尺测微螺杆上的螺距为 0.50mm，当微分筒转一圈时，测微螺杆就沿轴向移动 0.50mm。固定套管上刻有间隔为 0.50mm 的刻线，微分筒圆锥面的圆周上共刻有 50 个格，因此微分筒每转一格，测微螺杆就移动 0.5mm/50=0.01mm，因此该千分尺的精度值为 0.01mm。

3．千分尺的读数方法

首先读出微分筒边缘在固定套管主尺的毫米数和半毫米数，图 1.14（a）所示为 14.29mm，图 1.14（b）所示为 38+0.5mm。然后看微分筒上哪一格与固定套管上基准线对齐，并读出相应的不足半毫米数，图 1.14（a）所示为 0.29mm，图 1.14（b）所示为 0.29mm。最后把两个读数相加起来就是测得的实际尺寸，则图 1.14（a）所示的测量值为 14.29mm，图 1.14（b）所示的测量值为 38.79mm。

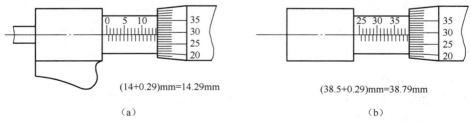

(14+0.29)mm=14.29mm　　　　　　　　(38.5+0.29)mm=38.79mm

（a）　　　　　　　　　　　　　　　　　（b）

图 1.14　千分尺读数方法

二、课题实施

正确使用外径千分尺测量工件［见图 1.15（a）］

使用外径千分尺进行精密工件测量，测量的步骤、动作、姿势是保证测量准确性的重要因素。测量前应检查千分尺；测量时要注意动作、姿势的正确，使用合适的测量力；读数要正视；测量后学会正确保养等。平时要防止有错误的测量动作和习惯，如图1.15（b）所示。

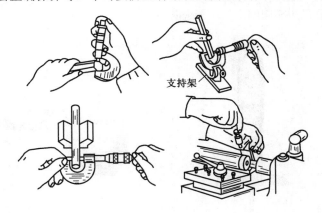

支持架

（a）正确的测量方法　　　　　　　　（b）错误的习惯

图1.15　外径千分尺的测量方法

操作一　初调

松开锁紧手柄，转动微分筒擦净测砧和测微螺杆上的测量面。转动测力装置直至发出"吱吱"声响为止，两测量面贴合，检查微分筒零刻线是否与固定套管基准刻线对齐，固定套管零刻线是否刚好露出。

操作二　测量工件

将工件置于稳定状态并处于两测量面间。左手拿住尺架隔热垫部分，右手转动测力装置至发出"吱吱"声响为止，表示测量力适度。

操作三　读数

从刻度线的正面正视刻度。先读出固定套管上的整毫米数和半毫米数，再读出微分筒上的小数值。测量值=整毫米数+半毫米数+小数值。

操作四　放置与保存千分尺

千分尺不能与其他工具、量具叠放。用完后，仔细擦净，测量面抹上防护油并将两测量面分开0.1～0.2mm，不可将锁紧手柄拧紧，平放在盒内，置于干燥处。

 提　示

① 铜、铝等材料加工后的线膨胀系数较大，应冷却后再测量，否则容易出现错误。

② 读数时，最好不要取下千分尺进行读数，如确需取下，应首先锁紧测微螺杆，然后轻轻取下千分尺，防止尺寸变动。

三、拓展训练

用公法线千分尺测量梯形螺纹中径

除外径千分尺外，按功能的不同还有内径千分尺、深度千分尺、壁厚千分尺、尖头千分尺、螺纹千分尺、公法线千分尺等多种千分尺，如图 1.16 所示。虽然这些千分尺的形状、功能有所不同，但其读数原理和方法与外径千分尺是相同的。

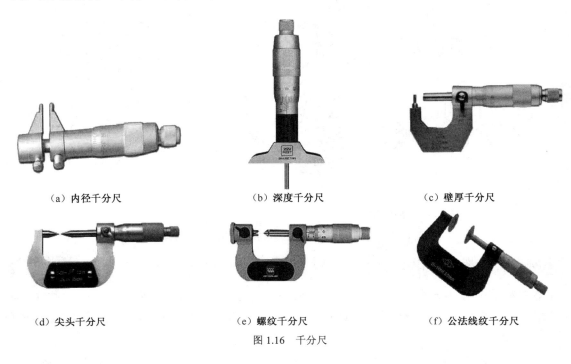

（a）内径千分尺　　　　　　　　　　（b）深度千分尺　　　　　　　　　　（c）壁厚千分尺

（d）尖头千分尺　　　　　　　　　　（e）螺纹千分尺　　　　　　　　　　（f）公法线纹千分尺

图 1.16　千分尺

【操作步骤】

（1）根据表 1.1 所示量针直径计算公式选择合适的量针 3 根。

表 1.1　　　　　　　　　　　　　　　　*M* 值及量针直径的简化计算公式

螺纹牙形角	*M* 计算公式	最　大　值	最　佳　值	最　小　值
60°（普通螺纹）	$M=d_2+3d_D-0.866P$	$1.01P$	$0.577P$	$0.505P$
30°（梯形螺纹）	$M=d_2+4.864\,d_D-1.866P$	$0.656P$	$0.518P$	$0.486P$
40°（蜗杆）	$M=d_2+3.924\,d_D-4.136P$	$2.466m_x$	$1.675m_x$	$1.61m_x$

注：表中 *P* 代表螺纹螺距

选用量针直径（d_D）不能太大，如果太大，则量针横截面与螺纹牙侧不相切，无法量得中径的实际尺寸；量针也不能太小，如果太小，则量针陷入牙槽中，其顶点低于螺纹牙顶而无法测量。量针直径的选择如图 1.17 所示。

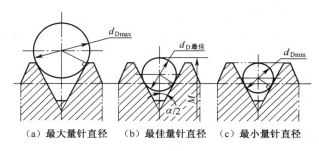

（a）最大量针直径　　　　　（b）最佳量针直径　　　　　（c）最小量针直径

图 1.17　量针直径的选择

（2）利用公式确定测量值 M 和中径 d_2 的关系。

（3）利用公式换算出梯形螺纹中径的测量值 M。

（4）量针沾少量黄油，分别放置于梯形螺纹两侧相对应的螺旋槽内（见图 1.18）。

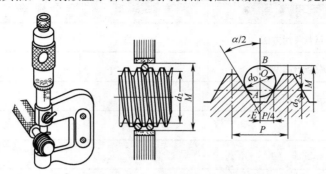

图 1.18　三针测量螺纹中径

（5）旋转公法线千分尺测力装置，使两测量面慢慢接近三针表面并贴紧。观察三针应趋于平行状态，并用手指轻轻抽且不能抽出其中任何一根。从刻度线的正面正视刻度，读数值即为测量值 M 并判断数值的正确性。

（6）用完后，仔细擦净千分尺，测量面抹上防护油并将两测量面分开 0.1～0.2mm，不可将锁紧手柄拧紧，平放在盒内，置于干燥处。

用螺纹千分尺测量螺纹，如图 1.19 所示。

单针测量螺纹查有关手册。

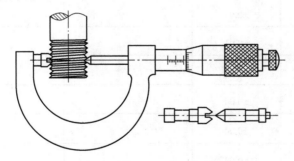

图 1.19　螺纹千分尺测量螺纹中

练习：用游标卡尺、千分尺测量阶梯小轴（见图 1.20）。将测量结果填入表 1.2 中。

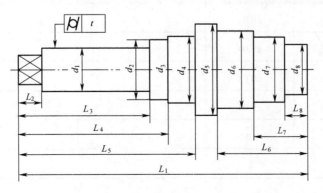

图 1.20　阶梯小轴

表 1.2   测量结果表

功能检查、目测检查、操作方法				
序　　号	检 测 项 目	学 生 自 测	老 师 检 测	得　　分
1	量具使用方法			
2	测量动作、姿势			
3	安全文明生产			

评价结果：

尺 寸 检 查					
序　　号	图样尺寸/mm	允差/mm	学 生 自 测	老 师 检 测	得　　分
1	$d_1(20)$	±0.01			
2	$d_2(22)$	±0.01			
3	$d_3(30)$	±0.01			
4	$d_4(38)$	±0.01			
5	$d_5(32)$	±0.01			
6	$d_6(25)$	±0.01			
7	$d_7(21)$	±0.01			
8	$d_8(50)$	±0.01			
9	$L_1(125)$	±0.04			
10	$L_2(10)$	±0.04			
11	$L_3(50)$	±0.04			
12	$L_4(60)$	±0.04			
13	$L_5(70)$	±0.04			
14	$L_6(40)$	±0.04			
15	$L_7(22)$	±0.04			
16	$L_8(12)$	±0.04			
17	t	0.02			
18	结果				

实习指导教师＿＿＿＿＿＿＿＿＿　　　　　　　　　　　　　　　学生＿＿＿＿＿＿＿＿＿

四、小结

在本任务中，要了解千分尺的结构，理解千分尺的刻线原理和读数方法，熟练运用千分尺的读数方法准确读出测量值。尤为重要的是，要通过练习，掌握正确的测量姿势、测量用力，学会千分尺的使用和保养。

任务三　水平仪的使用

水平仪主要用于检验各种机床及其他类型设备导轨的直线度和设备安装的水平位置以及平面度、直线度和垂直度误差，也可测量零件的微小倾角。

【技能目标】

◎ 正确使用框式水平仪

◎ 用读数值为 0.02mm 的框式水平仪测量车床导轨，要求测量误差在 0.04mm 以内

◎ 掌握水平仪的维护保养技能

一、基础知识

1．水平仪的结构、功能

常用的水平仪有框式水平仪和条式水平仪等，如图 1.21 所示。

框式水平仪框架的测量面有平面和 V 形槽，V 形槽便于在圆柱面上测量。水准器有纵向（主水准器）和横向（横水准器）两个。水准器是一个封闭的弧形玻璃管，表面上有刻线，内装乙醚(或酒精)，并留有一个水准泡，水准泡总是停留在玻璃管内的最高处。

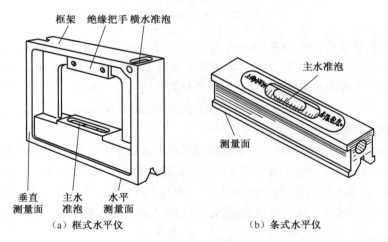

（a）框式水平仪　　　　　　　　（b）条式水平仪

图 1.21　常用的水平仪

2．水平仪的工作原理

水平仪是以主水准泡和横水准泡的偏移情况来表示测量面的倾斜程度的。水准泡的位置以弧形玻璃管上的刻度来衡量。若水平仪倾斜一个角度，气泡就向左或向右移动，根据移动的距离（刻

度格数），直接或通过计算即可知道被测工件的直线度，平面度或垂直度误差。

如图 1.22（a）所示，水准泡在正中间，表示水平仪放置位置水平。图 1.22（b）和（c）则分别表示水平仪放置位置向左和向右倾斜。

框式水平仪水准泡的刻度值精度有 0.02mm、0.03mm、0.05mm 三种。如 0.02mm 表示它在 1 000mm 长度上水准泡偏移一格被测表面倾斜的高度差 H 为 0.02mm，如图 1.23 所示。

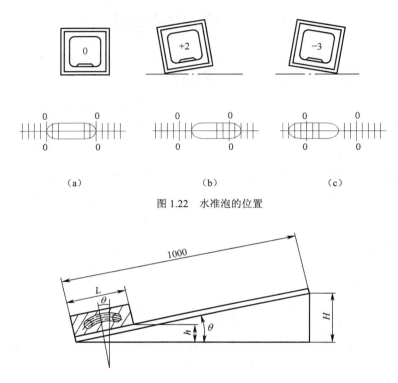

（a）　　　　　　　　　　（b）　　　　　　　　　　（c）

图 1.22　水准泡的位置

图 1.23　水平仪两端的高度差

框式水平仪的规格有 100mm×100mm、150mm×150mm、200mm×200mm、250mm×250mm、300mm×300mm 五种。如图 1.23 所示，如果用规格为 200mm×200mm、精度为 0.02mm 的框式水平仪进行测量，主水准泡偏移了两格，则水平仪两端的高度差 h 为

$$h=nil=2×0.02/1\,000×200=0.002\text{mm}$$

3．水平仪的读数方法

以气泡两端的长刻线作为零线，气泡相对零线移动格数作为读数，这种读数方法最为常用。

图 1.22（a）表示水平仪处于水平位置，气泡两端位于长线上，读数为"0"；

图 1.22（b）表示水平仪逆时针方向倾斜，气泡向右移动偏右零刻线两格，读数为"+2"；

图 1.22（c）表示水平仪顺时针方向倾斜，气泡向左移动偏左零刻线三格，读数为"−3"。

二、课题实施

用尺寸为 200mm×200mm、精度为 0.02mm／1000mm 的框式水平仪，测量卧式车床导轨在垂直平面内的直线度误差，如图 1.24 中 A 处所示。直线度误差的评定方法有：（1）最小包容区域法；（2）最小二乘法；（3）两端连线法。

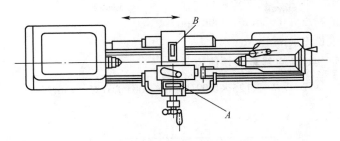

图 1.24 卧式车床导轨

操作一 水平粗调床身导轨

将床身导轨粗调水平。

操作二 放置水平仪

将滑板靠近前导轨处后，在图 1.24 所示 A 的位置上放一水平仪，然后等距离移动滑板逐段进行测量。

操作三 画导轨直线度误差线图

把各段测量读数值逐点累积，并用坐标法画出导轨的直线度误差线图。根据读数画出误差曲线图（见图 1.25）。图中的坐标为：纵轴方向每一格表示水平仪气泡移动一格的数值；横轴方向表示水平仪的每段测量长度。

采用两端连线法计算时，曲线上到两端点连线的最大距离就是该导轨在全长上的直线度误差。而曲线任意局部测量长度上的点到局部线段两端点连线的距离，就是导轨的局部误差。

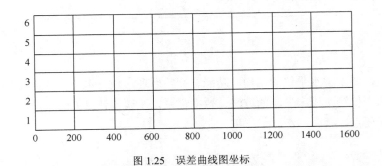

图 1.25 误差曲线图坐标

如水平仪读数值依次为+1、+2、0、+1、+1、−1、0、−1，则误差曲线图如图 1.26 所示。

操作四 分析误差情况

计算导轨直线度误差。如图 1.26 所示，导轨在全长范围内呈现出中间凸的状态，且凸起值最大在导轨 800～1200mm 长度处。

导轨的直线度误差为

$$\delta = nil$$

式中：n——误差曲线中的最大误差格数；

　　　i——水平仪的精度（0.02mm/1 000mm）；

　　　l——每段测量长度（mm）。

则如图 1.26 所示的导轨直线度误差值为

$$\delta = nil = 3.125 \times 0.02/1000 \times 200 = 0.0125 （mm）。$$

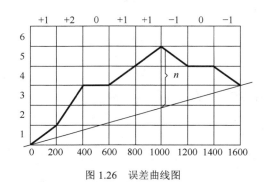

图 1.26　误差曲线图

操作五　放置与保存水平仪

使用完水平仪后，应涂上防锈油并妥善保管好。

 提　示

① 图 1.24 的 B 处，水平仪可测量车床导轨在垂直平面内的平行度误差，测量方法同上。水平仪在全长上读数的最大代数差值就是该导轨的平行度误差。

② 检验标准见 GB/T 4020—1997 规定。

三、小结

在本任务中，要了解水平仪的结构、功能、读数原理，理解水平仪读数与测量误差之间的关系。掌握运用水平仪测量机床导轨的方法、数据记录以及误差计算方法，学会用水平仪测量，掌握水平仪的保养要点。

任务四　百分表的使用

百分表用来检验机床精度和测量工件的尺寸、形状和位置误差。美国人艾姆斯于 1890 年制成百分表和千分表。百分表其分度值为 0.01mm，广泛用于机械产品加工行业。目前，国产百分表的测量范围（即测量杆的最大移动量）有 0～3mm、0～5mm、0～10mm 三种。按其制造精度，可分为 0 级、1 级和 2 级三种。0 级精度较高，一般适用于尺寸精度为 IT8～IT6 级零件的校正和检验。百分表是钳工常用的一种精密量具，其优点是方便、可靠、迅速。

【技能目标】

◎ 正确安装和使用百分表

◎ 用读数值为 0.01mm 百分表测量零件的平行度，要求测量误差在 0.02mm 以内

◎ 掌握百分表的维护保养技能

一、基础知识

钟式百分表是利用齿轮齿条传动，将触头的直线移动转换成指针的转动进行测量的，是一种指针式量具，读数值为 0.01mm（为 1mm 的百分之一，故称百分表）。百分表使用时，一般装在专用表架（万能表架或磁性表座）上，如图 1.27（b）所示。

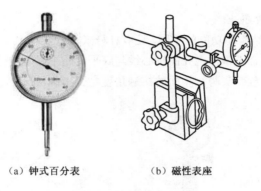

（a）钟式百分表　　　　　（b）磁性表座

图 1.27　百分表

二、课题实施

用百分表测量零件平行度

百分表使用时应注意以下事项。

（1）按照零件的形状和精度要求，选用精度等级和测量范围合适的百分表。

（2）使用前，轻轻推动测量杆时，测量杆在套筒内的移动要灵活，没有任何轧卡现象，且每次放松后，指针能回复到原来的刻度位置。

（3）把百分表固定在可靠的夹持架上（如固定在磁性表座），夹持架要安放平稳，避免测量结果不准确或摔坏百分表。

（4）测量杆必须垂直于被测量表面，否则将使测量杆活动不灵活或使测量结果不准确。

（5）测量时，不要使测量杆的行程超过其测量范围，测量头不能突然撞在零件上，不能测量表面粗糙或有显著凹凸不平的零件，以免损坏百分表。

操作一　用百分表测量零件的平行度

（1）识读图纸见图 1.75 长方体零件图，根据零件图纸的工艺和要求，确定测量基准和测量面。

（2）擦净被测量零件基准和被测量面，将基准面放在平板上。

（3）把百分表固定在磁性表座上，注意拧紧各连接紧定螺钉。打开磁性表座磁性开关，将表

座连同百分表固定到平板上。

（4）调节百分表测量杆使之垂直于零件被测量表面，慢慢使测量头与工件表面某点接触。测量杆应有一定的初始测力，使指针转过半圈左右，然后转动表圈，使表盘的零位刻线对准指针。轻轻拉起和放松测量杆的圆头几次，检查指针所指的零位有无改变。

（5）当指针的零位稳定后，慢慢地移动工件。百分表指针顺时针摆动，零件被测点偏高（读数值即为误差值，记录为"＋"）；逆时针摆动，零件被测点偏低（记录为"－"）。零件最大平行度误差即为偏高值与偏低值的绝对值之和。

操作二　放置与保存百分表

测量完成后，拆开百分表和磁性表座，平放于盒内。

三、拓展训练

用内径百分表测量孔径

除钟式百分表外，按结构和功能的不同，还有杠杆式百分表和内径百分表等，如图 1.28 所示。杠杆百分表体积较小，适合于零件上孔的轴心线与底平面的平行度的检查。

使用杠杆百分表时注意表头与测量面的接触角度是否正确，α 应尽可能小（见图 1.29）。

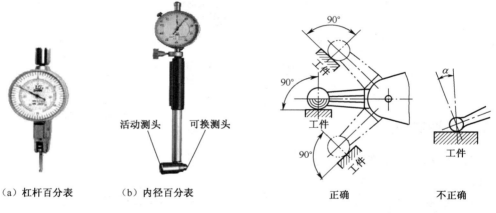

（a）杠杆百分表　（b）内径百分表　　　　　　　正确　　　不正确

图 1.28　百分表　　　　　　　　图 1.29　表头与测量表面的接触角度

内径百分表可用来测量孔径和孔的形状误差，尤其对于深孔测量极为方便。如图 1.31 所示，内径百分表在三通管的一端装着活动测量头，另一端装着可换测量头，垂直管口一端，活动测头的移动量，可以在百分表上读出来。

内径百分表活动测头的移动量，小尺寸的只有 0～1mm，大尺寸的可有 0～3mm，它的测量范围是由更换或调整可换测头的长度来达到的。因此，每个内径百分表都附有成套的可换测头，使用前必须先进行组合和校对零位。

【操作步骤】

（1）组装内径百分表。百分表装入连杆内，使小指针指在 0～1 的位置上，长针和连杆轴线重合，刻度盘上的字应垂直向下，以便于测量时观察。装好后应予以紧固。

（2）校对零位。根据被测孔径大小正确选用可换测头的长度及其伸出距离，用外径千分尺（或者标准环规）调整好尺寸后才能使用，如图 1.30 所示。

（3）测量孔径。百分表连杆中心线应与工件中心线平行，不得歪斜，同时应在圆周上多测几个点，找出孔径的实际尺寸（最小点），如图 1.31 所示。

（4）测量完成后，拆开百分表、表架、可换测量头，将可换测量头擦净并上黄油。各物品平放于盒内。

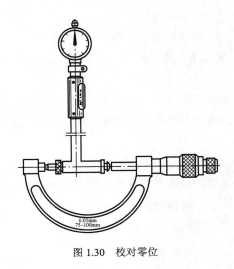

图 1.30　校对零位

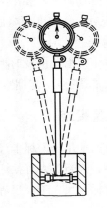

图 1.31　测量孔径

四、小结

在本任务中，要了解百分表的原理、规格；通过操作练习掌握百分表的使用注意事项，并能熟练、正确使用百分表测量零件平面度、平行度等；学会百分表测量的动作要领，学会百分表的维护、保养。

任务五　量具的维护与保养

量具的精度决定着机加工产品的精度控制。量具精度不够，其测量结果就不准确，也就无法真正确认产品合格与否。正确地使用精密量具是保证产品质量的重要条件之一。要保持量具的精度和它工作的可靠性，除了在使用中要按照合理的使用方法进行操作以外，还必须做好量具的维护和保养工作。

【技能目标】

◎ 掌握量具维护、保养的相关注意事项

◎ 学会检查游标卡尺、千分尺、百分表等量具精度是否合格的方法

◎ 学会正确维护和保养常用量具

一、基础知识

正确地使用量具是保证产品质量的重要条件之一。为了保证量具的精度，延长量具的使用期

限，在工作中应对量具进行必要的维护与保养。在维护与保养中应注意以下几个方面。

（1）测量前应将量具的测量面和工件被测量表面擦净，以免脏物影响测量精度和对量具产生磨损。

（2）量具在使用过程中，不要和其他工具、刀具、量具放在一起或叠放，以免损伤量具。

（3）量具是测量工具，不能作为其他工具的代用品。例如，拿游标卡尺划线，拿百分尺当小榔头，拿钢直尺当起子旋螺钉或用钢直尺清理切屑等都是错误的。

（4）机床开动时，不要用量具测量工件，否则会加快量具磨损，而且容易发生事故。

（5）温度对量具精度影响很大，因此，量具不应放在热源(电炉、暖气片等)附近，以免受热变形而失去精度。

（6）量具用完后，应及时擦净、上油，放在专用盒中，保存在干燥处，以免生锈。

（7）精密量具应实行定期鉴定和保养，发现精密量具有不正常现象时，应及时送交计量室检修。

二、课题实施

（1）检查的使用的游标卡尺、千分尺等量具的精度是否合格，合格证及附件是否齐全。

（2）观察、判断是否有损坏或不准确的情况，根据情况进行记录。

（3）对游标卡尺、千分尺等量具进行清理，擦拭干净，放入盒内。

三、小结

在本任务中，要了解常用量具维护和保养的相关注意事项。通过对游标卡尺、千分尺等常用量具的精度检查、使用后的清理、放盒等基本操作，掌握量具维护和保养的基本知识和技能，并着力培养量具维护的责任意识和正确使用以及爱护量具的良好习惯。

课题总结

本课题以游标卡尺、千分尺、百分表、水平仪为例，介绍常用量具的结构、功能、规格、刻线或读数原理以及使用方法。通过对本课题的学习，学生应了解这些常用量具的结构、功能，能根据测量需要，正确选用合适的量具；掌握常用量具的测量方法、技巧；学会能正确使用和保养量具。

对零件的测量，是钳工的一项重要的基本技能，必须通过反复练习、校正，总结经验以达到熟练、准确、快速读数，平时要做好正确使用和维护保养工作，只有这样才能保证产品质量，提高工作效率。

| 课题三　划线 |

划线是根据图样或实物尺寸，用划线工具在毛坯或半成品上准确划出待加工界线或作为找正、检查依据的辅助线的一种钳工操作技能。

在工件上划出清晰的加工界线，不仅可以明确工件的加工余量，还可作为工件安装或加工的依据。在单件或小批量生产中，用划线来检查毛坯或半成品的形状和尺寸，通过借料合理地分配各加工表面的余量，及早发现不合格品，避免造成后续加工工时的浪费。

划线是一项复杂、细致的重要工作。线若划错，就会造成加工工件的报废。所以划线直接关系到产品的质量。因此，要求所划的线尺寸准确、线条清晰。

划线分为平面划线和立体划线。平面划线是在工件的一个平面上划线后即能明确表示加工界线，它与平面作图法类似。立体划线是在工件的几个相互成不同角度的表面（通常是相互垂直的表面）上都划线，即在长、宽、高 3 个方向上划线。

【学习目标】

◎ 了解划线的概念、种类、作用、常用划线工具及其用法
◎ 了解划线前的准备工作
◎ 会合理选择划线基准
◎ 掌握划线时的找正和借料的方法
◎ 掌握典型平面、立体划线方法

任务一 常用划线工具的使用

钳工常用划线工具包括平板、划针、划规、划线盘、高度游标卡尺、样冲、V 形铁、方箱和千斤顶等。

【技能目标】

◎ 学会使用常用划线工具并划出准确的图样

一、基础知识

1．划线平板

如图 1.32 所示，划线平板通常由铸铁制成。其上表面一般作为划线或检测时的基准面，所以一般经过精刨或刮削而成，平面度精度高。因此，使用时工件、工具要轻拿轻放，严禁撞击工作表面；要经常保持工作表面的清洁，及时上油，防止锈蚀或被铁屑、沙粒等划伤；不能敲击工作表面。

图 1.32 划线平板

2．划针

划针是在工件表面划线用的工具,常用的划针用工具钢或弹簧钢制成（有的划针在其尖端部位焊有硬质合金）,直径一般为$\phi 3 \sim 5 \mathrm{mm}$。

弯头划针用在直划针难以划到的地方。使用划针划线的正确方法如图 1.33 所示。

视频 2 划线工具 1

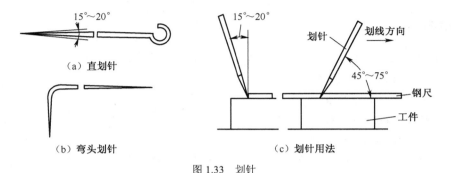

（a）直划针
（b）弯头划针
（c）划针用法

图 1.33　划针

需要注意的是,划线时用力不可太大,线条要一次划成并保证均匀、清晰。

3．划规

划规用来划圆或弧线、等分线段及量取尺寸等。它的用法与机械制图作图的圆规相似,如图 1.34 所示。

4．划线盘

划线盘主要用于毛坯件的立体划线和校正工件位置。它由底座、立杆、划针和锁紧装置等组成,如图 1.35 所示。不用时,划针盘的针尖上套一节塑料管,以保护针尖。

视频 3 划线工具 2

5．高度游标卡尺

高度游标卡尺（见图 1.36）是一种精密量具,除用来测量工件的高度外,还可用于半成品上已加工表面的划线,但不允许在毛坯上划线,以免损坏划线量爪。

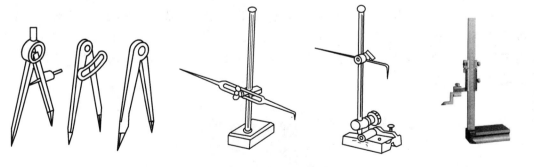

图 1.34　划规　　　　　图 1.35　划线盘　　　　　图 1.36　高度游标卡尺

6．样冲

样冲是在工件上打样冲眼的工具。划好的线段和钻孔前的圆形都需打样冲眼,以防擦去所划线段,便于钻头定位。如图 1.37 所示,冲眼时先将样冲斜放在所划的线上,再竖直样冲并锤击,以保证冲眼的位置正确。

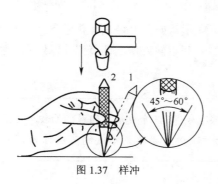

图1.37 样冲

7．V形铁

V形铁用于支承圆柱形工件，使工件轴线与底板平行，便于找正或
划线。

如图1.38所示，支承较长零件时，V形铁必须成对使用且这对V形铁加
工时必须成对加工，以保证划线精度。

  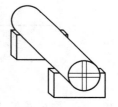

图1.38 V形铁

8．方箱

方箱是铸铁制成的空心立方体，相邻的两个面均互相垂直。方箱用于夹持、支承尺寸较小而加工
面较多的工件。通过翻转方箱，可在工件的表面上划出三个互成90°方向的直线，如图1.39所示。

小型工件和带有圆柱体部分的工件，可将其压紧在方箱的V形槽内划线。方箱使用时应注意
清洁，严禁碰撞。夹持工件时紧固螺钉的松紧要适当。

图1.39 方箱 图1.40 千斤顶

9．千斤顶

划线一般用小型螺旋千斤顶，形状如图 1.40 所示，通常三个一组支承毛坯零件，支承形状不规则、带有伸出部分或较重的工件，可以较方便地调节工件各处的高度，以进行校验、找正、划线。

提 示

① 使用千斤顶时应注意擦净底部，三个支承点组成的面积尽可能大，以保证支承工件的平稳性。

② 工件安放要稳固，千斤顶边上要放置略低的垫块作为辅助支承，以防止工件倾斜。

二、课题实施

操作一　划平行线

用钢直尺、划规配合划与 AB 线平行距离为 r 的平行线，方法如图 1.41（a）、（b）所示。

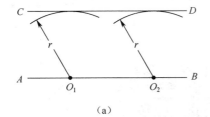
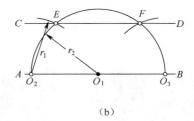

图 1.41　划平行线

方法一：用划规在 AB 线上以任意点 O_1、O_2 为圆心、r 为半径分别作圆弧，用钢直尺作两段圆弧的切线，直线 CD 即为与 AB 距离为 r 的平行线。

方法二：用划规在线 AB 上任意点 O_1 为圆心，r_2 为半径划一半圆，交 AB 线于 O_2、O_3 点，分别以 O_2、O_3 点为半径、以 r_1 为半径划圆弧得交点 E、F。用钢直尺连接 EF 线成 CD 线，CD 线即为与 AB 距离为 r 的平行线。

方法三：用高度游标卡尺划 AB 线，划线头升高 r 距离再划一直线即可。

操作二　划垂直线

用钢直尺、划规配合划与 AB 线垂直的直线 CD，方法如图 1.42（a）、（b）所示。

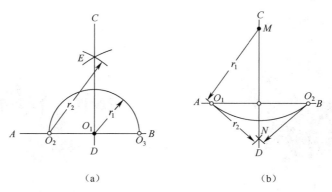

图 1.42　划垂直线

方法一：如图 1.42（a）所示，在直线 AB 上任取一点 O_1，用划规以 O_1 为圆心、r_1 为半径划弧交 AB 于 O_2、O_3 点，以 O_2、O_3 点为圆心、r_2 为半径划弧交于 E 点，用钢直尺连接 EO_1 线成为 CD 线，CD 线即为 AB 垂线。

方法二：如图 1.42（b）所示，过 M 点作直线 AB 的垂线。

用划规以 M 为圆心、以 r_1 为半径划弧交 AB 于 O_1、O_2 点，分别以 O_1、O_2 点为圆心、r_2 为半径划弧交于 N 点，用钢直尺连接 MN 线成 CD 线，CD 即为过点 M 的 AB 的垂线。

方法三：用高度游标卡尺划垂直线。工件垂直放置在划线平板上，用角尺找正直线 AB 使之垂直于平板，用高度游标卡尺划出水平线，该线即与原线垂直。

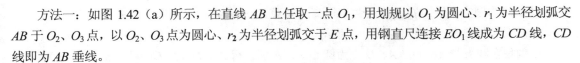

视频 5　划圆弧前求圆心的方法

操作三　找圆中心

方法一：如图 1.43 所示，将划卡两卡爪张开至稍大于或小于需划圆周直径，划卡弯曲的卡爪靠在孔壁上，分别以接近对称的四点为圆心划四个相交弧，取四段弧的中间一点为圆心。

方法二：用高度游标卡尺找圆的中心。如图 1.44（a）所示，将轴类零件放在 V 形铁上并放置在划线平板上。用高度游标卡尺的划线头下平面测量出高度 L，用游标卡尺或千分尺测量出轴的直径 D，用 "$L-D/2$" 划一水平线。

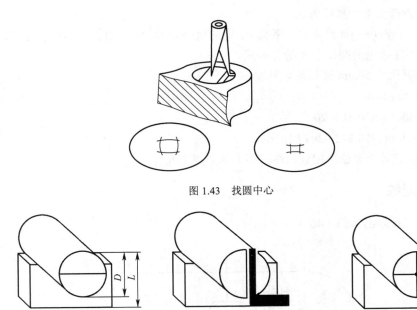

图 1.43　找圆中心

图 1.44　用高度游标卡尺找圆的中心

（a）　　　　　　（b）　　　　　　（c）

放在 V 形铁上的轴旋转 90° 用角尺在平板上找正已划的线条，如图 1.44 所示。

用高度游标卡尺再划 "$L-D/2$" 尺寸的水平线，两线交点即为该轴端面的圆心。

操作四　等分圆周

（1）三等分圆周方法，如图 1.45（a）所示。

视频 6　等分圆周的划法

以 C 点为圆心，以圆 O 的半径为半径交圆周于 E、F 点，即可得圆周三等分点。

（2）五等分圆周，如图 1.45（b）所示。

用划规在圆直径 AB 上以 A、O 点为圆心，作圆弧，得 AO 等分点 C；以 C 点为圆心，CD 为半径作圆弧交 OB 于 E 点；以 DE 为弦长等分圆周，即得圆周五等分点。

（3）六等分圆周，如图 1.45（c）所示。

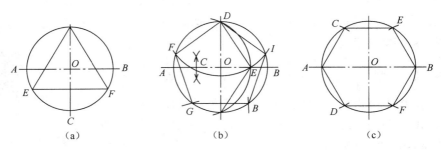

（a）　　　　　　　　　（b）　　　　　　　　　（c）

图 1.45　等分圆周

用划规分别以 A、B 点为圆心，以圆半径为半径作弧，交圆周为 C、D、E、F 点，即得圆周六等分点。

（4）圆周任意等分数的画线方法。

根据公式 $K(n)=\sin(\pi/n)$ 计算出等分系数 K，然后用公式 $S=DK$ 计算出圆周弦长 S。以圆周弦长 S 为半径，用划规在指定的圆周上 N 等分圆周。

例：九等分直径为 50mm 圆周等分系数。

解：$\because K(n)=\sin(\pi/n)$，

$\therefore K(9)=\sin(\pi/9)=\sin20=0.3420$

弦长 $S=DK=50mm×0.342\ 02=17.101mm$

以 17.101mm 弦长为单位，用划归在圆周上等分圆为九等分。

三、拓展训练

用常用划线工具划出如图 1.46 所示的图样。

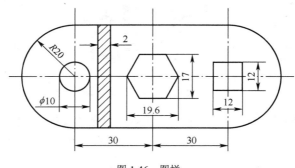

图 1.46　图样

方法一：用钢直尺、划针、划规划线。

方法二：用高度游标卡尺、划针、划规划线。

【操作步骤】

方法一：

（1）用钢直尺、划针划出各几何要素定位线，如图 1.47（a）所示。

（2）用划规以定位中心为圆心、以半径 5mm、9.8mm、8.49mm、20mm 划圆或半圆，并用钢直尺、划针划出外形直线，如图 1.47（b）所示。

（3）用六等分圆周法将直径为 19.6mm 的圆等分；用划平行线法划直径为 12mm 的圆弧将直径为 16.97mm 的圆四等分，如图 1.47（c）所示。

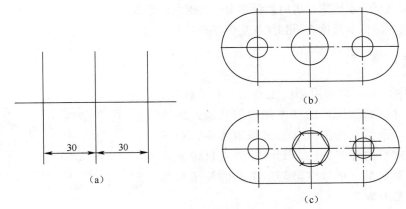

图 1.47 按方法一划线

（4）用钢尺或游标卡尺检查所划线条是否与图纸吻合。

方法二：

（1）将板材放置到划线平板上，用 V 形铁做靠块使板材在平板上保持平稳并垂直于划线平板。

（2）用高度游标卡尺划水平定位线，并以水平定位线为基准在相应位置划±6mm、8.5mm、20mm，如图 1.48（a）所示。

（3）用高度游标卡尺划铅垂定位线，并以上定位线为基准划+20mm，以中间铅垂定位线为基准划±4.9mm，以下方定位线为基准划±6mm、−20mm，如图 1.48（b）所示。

（4）用圆规分别划 R20 两个圆弧、ϕ10、ϕ19.6 两个圆，如图 1.48（c）所示。

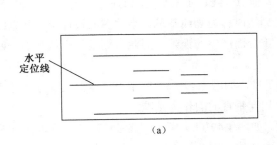

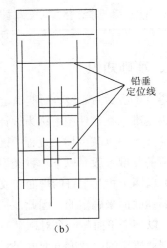

图 1.48 按方法二划线

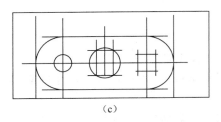 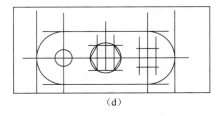

（c）　　　　　　　　　　　　（d）

图 1.48　按方法二划线（续）

（5）先用钢直尺分别连线，再用划针划出中间正六边形。

（6）用钢尺或游标卡尺检查所划线条是否正确。

四、小结

在本任务中，要了解常用划线工具的名称、作用，熟练运用已学《机械制图》的基本知识与技能，使用常用划线工具，采用正确的方法划出基本线条。划线是钳工操作的重要的环节之一，划线的质量直接影响到工件的精度和质量，所以掌握划线工具的使用和基本线条的划法尤为重要。

视频7 角平分线的划法

视频8 角度线的划法

任务二　平面划线

通过上一任务的练习，掌握了常用划线工具的使用方法和基本线条的划法。在生产中，钳工划线必须根据图纸工艺要求和毛坯的实际情况进行划线。因此，掌握划线基准的选择，熟悉划线前的相关准备工作，是准确、高效划线的必要条件。

【技能目标】

◎ 掌握划线时的找正和借料的方法、技巧

◎ 能正确选择划线基准,掌握典型平面划线方法

一、基础知识

用零件的少数点、线、面能确定该零件其他点、线、面相互之间的位置，这些少数的点、线、面被称为基准。在零件图中称为设计基准，划线时称为划线基准。零件图的设计基准和划线基准应尽可能一致，以减少加工过程中因基准不重合而产生的误差。因此，划线都应从基准开始。

划线的基准一般有以下 3 种类型。

（1）以两个相互垂直的平面（或线）为基准。如图 1.49（a）所示，该零件大部分尺寸都是依据右侧面和底面来确定的，因此，把这两个相互垂直的面作为基准。

（2）以一个平面与一个对称平面为基准。如图 1.49（b）所示，该零件高度方向的尺寸是以底面为依据而确定的，宽度方向的尺寸对称于中心线，因此，将底面和与之垂直的中心对称平面作

为基准。

（3）以两个相互垂直的中心平面为基准。如图 1.49（c）所示，该零件形状分别对称于两条互相垂直的中心线，许多尺寸也分别从中心线开始标注。因此，可将两条相互垂直的中心线（平面）作为基准。

划线前应做好相应的准备工作，包括以下几个方面。

（1）研究图纸，确定划线基准，详细了解需要划线的部位，这些部位的作用和要求以及有关的加工工艺。

（2）初步检查毛坯的误差情况，去除不合格毛坯。

（3）工件表面涂色（蓝油），毛坯表面可涂石灰水。

（4）正确安放工件和选用划线工具。

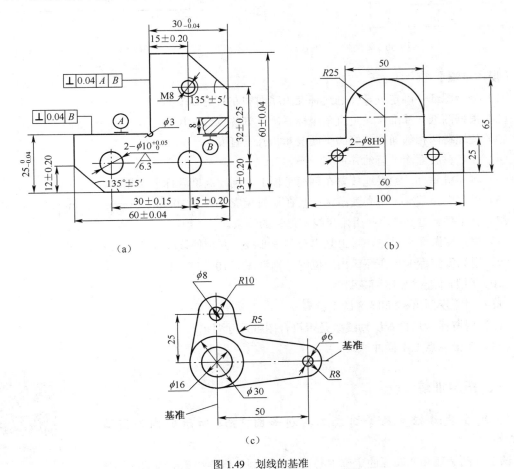

图 1.49 划线的基准

二、课题实施

用高度游标卡尺等常用划线工具划双燕尾零件

用高度游标卡尺划线，可根据图纸计算出各点坐标尺寸后划线，可以使得划线精度较高，以保证加工的精度。因此，学会使用坐标尺寸划线是钳工的基本技能。

图 1.50 所示的零件，其划线基准是一个平面与一个对称平面。即以底面和左右对称平面为准，

因此可以建立如图 1.51 所示的直角坐标系，并分析计算零件各点的坐标尺寸。根据这些坐标尺寸，就可以方便地划出各点的位置。

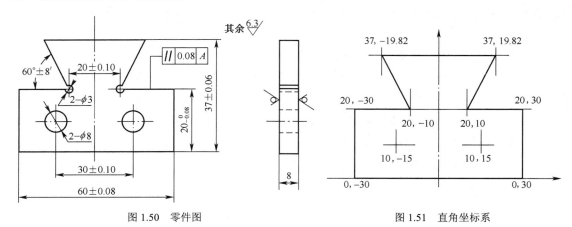

图 1.50　零件图　　　　　　　　　　　　　图 1.51　直角坐标系

【操作步骤】

（1）分析图纸，确定该零件划线基准为底面和左右对称平面。

（2）根据图纸和基准，设定直角坐标系，计算各点坐标尺寸。

（3）使坯料两相邻面有较好的平面度和相互垂直度。

（4）在坯料表面涂上蓝油并使其干燥。

（5）将坯料垂直、稳妥地放置在划线平板上，利用高度游标卡尺划线。

（6）以底面为基准，用高度游标卡尺在坯料相应位置划 10mm、20mm、37mm 三条直线。

（7）将工件转过 90°，并用角尺找正已划的线条。

（8）用高度游标卡尺在坯料上划出对称中心线，并记住该线尺寸（如为 Δ）。

（9）用高度游标卡尺在坯料相应位置分别划 $\Delta\pm$（10、15、19.82、30）。

（10）用划针连接燕尾两条斜线。

（11）用圆规划出 $\phi2$ 和 $\phi8$ 两个圆。

（12）用游标卡尺检查所划线条是否符合图纸尺寸要求。

（13）在坐标点上用样冲冲眼。

三、拓展训练

1. 用高度游标卡尺等划线工具划如图 1.52 所示的内外圆弧加工件

视频 9　圆弧线的划法

该工件凸圆弧和凹圆弧的定位中心比较容易划，但要注意圆弧间的连接和圆弧与直线的相切的光滑。因此，用划规划线时应取准尺寸，找准中心，否则划线误差会较大。

【操作步骤】

（1）分析图纸，确定该零件划线基准为底面和左侧面。

（2）使坯料底面和左侧面有较好的平面度和相互垂直度。

（3）在坯料表面涂上蓝油并使其干燥。

（4）将坯料垂直、稳妥地放置在划线平板上，利用高度游标卡尺划线。

（5）以底面为基准，用高度游标卡尺在坯料相应位置划 20mm、32mm、38mm 三条直线。

（6）将工件转过 90°，以左侧面为基准，并用角尺找正已划的线条。

（7）用高度游标卡尺在坯料相应位置分别划 18、36、48、60、70。

（8）在圆心上冲小眼并用圆规划出 $R18$ 和 $R12$（见图 1.53）。

（9）用尺检查所划线条是否与图纸尺寸符合。

（10）在圆弧以及切点、直线交点等位置用样冲冲眼以明确所划线条。

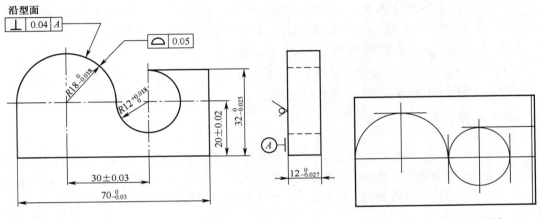

图 1.52　内外圆弧加工件　　　　　　　　　　图 1.53　划出圆和圆弧

2．划钻孔练习图

图 1.54 所示为钻孔练习图，其划线的实质是圆的等分线画法。要使圆的等分线划得准确，要求划规取数值时要尽可能准确，划线时划规的中心点要准，这样才能使划线误差较小，否则划线过程中出现一点小的误差，累计后将会产生很大的误差。

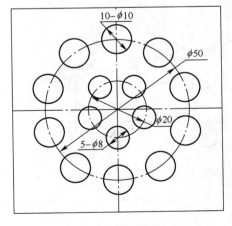

图 1.54　钻孔练习图

【操作步骤】

（1）分析图纸，确定该零件划线基准为两条相互垂直的中心线。

（2）在坯料表面涂上蓝油并使其干燥。

（3）将坯料垂直、稳妥地放置在划线平板上，利用高度游标卡尺划两条中心线。

（4）将坯料放平，用划规划 $\phi 20$ 圆。

（5）用五等分圆周法将 $\phi 20$ 圆周五等分（具体步骤见课题三任务二），注意第一个等分点位于 $\phi 20$ 圆周与铅垂中心线的交点。

（6）用划规在 $\phi 20$ 圆周的各等分点上划出 $\phi 8$ 的圆。

（7）用划规划 $\phi 50$ 圆。

（8）用五等分圆周法将 $\phi 50$ 圆周五等分（具体步骤见课题三任务二），注意第一个等分点位于 $\phi 50$ 圆周与铅垂中心线的下方的交点。

（9）用"步骤（5）"划规所取的长度，将 $\phi 50$ 圆周与铅垂中心线上方的交点作为第一个等分点，再等分一次圆周［步骤（5）和步骤（6）两次等分将 $\phi 50$ 圆周十等分］。

（10）用划规在 $\phi 50$ 圆周的各等分点上划出 $\phi 10$ 的圆。

（11）用游标卡尺检查所划线条是否符合图纸尺寸要求。

（12）在各圆中心线及圆周线上用样冲冲眼。

四、小结

在本任务中，要了解划线基准的类型，学会根据图纸正确选择划线基准。了解划线前的准备工作，并在操作时根据要求做好充分准备。掌握精确划线的坐标尺寸计算方法，并根据图纸和计算所得的坐标尺寸，用高度游标卡尺等划线工具精确划出零件的平面线条。

任务三　立体划线

立体划线是平面划线的复合，是在工件或毛坯的几个表面上划线，即在工件的长、宽、高 3 个方向划线，如图 1.55 所示。

视频 10　立体划线及工件的安放

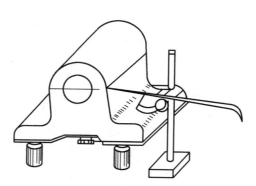

图 1.55　立体划线

【技能目标】

◎　能根据要求进行划线时的找正和借料

◎　能正确选择划线基准,掌握典型立体划线方法

一、基础知识

立体划线在很多情况下是对铸、锻毛坯进行划线。各种铸、锻毛坯件可能有歪斜、偏心、壁厚不均匀等缺陷。当偏差不大时，可以通过找正或借料的方法来补救。

（1）找正。

找正就是利用划线工具，使工件的表面处于合适的位置。

如图 1.56 所示的轴承座，轴承孔处内孔与外圆不同轴，底板厚度不均匀。运用找正的方法，以外圆为依据找正内孔划线，以 A 面为依据找正底面划线，如图 1.56 所示。找正划线后，内孔线与外圆同轴，底面厚度比较均匀。

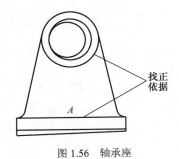

图 1.56 轴承座

找正的技巧主要有以下几个方面。

① 按毛坯上的不加工表面找正后划线，使加工表面与不加工表面各处尺寸均匀。

② 工件上有两个以上不加工表面时，以面积较大或重要的为找正依据，兼顾其他表面，将误差集中到次要或不显眼的部位上去。

③ 工件均为加工表面时，应按加工表面自身位置进行找正划线，使加工余量均匀分布。

（2）借料。

所谓借料就是通过对工件的试划和调整使原加工表面的加工余量进行重新分配、互相借用，以保证各加工表面都有足够的加工余量的划线方法。

如图 1.57（a）所示的零件，若毛坯内孔和外圆有较大偏心，仅仅采用找正的方法无法划出适合的加工线。图 1.57（b）所示为依据毛坯内孔找正划线，外圆加工余量不够；图 1.57（c）所示为依据毛坯外圆找正划线，则内孔加工余量不够。

通过测量，根据内外圆表面的加工余量，判断能否借料。若能，判断借料的方向和大小再划线，如图 1.57（d）所示，向毛坯的右上方借料，可以划出加工界限并使内、外圆均有一定的加工余量。

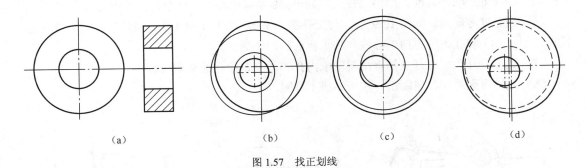

（a）   （b）   （c）   （d）

图 1.57 找正划线

二、课题实施

轴承座立体划线

根据如图 1.58 所示的轴承座图，对轴承座进行立体划线。

根据图纸，需要划线的部位有轴承内孔、两侧端面和底面 2—ϕ13 螺栓孔及其上表面。分析主视图和俯视图，该工件需要在长、宽、高 3 个方向分别划线。

因此，要划出全部加工线，需要对工件进行 3 次安放。分析基准可知：长度方向基准为轴承的左右对称中心线，高度方向的基准为轴承座底面，宽度方向两端面选一即可。另外，$\phi50$ 毛坯孔需在划线前装好塞块。

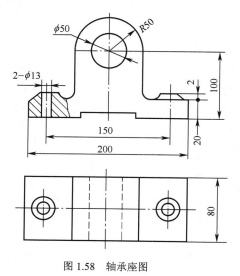

图 1.58　轴承座图

【操作步骤】

（1）分析图样，确定划线基准。

（2）清理毛坯，去除残留型砂及氧化皮、毛刺、飞边等。在 $\phi50$ 毛坯孔内装好塞块。

（3）用石灰水或防锈漆在毛坯划线表面涂上薄而均匀的一层。

（4）划高度方向线。如图 1.59（a）所示，用三个千斤顶支承毛坯。调节千斤顶，使工件水平且轴承孔中心基本平行于划线平板。划出 $\phi50$ 水平中心线、底面加工线和两个螺孔上平面加工线。

（5）划长度方向线。如图 1.59（b）将工件翻转 90° 后用千斤顶支承，调整千斤顶使轴承内孔的两端中心线处于同一高度。用角尺找正，划出 $\phi50$ 垂直中心线、两个螺孔的中心线。

（6）划宽度方向线。如图 1.59（c）将工件翻转 90° 后用千斤顶支承。用角尺在两个方向进行找正，划出两个螺孔另一方向中心线和轴承座前后两个端面。

（7）撤下千斤顶。用划规划出两端轴承内孔和两个螺栓孔的圆周线。

（8）经检查无错误、遗漏后，在所划线上冲眼。

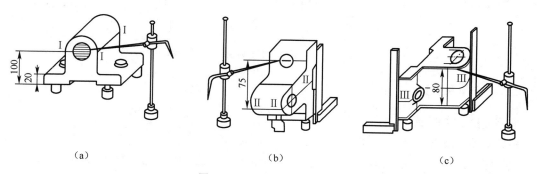

（a）　　　　　　　　　　　（b）　　　　　　　　　　　（c）

图 1.59　划 3 个方向的方向线

提 示

① 工件支撑要牢固。在一次支撑中划齐平行线。冲眼的位置要准确，大小疏密要适当。

② 划好线后，要反复核对尺寸，确保准确无误。

③ 不宜用手直接调节千斤顶。以免工件砸伤手。

课题总结

本课题以薄板零件的平面划线和轴承座的立体划线为例，介绍了常用划线工具、划线方法、基本线条的划法、平面划线以及立体划线的方法和技巧等。通过对本课题的学习，学生要能熟练使用常用划线工具，掌握平面划线的方法和技巧，合理运用找正和借料进行立体划线，做到准备充分、步骤规范，尺寸、形状正确。掌握常用划线工具的使用和平面、立体划线的方法，是钳工的基本技能之一，能够为今后学习钳工其他的基本技能打下良好的基础。

| 课题四 锉削 |

用锉刀切削工件表面多余的金属材料，使工件达到零件图纸要求的形状、尺寸和表面粗糙度等技术要求的加工方法称为锉削。锉削加工简便，工作范围广，可锉削工件上的外平面、内孔以及沟槽、曲面和其他复杂表面。除此之外，还有一些不便机械加工的，也需要锉削来完成。锉削的最高精度可达 IT8～IT7，表面粗糙度可达 $Ra1.6～0.8\mu m$。可用于成形样板，模具型腔以及部件，机器装配时的工件修整，锉削是钳工的一项重要的基本操作。

【学习目标】

◎ 了解锉刀的种类、规格并能正确选用

◎ 掌握锉削的基本方法、要领，初步形成锉削平面的技能

◎ 学会锉刀的正确保养

◎ 了解锉削安全知识

任务一 锉削基本技能练习

进行锉削基本技能的练习，必须了解锉刀的种类、规格，并根据实际加工表面和零件材料、加工余量等因素正确选用锉刀；要掌握锉削的基本方法、要领，如锉刀的握法、锉削时人的站立姿势、双手用力方法等。养成良好的姿势，不仅是提高锉削质量的基本保证，也是钳工基本素养非常重要的体现形式之一。

【技能目标】

◎ 学习掌握锉削时的正确站立姿势，双手用力的科学方法

◎ 学会用锉刀完成平面、曲面的锉削加工，达到平面度、垂直度小于 0.05mm

◎ 学会使用量具对锉削精度进行测量与判断

一、基础知识

1．锉刀

锉刀是锉削的主要工具，常用碳素工具钢 T12、T13 制成，并经热处理淬硬至 62～67HRC。它由锉刀面、锉刀边、锉刀舌、锉刀尾、木柄等部分组成，如图 1.60 所示。

视频 11 认识锉刀的种类

图 1.60　锉刀

视频 12 认识锉刀的结构

锉刀按用途可分为普通锉、特种锉和整形锉（什锦锉）3 类。

普通锉按其截面形状可分为平锉、方锉、圆锉、半圆锉及三角锉 5 种。图 1.61 所示为普通锉刀的种类及其相应适宜的加工表面。

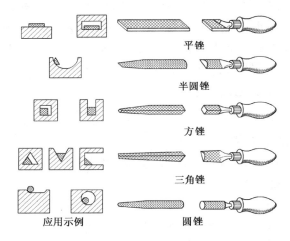

平锉

半圆锉

方锉

三角锉

应用示例　　　圆锉

图 1.61　各种普通锉及其适宜的加工表面

整形锉（什锦锉）主要用于精细加工及修整工件上难以机械加工的细小部位。它由若干把各种截面形状的锉刀组成一套，如图 1.62（a）所示。特种锉是加工零件上特殊表面用的，它有直的、弯曲的两种，其截面形状很多，如图 1.62（b）所示。

2．锉刀的规格

锉刀的规格主要指尺寸规格。钳工锉的尺寸规格指锉身的长度，特种锉和整形锉的尺寸规格指锉刀全长。日常生产中，锉刀还必须明确锉齿粗细和截面形状。锉齿规格指锉刀面上齿纹疏密程度，可分为粗齿锉、中齿锉、细齿锉、油光锉等。截面形状指锉刀的截面形状。锉刀齿纹有单

纹和双纹两种，双纹是交叉排列的锉纹，形成切削齿和空屑槽，便于断屑和排屑。单齿纹锉刀一般用于锉削铝合金等软材料。

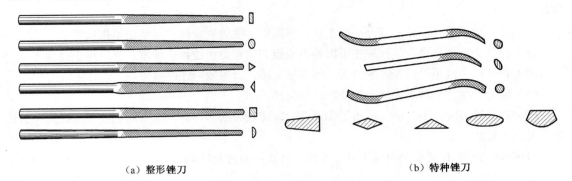

（a）整形锉刀　　　　　　　　　　　　　　　（b）特种锉刀

图1.62　整形锉刀和特种锉刀

3．锉刀的选用

合理选用锉刀，对保证加工质量，提高工作效率和延长锉刀寿命有很大的影响。

一般选择原则是：根据工件形状和加工面的大小选择锉刀的形状和规格；根据材料软硬、加工余量、精度和粗糙度的要求选择锉刀齿纹的粗细。粗锉刀的齿距大，不易堵塞，适宜粗加工（即加工余量大、精度等级和表面质量要求低）及铜、铝等软金属的锉削；细锉刀适宜钢、铸铁以及表面质量要求高的工件的锉削；油光锉只用来修光已加工表面，锉刀越细，锉出的工件表面越光，但生产率越低。

 提　示

锉刀规格是按锉刀齿纹的齿距大小来表示的。按齿纹粗细等级分为五种。

① 粗齿锉刀：齿距为0.83～2.30mm。加工余量为0.50～1.0mm时选用。

② 中齿锉刀：齿距为0.42～0.77mm。加工余量为0.20～0.50mm时选用。

③ 细齿锉刀：齿距为0.25～0.33mm。加工余量为0.10～0.20mm时选用。

④ 粗油光锉刀：齿距为0.20～0.25mm。加工余量为0.05～0.10mm时选用。

⑤ 细油光锉刀：齿距为0.16～0.20mm。加工余量为0.02～0.05mm时选用。

4．锉刀柄的装卸（见图1.63）

先用手将锉刀、锉舌轻轻插入锉刀柄的小圆孔中，然后用木锤敲打。也可将锉刀柄朝下，左手扶正锉刀柄，右手抓住锉刀两侧面，将锉刀撞入锉刀柄直至固定紧为止。

拆锉刀柄要巧借台虎钳的力。将两钳口位置缩小至略大于锉刀厚度，用钳口挡住锉刀柄，用手用力将锉刀拉出柄部。

5．锉刀的正确使用和保养

（1）新锉刀先使用一面，等用钝后再使用另一面。

（2）在粗锉时，应充分使用锉刀的有效全长，避免局部磨损。

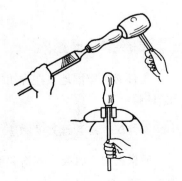

图1.63　锉刀柄的装卸

（3）锉刀上不可沾油和沾水。

（4）不准用嘴吹锉屑，也不要用手清除锉屑。当锉刀堵塞后，应用铜丝刷顺着锉纹方向刷去锉屑。

（5）不可锉毛坯件的硬皮或淬硬的工件，锉削铝、锡等软金属，应使用单齿纹锉刀。

（6）铸件表面如有硬皮，则应先用旧锉刀或锉刀的有侧齿边锉去硬皮，然后再进行加工。

（7）锉削时不准用手摸锉过的表面，因手有油污，会导致再锉时打滑。

（8）锉刀使用完毕时必须清刷干净，以免生锈。

（9）放置锉刀时，不要使其露出工作台面，以防锉刀跌落伤脚。也不能把锉刀与锉刀叠放或锉刀与量具叠放。

（10）锉刀不能作橇棒使用或用来敲工件，防止锉刀折断伤人。

二、课题实施

锉削基本技能的练习

锉削如图 1.64 所示的 C 面和 D 面（A 面和 B 面均已加工好）。锉削基本技能包括锉刀的握法、锉削时人的站立姿势、双手用力方法、平面锉削方法等。

进行锉削基本技能的练习，操作时应根据要求细心体会、感悟、感知，才能有良好的"手感"。

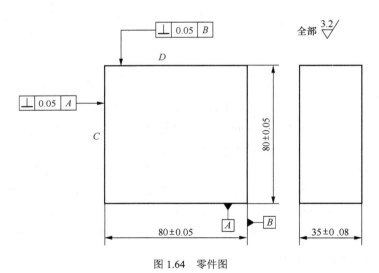

图 1.64　零件图

操作一　装夹工件

工件必须牢固地夹在虎钳钳口的中部，需锉削的表面略高于钳口。夹持已加工表面时，应加钳口铜。

操作二　练习锉刀的握法

应根据锉刀种类、规格和使用场合的不同，正确握持锉刀，以提高锉削质量。

视频 13 锉削的基本操作要领

（1）大锉刀的握法。

右手心抵着锉刀木柄的端头，大拇指放在锉刀木柄的上面，其余4指弯在木柄的下面，配合大拇指捏住锉刀木柄。左手根据锉刀的大小和用力的轻重，可有多种姿势，如图1.65（a）所示。

（2）中锉刀的握法。

右手握法大致和大锉刀握法相同，左手用大拇指和食指捏住锉刀的前端，如图1.65（b）所示。

（3）小锉刀的握法。

右手食指伸直，拇指放在锉刀木柄上面，食指靠在锉刀的刀边，左手几个手指压在锉刀中部，如图1.65（c）所示。

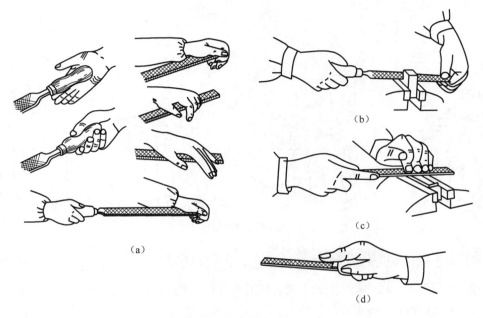

图 1.65　锉削时手的姿势

（4）什锦锉的握法。

一般只用右手拿着锉刀，食指放在锉刀上面，拇指放在锉刀的左侧，如图1.65（d）所示。

操作三　练习锉削的姿势

正确的锉削姿势能够减轻疲劳，提高锉削质量和效率。锉削姿势与锉刀大小有关。

下面介绍大锉刀的锉削姿势。

（1）站立姿势。

人站在台虎钳左侧，身体与台虎钳约成75°，左脚在前，右脚在后，两脚分开约与肩膀同宽。身体稍向前倾，重心落在左脚上，使得右小臂与锉刀成一直线，左手肘部张开，左上臂部分与锉刀基本平行，如图1.66所示。

（2）锉削姿势。

左腿在前弯曲，右腿伸直在后，身体向前倾斜（10°左右），重心落在左腿上。锉削时，两腿站稳不动，靠左膝的屈伸使身体做往复运动，手臂和身体的运动要相互配合，并要使锉刀的全长充分利用，如图1.67所示。

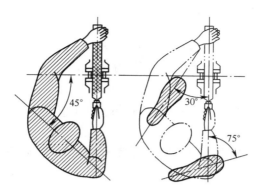

图 1.66 站立姿势

图 1.67 锉削姿势

操作四 掌握锉削时的用力

锉削时锉刀的平直运动是锉削的关键。锉削的力有水平推力和垂直压力两种。推力主要由右手控制，压力是由两只手控制的。

由于锉刀两端伸出工件的长度随时都在变化，因此两手压力大小必须随着变化，使两手的压力对工件的力矩相等，这是保证锉刀平直运动的关键。锉刀运动不平直，工件中间就会凸起或产生鼓形面。在锉削过程中，两手用力总的原则是"左减右加"。这需要多次反复练习、体会，才会慢慢有所感觉。

操作五 掌握锉削速度

锉削速度一般为每分钟40次左右。太快，操作者容易疲劳，且锉齿易磨钝；太慢则切削效率低。

操作六 锉削 C 面

用交叉锉法、顺向锉法及推锉法锉平面。

（1）交叉锉。锉刀贴紧工件表面，运行方向如图1.68所示。由于锉刀与工件接触面较大，较易把握锉刀的平衡，同时注意两手压力的"左减右加"。以交叉的两方向顺序对工件进行锉削。由于锉痕是交叉的，容易判断锉削表面的不平程度，因而也容易把表面锉平。交叉锉法去屑较快，适用于平面的粗锉。

视频14 平面锉削方法

锉削后检查 C 面的平面度和与 A 面的垂直度以及 80±0.05 尺寸余量。

① 平面度检查。用刀口尺以透光法来检查。检查部位如图1.69（a）所示，用"纵横交错"

法。根据刀口尺刀口与被检查面 C 面间的光隙判断被检查平面的直线度或平面度。如图 1.69（b）所示光隙均匀，表示该处平直；如图 1.69（c）所示中间光隙大，表示该处内凹；如图 1.69（d）所示两边光隙大，表示该处中凸。

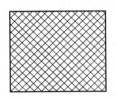

图 1.68　运行方向

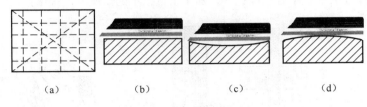

(a)　　　(b)　　　(c)　　　(d)

图 1.69　平面度检查

提　示

检查过程中，检查不同的位置应当将刀口尺提起后再放下，以免使刀口磨损影响检查精度。

②　垂直度检查。用直角尺采用透光法检查。将角尺尺座（短边）贴紧工件基准面 A 面，长边轻缓向下移动至触碰被测表面 C 面上某点，观察长边与表面间的光隙判断垂直度误差，如图 1.70（a）所示。

如图 1.70（b）所示，被测处垂直；图 1.70（c）所示被测处左侧有光隙，表示小于 90°。而图 1.70（d）所示则表示大于 90°。

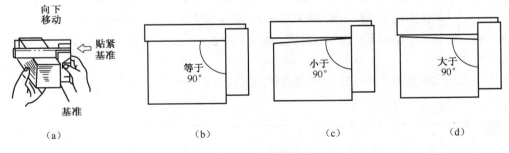

(a)　　　(b)　　　(c)　　　(d)

图 1.70　垂直度检查

提　示

①　角尺尺座应始终贴紧工件基准面，手持尺座向下的力要轻，不能因为看到被测面的光隙而松动角尺，否则测量不准确。

②　与刀口尺一样，角尺也不能在工件表面拖动。

③　检查尺寸。用游标尺在不同尺寸位置上多测量几次，明确各处尺寸余量，并和垂直度、平面度的检查结果综合，分析 C 面的锉削误差存在情况。

（2）顺向锉。不大的平面和最后锉光可以采用顺向锉。如图 1.71 所示，锉刀沿着工件表面横向或纵向移动，锉痕正直。锉削后平面度和垂直度、尺寸的检查方法同上。

（3）推锉。如图 1.72 所示，两手对称地握住锉刀，用两大拇指推锉刀进行锉削。这种方法适用于在表面较窄且已经锉平、加工余量很小的情况下，来修正尺寸和减小表面粗糙度。

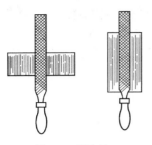
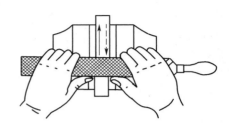

图 1.71　顺向锉　　　　　　　　　　　　　　　　　图 1.72　推锉

锉削后质量检查方法同上。

在锉削过程中，表面粗糙度的检查一般用目测，也可用表面粗糙度样板进行对照检查。

操作七　锉削 D 面

锉削基本方法同锉削 C 面，但锉削过程中除检查与 B 面的垂直度外，还应注意检查与 C 面的垂直度。

操作八　倒角、倒钝与去毛刺

倒角　　一般在图样上注明，如倒角 1×45°，表示倒角深 1mm 且与边成 45°角。

倒钝　　一般在图样上注明倒钝 R≤0.03mm，表示需倒出 0.01~0.03mm 的棱边。

去毛刺　如图样上注明不准倒角或倒钝和锐边，则去毛刺处理即可（去毛刺≤0.010mm 后手摸锐边不扎手）。

如图样上不注明倒角（倒钝），一般需对锐边进行倒钝（倒角）处理。

提　示

　　锉削口诀

　　两手握锉放件上，　左臂小弯横向平，　右臂纵向保平行，　左手压来右手推，

　　上身倾斜紧跟随，　右腿伸直向前倾，　重心在左膝弯曲，　锉行四三体前停，

　　两臂继续送到头，　动作协调节奏准，　左腿伸直借反力，　体心后移复原位。

三、拓展训练

圆弧凸板圆弧部分的锉削

如图 1.73 所示的圆弧凸板零件，在划线后可先加工成"T"形件，然后再加工 R25、R20 圆弧。圆弧锉削时锉刀的运行轨迹、用力不同于平面锉削。外圆弧粗锉采用横向锉法，锉成菱形，精锉采用顺向锉法。

视频 15　外圆弧面的锉削方法

视频 16　内圆弧面的锉削方法

内圆弧用半圆锉（或圆锉），粗锉采用横向锉法，精锉采用推锉法。

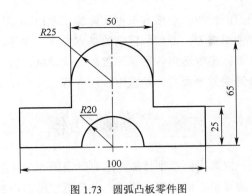

图 1.73　圆弧凸板零件图

【操作步骤】

（1）45°斜向装夹工件，如图 1.74（a）所示。目的是用锉平面的方法去除加工余量。但余量去除至一定程度后需要适当旋转零件在台虎钳上装夹的角度，以便于形成 R25 圆弧的包络线，使得加工余量较小。

（2）用横向锉法粗锉 R25 圆弧。

锉刀主要沿着 R25 的圆弧轴线方向做直线运动，同时还沿着圆弧面做适当的摆动。如图 1.74（b）所示。一般横向锉法适用于粗锉圆弧面。

粗锉接近划线时，用 R 规检查圆弧轮廓，判断误差大小。用角尺检查 R25 圆弧面与大平面的垂直度误差大小。

（3）用顺向锉精锉 R25 圆弧面。

如图 1.74（c）所示，顺向锉圆弧面时，锉刀需同时完成两个运动：一是锉刀的前进运动，另一个是锉刀绕圆弧轴心的摆动。多次反复，并结合用 R 规检查 R25 轮廓，用角尺检查圆弧面与大平面垂直度，用游标卡尺检查圆弧高度 65mm 等，根据综合检测结果，修正锉的位置，直至达到图纸要求。

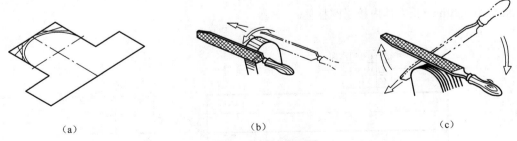

（a）　　　　　　　　　　（b）　　　　　　　　　　（c）

图 1.74　锉削凸板圆弧

（4）去除 R20 内圆弧余量，用半圆锉推直线锉 R20 至划线外 0.2mm 左右处，用横向锉法继续去除余量，同时用 R 规检查 R20 的轮廓，用角尺检查圆弧面与大平面的垂直度。

（5）用细齿半圆锉，采用推锉法精锉 R20 内圆弧，测量方法同步骤（4）。

（6）各边倒棱、去毛刺。

四、小结

在本任务中，要了解锉刀的种类、规格并根据实际加工表面和零件材料、加工余量等因素正确选用锉刀；根据要求正确使用锉刀；要理解锉削的基本方法、要领，如锉刀的握法、锉削时人的站立姿势、双手用力方法等；熟练运用各种平面锉削方法锉削，并正确、熟练使用刀口尺、角度尺、游标卡尺等量具测量锉削的平面度、垂直度、尺寸等。

任务二　锉削长方体

锉削长方体练习，有助于提高平面锉削技能并达到一定的锉削精度；同时，运用前面所学的划线、测量方法，根据图纸的要求正确划线、找正，并熟练使用刀口尺测量平面度、角尺测量垂直度和用游标卡尺正确测量尺寸。

【技能目标】

◎ 巩固正确的锉削姿势

◎ 提高平面锉削技能

◎ 正确使用量具

一、基础知识

锉削如图 1.75 所示的长方体。毛坯为 ϕ35 的 45# 钢经粗车削端面和外圆，车削后外圆直径 ϕ32mm、长度 115mm。加工成 21mm×21mm×115mm 的长方体，要求为圆柱体的内接长方体，保持长方体各棱边成一条直线。

1．图纸技术要求

根据加工图纸，21mm×115mm 的表面平面度允差 0.05mm，与端面和相邻面垂直度允差 0.06mm。长方体两相对面的尺寸分别为（21±0.06）mm 和（115±0.10）mm。六个平面的表面粗糙度允差 Ra3.2μm。长方体内接于圆柱体。

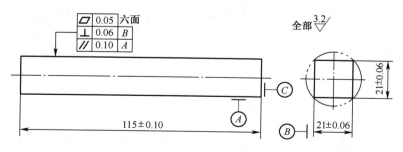

图 1.75　长方体零件图

2．加工要点分析

加工要做到内接，需要划线时先找出圆钢的端面圆的中心，根据中心划线。圆钢转位 90°后必须进行找正后才划线。测量时第一个平面的位置要通过面至圆钢母线的尺寸来控制，测量相对面时再控制（21±0.06）mm。由于 21mm×115mm 的面需要与相邻面垂直，因此，各面的平面度误差要尽可能小，否则将影响垂直度的误差的大小。同时，加工时，先加工的面垂直度误差要尽可能小，这样测量第四个侧面与相邻面的垂直度误差时，才会得到比较小的垂直度累积误差。表面粗糙度的控制主要靠锉刀的选择和用力的控制。在精锉时选用细齿锉刀，使得锉削纹理成纵向并获得较好的表面粗糙度。

二、课题实施

操作一　确定加工余量

根据图纸检查毛坯尺寸，明确加工余量。

操作二　划线

（1）将圆钢稳定地放置于 V 形铁上，利用高度游标卡尺在划线平板上测量和划线。

（2）用高度游标卡尺量取圆钢放在 V 形铁上的最上面母线高度 L，根据步骤（1）量得的圆钢直径 D，计算出中心线的位置尺寸 $L_0=L-D/2$ 并划线。

（3）根据 L_0 在高度游标卡尺上的读数，用（L_0±15.5）mm 分别划出长方体的加工界线。

（4）将工件在 V 形铁上旋转 90°，根据已划的线条用角尺找正圆钢的位置。

（5）同步骤（2）、（3）划线。

（6）将圆钢从 V 形铁拿下，将 A 面放在划线平板上，以 A 面为基准划长度方向线。

划线后的工件如图 1.76 所示（注意不要漏划线条）。

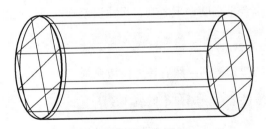

图 1.76　划线后的工件

（7）检查所划的线条是否符合图纸要求。

操作三　粗、精锉端面基准 A

粗锉用 300mm 的粗齿扁锉，精锉用 250mm 的细齿扁锉，达到平面度要求和 Ra3.2μm。

操作四　粗、精锉基准面 B

先用 300mm 的粗齿扁锉粗锉，留 0.15mm 左右的精锉余量，再用 250mm 的细齿扁锉精锉，使 B 面达到平面度要求和 Ra3.2μm。锉削时注意用刀口尺测量该面的平面度，用角尺测量与基准 A 面的垂直度。尺寸的控制为（$D/2$+10.5）mm，如图 1.77（a）所示。

操作五　粗、精锉 B 面相对面

锉刀选用和锉削方法同操作三。使该面达到平面度要求和 Ra3.2μm，尺寸控制为（21±0.06）mm。锉削时注意用刀口尺测量该面的平面度，用角尺测量与基准 A 面的垂直度。测量时需要将垂直度、平面度、尺寸误差进行综合分析，以确定应该锉削的部位，如图1.77（b）所示。

操作六　粗、精锉B面相邻面

锉刀选用和锉削方法同上。使该面达到平面度要求和Ra3.2μm，尺寸的控制为（D/2+10.5）mm。除测量平面度、尺寸外，该面还必须测量与已加工好的两个面以及与A面的垂直度，并对垂直度、平面度、尺寸误差进行综合分析，以确定应该锉削的部位，如图1.77（c）所示。

操作七　粗、精锉第4个长平面

锉刀选用和锉削方法同操作三。使该面达到平面度要求和Ra3.2μm，尺寸的控制为（21±0.06）mm。除测量平面度、尺寸外，该面还必须测量除相对面外的其余三个已加工好的相邻面的垂直度，并对垂直度、平面度、尺寸误差进行综合分析，以确定应该锉削的部位，如图1.77（d）所示。

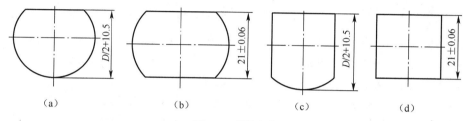

（a）　　　　　　　（b）　　　　　　　（c）　　　　　　　（d）

图1.77　锉长方体

操作八　粗、精锉最后一个面——端面

使该面达到平面度要求和Ra3.2μm，尺寸的控制为（115±0.10）mm。应测量该面与已加工好的四个长面的垂直度，并综合垂直度、平面度、尺寸误差确定应该锉削的部位。

操作九　检查修正

全部复检，并作必要的修正锉削，然后各去棱边毛刺。

操作十　对照评分标准进行自我测评（见表1.3）

表1.3　　　　　　　　　　　　长方全零件图评分表

序号	考核内容	考核要求	配分	评分要求	自我检测
1	尺寸	115±0.10	10	超差不得分	
2		21±0.06（二处）	20	超差不得分	
4	形位公差	▱ 0.05 六面	30	超差不得分	
5		⊥ 0.06 A	10	超差不得分	
6		// 0.10 A	12	超差不得分	
7	表面粗糙度	Ra3.1μm 八面	8	升高一级不得分	
8	安全文明生产	按操作程序规定执行	10	酌情扣2~5分	
9	合计		100		

提 示

① A、B 面是测量基准，必须达到规定的精度要求后才能锉削其他的面。

② 锉削时尺寸的控制必须要与垂直度、平面度的测量协同进行，要做到勤看勤量，以免精度超差。

三、拓展训练

锉削质量分析

通过任务一和任务二的练习，在操作过程中或加工完工件后，会发现出现尺寸精度超差或形位公差（如平面度、垂直度等）不符合要求、加工表面较粗糙等情况，以至于工件精度不符合图纸要求而成为废品。因此，了解废品存在的形式、分析产生原因并明确如何预防，有助于进一步提高锉削技能和水平。

1．锉削常见的质量问题

锉削常见的质量问题有：平面中凸、塌边和塌角；形状、尺寸不准确；表面较粗糙；锉掉了不该锉的部分；工件被夹坏等。

2．锉削质量分析及预防办法

锉削质量分析及预防办法，如表 1.4 所示。

表 1.4　　　　锉削产生废品的种类、原因、预防办法及检验工具和方法

锉削质量问题	检验工具	检验方法	产 生 原 因	预 防 方 法
平面中凸、塌边和塌角	直角尺或刀口尺	透光法	锉刀选择不合理，锉削时施力不当	合理选择锉刀；反复体会锉削力的使用，领会"左减右加"的要领
形状尺寸不准确	游标卡尺	测量法	划线不准确或锉削时未及时检查尺寸或读数不准确	严格按图纸划线，划线后仔细检查；锉削时勤看勤量，并明确锉削部位及其余量
平面相互不垂直	直角尺	透光法	锉削时施力不当，垂直度误差累计	严格控制基准平面度；逐个保证垂直度误差，减少累计误差；用角尺勤测量
表面粗糙	目测或粗糙度样板	对照法	锉刀粗细选择不当；锉屑堵塞锉刀表面未及时清理	合理选择锉刀；及时清理锉刀表面嵌入的锉屑
工件被夹坏	目测	目测	工件在虎钳上夹持不当	工件夹在台虎钳钳口中间位置；夹紧力适当；夹紧时用铜钳口
锉掉了不该锉的部分	直角尺、刀口尺或游标卡尺	透光法测量法	锉削时锉刀打滑，或者没有注意区分带锉齿工作边和不带锉齿的光边	更换已经打滑的锉刀；锉内角时注意用不带锉齿的光边对着已锉好的面，同时注意控制锉刀运行的位置

【操作步骤】

（1）取自己做的如图 1.75 所示的长方体锉削工件，对照图纸进行测量，并做好相关记录。

（2）用刀口尺分别测量四个长面平面度，在中凸或塌角处做好记号；确定自己在加工过程中的问题，对照表 1.3 分析产生中凸或塌角的原因，明确预防措施。

（3）用角尺测量任意两个相邻面的垂直度，并在误差处做好记号。确定累计误差的所在，对照表 1.3 分析垂直度误差的原因，明确预防措施。

（4）用游标卡尺分别测量（21±0.06）mm（二处）、（115±0.10）mm 三个尺寸。注意在不同位

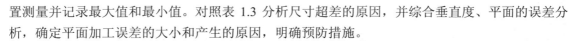

置测量并记录最大值和最小值。对照表 1.3 分析尺寸超差的原因，并综合垂直度、平面的误差分析，确定平面加工误差的大小和产生的原因，明确预防措施。

（5）目测六个表面的表面粗糙度，观察表面有否明显的锉痕，检查锉削时所用锉刀有无嵌入的锉屑，对照表 1.3 分析表面粗糙的原因，明确预防措施。

（6）根据所做记录以及相关的预防措施，按照任务二中锉削长方体的主要操作步骤，将尺寸锉小 0.5mm。

（7）对所锉的工件重新检测，分析质量问题以及产生的原因，并进一步明确相关预防措施。

四、小结

在本任务中，要理解长方体的加工顺序，明确加工工艺重要性。通过锉削、划线、测量等操作，习得平面锉削技能并能达到一定的锉削精度。在操作中要注意综合运用各种测量方法，根据测量结果综合分析，确定锉削位置和余量，以确保加工精度。同时，在保证精度的前提下，努力提高加工速度。

课题总结

本课题以锉削凸板零件、将圆钢锉成内接长方体等为例，介绍了有关锉刀的基本知识、锉刀握法、锉削站立姿势、锉削力运用、锉削质量的检验锉削的废品分析以及相关安全文明生产知识。通过对本模块的学习，要了解锉刀的种类、规格，能根据图纸和工艺要求正确选用锉刀。有正确的握锉姿势、锉削站立姿势。通过反复的锉削练习，体会感悟锉削力的运用。能运用刀口尺、角尺、游标卡尺等量具进行简单的锉削质量检验，并知道锉削质量问题产生的原因和预防方法。

锉削是钳工的基本技能之一。良好的锉削动作、姿势的养成将对今后的钳工操作产生较大的影响。同时，要树立质量意识、效率意识，追求锉削质量，并在保证质量的前提下提高锉削速度。

| 课题五　锯削 |

手工锯削是利用手锯锯断金属材料（或工件）或在工件上进行切槽的加工方法。虽然当前诸如锯床、加工中心等数控设备已广泛地使用，但是由于手工锯削具有方便、简单和灵活的特点，使得其在单件或小批量生产中，常用于分割各种材料及半成品、锯掉工件上多余部分、在工件上锯槽等。由此可见，手工锯削是钳工需要掌握的基本操作之一。

【学习目标】

◎ 了解常用锯削工具、锯条的规格等

◎ 学会锯条的正确安装

◎ 掌握正确的锯削姿势和动作，学会正确的起锯方法，能运用正确的方法进行锯削

◎ 了解不同材料的锯削方法

一、基础知识

手锯由锯弓和锯条组成。

1．锯弓

锯弓是用来张紧锯条的，分为固定式和可调式两类，如图 1.78 所示。固定式锯弓的长度不能调整，只能使用单一规格的锯条。可调式锯弓可以使用不同规格的锯条，故目前被广泛使用。

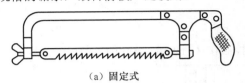
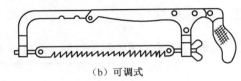

（a）固定式　　　　　　　　　　　　　（b）可调式

图 1.78　锯弓的形式

2．锯条

（1）锯条的材料。锯条是用碳素工具钢（如 T10 或 T12）或合金工具钢冷轧而成，并经热处理淬硬。

（2）锯条的规格。锯条的尺寸规格以锯条两端安装孔间的距离来表示。钳工常用的锯条尺寸规格为 300mm，其宽度为 12mm、厚度为 0.6～0.8mm。

锯条的粗细规格是按锯条上每 25mm 长度内齿数表示的。14～18 齿为粗齿，24 齿为中齿，32 齿为细齿。

（3）锯齿的角度。锯条的切削部分由许多锯齿组成，每个齿相当于一把錾子，起切割作用。常用锯条的前角 γ 为 0°、后角 α 为 40°～50°、楔角 β 为 45°～50°，如图 1.79 所示。

（4）锯路。锯条的锯齿按一定的规律左右错开成一定形状称为锯路。如图 1.80 所示，锯路有交叉、波浪等不同排列形状。其作用是使锯缝宽度大于锯条背部的厚度，防止锯割时锯条卡在锯缝中，并减少锯条与锯缝的摩擦阻力，使排屑顺利，锯割省力。

（5）锯条粗细的选择。　锯条的粗细应根据加工材料的硬度、厚薄来选择。锯割软的材料（如铜、铝合金等）或厚材料时，应选用粗齿锯条，因为锯屑较多，要求较大的容屑空间；锯割硬材料（如合金钢等）或薄板、薄管时、应选用细齿锯条，因为材料硬，锯齿不易切入，锯屑量少，不需要大的容屑空间。锯薄材料时，锯齿易被工件勾住而崩断，需要同时工作的齿数多，使锯齿承受的力量减少。锯割中等硬度材料（如普通钢、铸铁等）和中等硬度的工件时，一般选用中齿锯条。

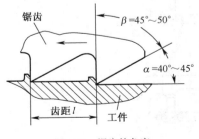

图 1.79　锯齿的角度

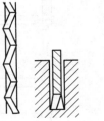

图 1.80　锯路

具体的锯条粗细的选择如表 1.5 所示。

表 1.5   锯条的粗细及用途

锯齿粗细	每 25mm 长度内含齿数目	用　途
粗　齿	14～18	锯铜、铝等软金属及厚工件
中　齿	24	加工普通钢、铸铁及中等厚度的工件
细　齿	32	锯硬钢板料及薄壁管子

二、课题实施

用手锯锯削如图 1.81 所示的板料，尺寸误差控制在（5±0.50）mm 的范围内。

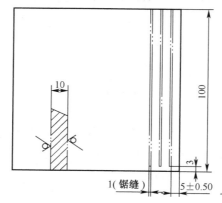

图 1.81　板料零件图

操作一　安装锯条

锯条的安装应注意两个问题。一是锯齿向前，因为手锯向前推时进行切削，向后返回是空行程，如图 1.82 所示。二是锯条松紧要适当，太紧会使锯条失去应有的弹性，锯条容易崩断，太松会使锯条扭曲，锯缝歪斜，锯条也容易崩断。

视频 18 锯条的安装

锯条安装好后应检查是否与锯弓在同一个中心平面内，不能有歪斜和扭曲，否则锯削时锯条易折断且锯缝易歪斜。同时用右手拇指和食指抓住锯条轻轻扳动，锯条没有明显的晃动时，松紧即为适当。

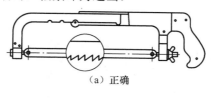

（a）正确

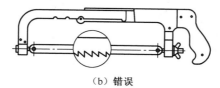

（b）错误

图 1.82　锯条的安装

操作二　工件划线

用钢尺和划针在毛坯表面划出若干间隔 5mm 的线和 1mm 的锯缝线。

操作三　夹持工件

工件一般应夹在虎钳的左面，以便操作；工件伸出钳口不应过长，应使锯缝离钳口侧面 20mm 左右，要使锯缝线保持铅垂，便于控制锯缝不偏离划线线条；工件夹持应该牢固，防止工件在锯割时产生振动，同时要避免将工件夹变形和夹坏已加工面。

操作四　练习握锯

握锯姿势如图 1.83 所示。握稳锯柄，左手扶在锯弓前端。需要注意的是：锯削时推力和压力主要由右手控制，左手的作用主要是扶正。

视频 19 手锯的握法和锯削姿势

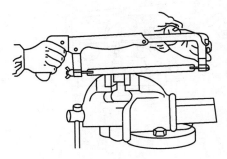

图 1.83　握锯姿势

一般左手不宜抓着锯弓，而是用手指的第一个关节位置扶住锯弓，手掌稍往外张开，以保证扶持的力度。

操作五　练习站立姿势

锯削时的站立姿势与锉削相似，人体质量均分在两腿上。随着锯削的进行。身体重心在左右两腿间自然轮换，保持身体、动作的协调自然。

操作六　起锯

起锯是锯削工作的开始，起锯的好坏直接影响锯削质量。起锯的方式有远起锯和近起锯两种，如图 1.84 所示。一般情况采用远起锯，因为此时锯齿是逐步切入材料，不易被卡住。为了起锯位置正确且平稳，可用左手大拇指竖起用指甲挡住锯条来定位，如图 1.85 所示。

视频 20 锯削时的起锯方法

无论采取近起锯还是远起锯，起锯角 α 以 15° 为宜，如图 1.86 所示。锯角太大，则锯齿易被工件棱边卡住而崩齿；起锯角太小，则不易切入材料，锯条还可能打滑，把工件表面锯坏。

起锯的动作要点是"小""短""慢"。"小"指起锯时压力要小，"短"指往返行程要短，"慢"指速度要慢，这样可使起锯平稳。

根据以上要领，在所划的两条锯缝线间起锯。当起锯到槽深有 2～3mm 时，锯条已不会滑出槽外，左手拇指可离开锯条，扶正锯弓逐渐使锯痕向后（向前）成为水平，然后往下正常锯割。

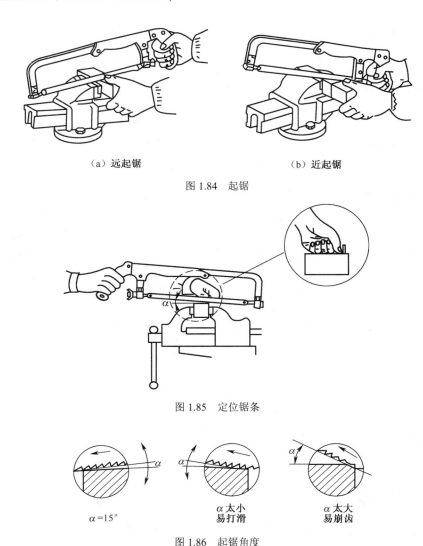

（a）远起锯　　　　　　　　　　（b）近起锯

图 1.84　起锯

图 1.85　定位锯条

$\alpha=15°$　　　　α 太小易打滑　　　　α 太大易崩齿

图 1.86　起锯角度

操作七　锯削

要保证锯削质量和效率，必须有正确的握锯姿势、站立姿势，锯削动作要协调、自然。手握锯弓要舒展自然，右手握住手柄向前施加压力，左手轻扶在弓架前端。推锯时推力和压力均由右手控制，左手几乎不加压力，主要配合右手起扶正锯弓的作用。此时，身体上部稍向前倾，给手锯以适当的压力而完成锯削。回程中拉锯时因不进行切削，故不施加压力，应将锯稍微提起，使锯条轻轻滑过加工面，以免锯齿磨损。

视频21 棒料的锯削方法

推锯时锯弓运动方式有两种：一种是直线运动，左手施压，右手推进，用力要均匀，适用于锯缝底面要求平直的槽和薄壁工件的锯割；另一种是锯弓上下摆动，这样操作自然，两手不易疲劳，但摆动幅度不宜过大。

锯割到材料快断时，用力要轻，以防突然锯断工件导致工件掉落或折断锯条。因此，快锯断时，应用左手抓稳将要锯落的工件，右手单手轻轻锯割直至锯落为止。

锯割频率的控制可以防止疲劳和锯条发热而加剧磨损，因此锯割频率不宜过高，一般以30 次/分钟为宜。锯割硬材料要慢些，锯割软材料要快些。同时，锯割行程应保持匀速，返回行程的速度应相对快些，以提高锯削效率。锯割时锯弓运行要流畅，尽可能运用锯条的全部长度（往返长度不小于全长的 2/3 长度）进行切削，以免造成局部磨损。

锯硬材料时，应采用大压慢移动；锯软材料时，可适当加速减压。为减轻锯条的磨损，必要时可加乳化液或机油等切削液。

提　示

① 开始锯削时应经常观察锯缝是否在所划锯缝线间。若发现偏斜，应及时调整锯弓位置以借正。无法借正时，应将工件翻转 90° 重新起锯。

② 锯割时眼睛应时刻注意观察锯条运行中是否铅垂，否则需要调整站位或两手用力。

③ 锯削练习初期以直线运动为主，这主要是考虑到学生们还没有掌握全面的锯削姿势要领，防止因上下摆带来的两手不能保持平衡，影响锯削平面。

操作八　检查锯削质量

根据图纸要求，测量锯割条状板料的尺寸是否在误差范围内，并测量锯割面的平面度、垂直度和表面粗糙度，以分析自己锯削中存在的问题。

操作九　分析锯削质量

根据图纸锯割（5±0.50）mm 的小钢板 3～5 条后，通过检查明确自己锯割存在的质量问题并分析原因、提出改进措施。对照表 1.6，有利于分析、查找原因并改进。

表 1.6　　　　　　　　　　锯削问题（质量）分析表

锯削问题（质量）		原　因
锯条损坏	折断	① 锯条安装过紧或过松 ② 工件装夹不牢固或装夹位置不正确，造成工件抖动或松动 ③ 锯缝产生歪斜，靠锯条强行纠正 ④ 运动速度过快，压力太大，锯条容易被卡住 ⑤ 更换锯条后，锯条在旧锯缝中被卡住而折断 ⑥ 工件被锯断时没有减慢锯削速度和减小锯削力，使手锯突然失去平衡而折断
	崩齿	① 锯条粗细选择不当 ② 起锯角过大，工件钩住锯齿 ③ 铸件内有砂眼、杂物等
	磨损过快	① 锯削速度过快 ② 未加切削液
锯削质量问题	工件尺寸不对	① 划线不正确 ② 锯削时未留余量
	锯缝歪斜	① 锯条安装过松或相对于锯弓平面扭曲 ② 工件未夹紧 ③ 锯削时，顾前不顾后
	表面锯痕多	① 起锯角度过小 ② 起锯时锯条未靠住左手大拇指定位

三、拓展训练

锯削不同材料

通过课题中的训练，学生对锯削的基本知识和基本技能已经有初步的感悟。但由于课题实施的材料属于较大平面的锯削，若要锯削薄板材料、空心管子（如自来水管）或锯缝较深的零件，锯削的方法与课题实施有所不同。因此，对于不同材料的锯削，应相应地采用不同的方法。

视频 22 管材的锯削方法

【操作步骤】

（1）锯割自来水管

在台虎钳上夹持自来水管，在划线处锯割。锯条将要锯穿管壁时，将自来水管向推锯方向转一角度，从原锯缝处下锯，然后依次不断转动，直至切断为止，如图 1.87 所示。

（2）锯割薄板料

若用手锯直接垂直锯薄板，则锯条的锯齿将被薄板勾住而崩齿。避免这种情况的方法有两种：一是薄板在台虎钳上的夹持要借用其他材料，如图 1.88（a）所示，将薄板料夹在两木块之间，连同木块夹在虎钳上一起锯削，这样就增加了薄板料锯削时的刚性，防止锯齿被勾住而崩齿或折断。二是夹持薄板后水平锯薄板，以增加同时参加锯削的锯齿的数量，如图 1.88（b）所示，防止锯齿被勾住而崩齿或折断。

视频 23 薄板料的锯削方法

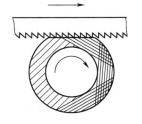

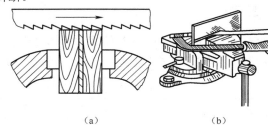

（a）　　　　　　　　　（b）

图 1.87　锯割自来水管　　　　　　　图 1.88　锯割薄板料

（3）锯割深缝

锯缝较深时，锯缝高度超过锯弓高度，锯弓就会与工件相碰，如图 1.89（a）所示。此时，应重新安装锯条。方法之一是把锯条拆出，转 90°重新安装，使锯弓转到工件的侧面，然后按原锯路继续锯削，如图 1.89（b）所示。方法之二是将锯条拆出并转 180°重新安装，使锯弓转到工件的下面，然后按原锯路继续锯削，如图 1.89（c）所示。

视频 24 深缝的锯削方法

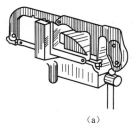

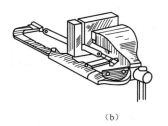

（a）　　　　　　　　　（b）　　　　　　　　　（c）

图 1.89　锯割深缝

需要注意的是，锯条转位后，由于两手用力与正常锯割有所不同，因此，尤其要注意锯削动作的规范以及控制锯削力，使锯缝保持平直而不歪斜。

（4）锯割槽钢

槽钢三个面厚度较小，因此不能把槽钢只夹持一次锯开，这样的锯削效率低。在锯高而狭的中间部分时，锯齿容易折断，锯缝也不平整，如图 1.90（a）所示。正确的方法是：分三次装夹槽钢，应尽量从长的锯缝口上起锯，锯穿一个面后再改变夹持位置接着锯，如图 1.90（b）、（c）、（d）所示。

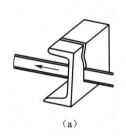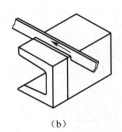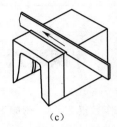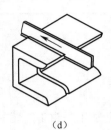

(a)　　　　　　(b)　　　　　　(c)　　　　　　(d)

图 1.90　锯割槽钢

提　示

锯削口诀

"一夹、二安、三起锯"

一夹：夹伸有界线，锯割就不颤，夹得要牢靠，避免把形变。

二安：无条不成锯，凡锯齿朝前，松紧要适当，锯路成直线，二面保平行，锯缝才不偏。

三起锯：操作起锯不放过，左大拇指逼，右手锯，行程短小慢，角度记心间，边棱卡齿断锯条，远近起锯要选好。

四、小结

在本课题中，要了解手锯的组成、锯条的基本知识。通过基本的锯削练习，掌握握锯的方法、锯削站立姿势、起锯的方法和注意事项，锯削的用力、动作姿势等以及获得锯削技能并能达到一定的锯削精度。在操作中要注意通过测量并根据测量结果分析锯削中存在的问题，对照锯削问题分析表改进锯削动作、姿势，以逐步提高锯削的质量和效率。

另外，在锯削时还应注意：锯削时不要突然用力过猛，防止锯条折断并从锯弓上崩出伤人；工件夹持要牢固，以免工件松动、锯缝歪斜、锯条折断；要经常注意锯缝的平直情况，如发现歪斜应及时纠正。

通过学习，应能正确选用锯条，有正确的锯削动作、姿势，并能根据不同的材料选用正确的锯削方法，既使得锯削面平直又保证锯削的效率。

锯削作为钳工的基本技能之一，虽然劳动强度大，与机械化、自动化生产相比生产效率低，但在许多场合还是有其用武之地，同时锯削这项操作对工人技术要求高。因此，必须通过潜心练习、细心体会，才能学到锯削的基本要领和技巧。

提　示

深缝锯割要领	学做人要领
锯条正（锯条安装不扭曲）	身　正（遵纪守法严要求）
心　静（思想集中工作中）	心　清（树立正确人生观）
勤观察（不断前后细察看）	勤自省（自我批评常自省）
纠　偏（及时纠正歪斜缝）	纠　偏（随时改正小错误）
结　果（锯割深缝直又平）	结　果（人生道路坦荡光明走）

| 课题六　孔加工 |

　　孔加工是钳工重要的操作技能之一。孔加工的方法通常有二类：一类是在实体材料上加工出孔，即用麻花钻、中心钻等进行钻孔加工；另一类是对已有的孔进行再加工，即用扩孔钻、锪钻（可用麻花钻改制）和铰刀等进行扩孔、锪孔和铰孔加工等。

　　通过对本课题钻削理论的分析和实际钻孔加工操作，可初步了解钻头的几何角度的作用与基本概念以及对钻孔加工的影响；知道钻孔、扩孔、锪孔和铰孔直径、转速、进给量的相互关系；知道切削液与加工材料之间的关系；学习掌握孔加工的安全操作规程。

　　通过对典型零件的孔加工，掌握孔加工的基本操作方法；学会正确装夹工件；学会合理选择切削用量；掌握钻头的刃磨技能；学会钻孔时对孔的位置的校正及加工后孔径、孔距的测量。

　　通过对已钻孔的扩孔、锪孔和铰孔加工，掌握扩大工件孔径的加工方法；掌握用锪削的方法加工平底孔或锥形沉孔的加工方法；掌握用铰削的方法在工件孔壁上切除微量金属层，以提高其尺寸精度和表面粗糙度的加工方法。

【学习目标】

　◎ 了解钻头的几何角度的作用与概念及其对钻孔的影响
　◎ 了解钻孔、扩孔、锪孔和铰孔直径、转速、进给量的相互关系
　◎ 了解切削液与加工材料的关系
　◎ 掌握孔加工的安全操作规程

任务一　钻孔加工

视频25 钻床和钻削加工

　　钻孔就是用钻头在实体材料上加工孔的方法。钻孔在生产中是一项重要的工作，主要加工精度要求不高的孔或作为孔的粗加工。通过学习本课题，可以了解麻花钻的结构和切削角度，学会麻花钻的刃磨并进行必要的修磨，掌握刃磨技术；学会台式钻床的正确使用并进行试钻削和加工零件。

视频 26 高速钢刀具与硬质合金刀具

视频 27 涂层刀具与金刚石刀具

钻孔可达到的标准公差等级一般为 IT11~IT10 级，表面粗糙度值一般为 $Ra50$~$Ra12.5\mu m$。钻孔时，钻头绕其轴线旋转（主运动）并同时沿其轴线移动（进给运动）（见图 1.91）。钻孔所用工具为麻花钻，一般由高速工具钢制成。

视频 28 陶瓷刀具与立方氮化硼刀具

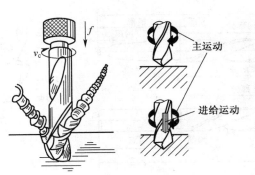

图 1.91 钻头钻孔

【技能目标】

◎ 初步掌握钻头的刃磨方法

◎ 进一步提高划线水平

◎ 学会使用台式钻床，能对一般的孔进行钻削加工

一、基础知识

钻头的种类繁多，有麻花钻、扁钻、深孔钻、中心钻等，麻花钻是最常见的一种钻头。

视频 29 麻花钻的组成

1．麻花钻

图 1.92（a）所示为麻花钻的结构图。它由工作部分、柄部和颈部组成。

（1）工作部分。麻花钻的工作部分分为切削部分和导向部分。

① 切削部分。麻花钻可看作两把内孔车刀组成的组合体，如图 1.92（b）所示。而这两把内孔车刀必须有一实心部分——钻心将两者联成一个整体。钻心使两条主切削刃不能直接相交于轴心处，而相互错开，使钻心形成了独立的切削刃——横刃。因此，麻花钻的切削部分有两条主切削刃、两条副切削刃和一条横刃，如图 1.92（b）所示。

视频 30 麻花钻切削部分的结构

麻花钻的钻心直径取为（0.125~0.15）d_0（d_0 为钻头直径）。为了提高钻头的强度和刚度，把钻心做成正锥体，钻心从切削部分向尾部逐渐增大，其增大量每 100mm 长度上为 1.4~2.0mm。

两条主切削刃在与它们平行的平面上投影的夹角称为锋角 2ϕ，如图 1.93 所示。

标准麻花钻的锋角 $2\phi=118°$，此时两条主切削刃呈直线；若磨出的锋角 $2\phi>118°$，则主切削刃呈凹形；若 $2\phi<118°$，则主切削刃呈凸形。

② 导向部分。导向部分在钻孔时起引导作用，也是切削部分的后备部分。

导向部分的两条螺旋槽形成钻头的前刀面，也是排屑、容屑和切削液流入的空间。螺旋槽的螺旋角 β 是指螺旋槽最外缘的螺旋线展开成直线后与钻头轴线之间的夹角，如图 1.93 所示。愈靠近钻头中心螺旋角愈小。螺旋角 β 增大，可获得较大前角，因而切削轻快，易于排屑，但会削弱切削刃的强度和钻头的刚性。

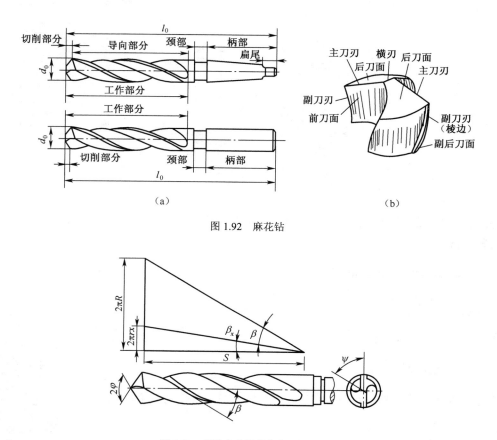

图 1.92　麻花钻

图 1.93　标准麻花钻的锋角和螺旋角

导向部分的棱边即为钻头的副切削刃，其后刀面呈狭窄的圆柱面。标准麻花钻导向部分直径向柄部方向逐渐减小，其减小量每 100mm 长度上为 0.03～0.12mm，螺旋角 β 可减小棱边与工件孔壁的摩擦，也形成了副偏角。

（2）柄部。柄部用来装夹钻头和传递扭矩。钻头直径 $d_0 < 13$mm 常制成圆柱柄（直柄）；钻头直径 $d_0 > 13$mm 制成莫氏圆锥柄，柄部的扁尾能避免钻头在主轴孔或钻头套中打滑，并便于用楔铁把钻头从主轴或钻套中打出。

（3）颈部。颈部是柄部与工作部分的连接部分，颈部在磨制钻头时供砂轮退刀用。钻头的规格、材料、商标也刻在颈部。小直径钻头不做颈部。

2．麻花钻切削部分的几何角度

如图 1.94 所示，钻头实际上相当于是正反安装的两把内孔车刀的组合刀具，只是这两把内孔车刀的主切削刃高于工件中心（因为有钻心而形成横刃的缘故）。

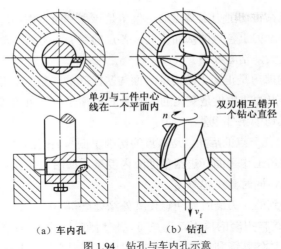

（a）车内孔 　　　　　（b）钻孔

图 1.94　钻孔与车内孔示意

（1）基面和切削平面。

在分析麻花钻的几何角度时，首先必须了解钻头的基面和切削平面。

① 基面。切削刃上任一点的基面，是通过该点，且垂直于该点切削速度方向的平面，如图 1.95（a）所示。在钻削时，如果忽略进给运动，钻头就只有圆周运动，主切削刃上每一点都绕钻头轴线做圆周运动，它的速度方向就是该点所在圆的切线方向，如图 1.95（b）中 A 点的切削速度 v_A 垂直于 A 点的半径方向，如果另外取 B 点，则 B 点的切削速度 v_A 垂直于 B 点的半径方向。不难看出，切削刃上任一点的基面就是通过该点并包含钻头轴线的平面。由于切削刃上各点的切削速度方向不同，所以切削刃上各点的基面也就不同。

② 切削平面。切削刃上任一点的切削平面是包含该点切削速度方向，而又切于该点加工表面的平面（图 1.95（a）所示为钻头外缘刀尖 A 点的基面和切削平面）。切削刃上各点的切削平面与基面在空间相互垂直，并且其位置是变化的。

（2）主切削刃的几何角度。

① 端面刃倾角 λ_{STA}。为方便起见，钻头的刃倾角通常在端平面内表示。钻头主切削刃上某点的端面刃倾角是主切削刃在端平面的投影与该点基面之间的夹角，如图 1.96 所示，其值总是负的。且主切削刃上各点的端面刃倾角是变化的，越靠近钻头，中心端面刃倾角的绝对值越大，如图 1.96（b）所示。

视频31 认识定义刀具角度的辅助平面

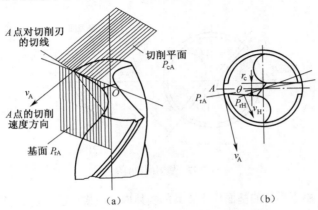

（a）　　　　　　　　（b）

图 1.95　钻头切削刃上各点的基面和切削平面的变化

② 主偏角 2ϕ。麻花钻主切削刃上某点的主偏角是该点基面上主切削刃的投影与钻头进给方向之间的夹角。由于主切削刃上各点的基面不同，各点的主偏角也随之改变。主切削刃上各点的主偏角是变化的，外缘处大，钻心处小。

③ 前角 γ_0。麻花钻的前角是正交平面内前刀面与基面间的夹角。由于主切削刃上各点的基面不同，所以主切削刃上各点的前角也是变化的，如图 1.96 所示。前角的值从外缘到钻心附近大约由+30°减小到−30°，其切削条件很差。

④ 后角 α_0。切削刃上任一点的后角，是该点的切削平面与后刀面之间的夹角。钻头后角不在主剖面内度量，而是在假定工作平面（进给剖面）内度量，如图 1.96（a）所示。在钻削过程中，实际起作用的是这个后角，同时测量也方便。

钻头的后角是刃磨得到的，刃磨时要注意使其外缘处磨得小些（8°～10°），靠近钻心处要磨得大些（20°～30°）。这样刃磨的原因首先是可以使后角与主切削刃前角的变化相适应，使各点的楔角大致相等，从而达到其锋利程度、强度、耐用度相对平衡；其次能弥补由于钻头的轴向进给运动，刀刃上各点实际工作后角减少一个该点的合成速度角 μ（如图 1.96 所示的 $f-f$ 剖面）所产生的影响；此外还能改变横刃处的切削条件。

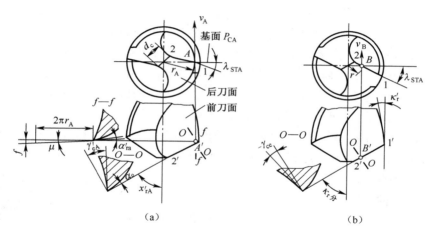

图 1.96　钻头的刃倾角、主偏角、前角和后角

（3）横刃的几何角度如图 1.97 所示。

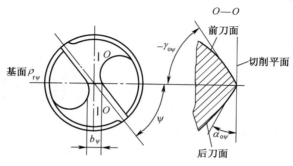

图 1.97　横刃的切削角度

① 横刃前角 $\gamma_{o\psi}$。由于横刃的基面位于刀具的实体内，故横刃前角 $\gamma_{o\psi}$ 为负值（−45°～−60°），所以钻削时在横刃处发生严重的挤压而造成很大的轴向力。

② 横刃后角 $\alpha_{o\psi}$。横刃后角约 $90°-|\gamma_{o\psi}|$，故为 $30°\sim35°$。

③ 横刃主偏角 $K_{\gamma\psi}=90°$。

④ 横刃刃倾角 $\lambda_{s\psi}=0°$。

⑤ 横刃斜角 ψ。

横刃斜角是在钻头的端面投影中，横刃与主切削刃之间的夹角。它是刃磨钻头时自然形成的，锋角一定时，后角刃磨正确的标准麻花钻横刃斜角 ψ 为 $47°\sim55°$，而后角越大则 ψ 越小，横刃的长度会增加。

二、课题实施

工具准备：游标卡尺、锉刀、划线工具、样冲、手锤、钻头（$\phi6.2$、$\phi6.8$、$\phi7$、$\phi9$、$\phi12$、$\phi16$、$\phi2$）、中心钻、台钻、机用虎钳等。

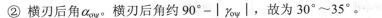

视频 32 麻花钻的选用原则

钻孔一般的操作加工步骤如下。

（1）工件来料去毛刺，测量毛坯尺寸，锉外形尺寸。

（2）按图样要求划线、检查划线并冲眼。划垂直相交二直线、划钻孔圆、划检验圆，划校检圆与校验孔，用于加工时校验，校验圆与钻孔圆同心，钻大孔需划校验圆（见图 1.98）。样冲锥角为 $30°\sim60°$，用碳素工具钢制作或用报废钻头、铰刀改磨制。

（3）调试钻床，掌握台（立）钻的操作技能（具体见模块三），并能正确装卸钻头（见图 1.99）。

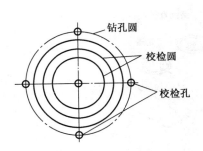

图 1.98 校检圆与校验孔

图 1.99 用钥匙正确安装钻头

（4）正确装夹工件（见图 1.100），能根据钻孔直径和工件材料合理选择切削用量。

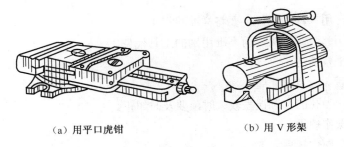

（a）用平口虎钳　　　　　　（b）用 V 形架

图 1.100 工件的装夹方法

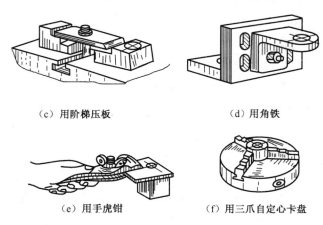

（c）用阶梯压板　　　　　　　　（d）用角铁

（e）用手虎钳　　　　　　　（f）用三爪自定心卡盘

图 1.100　工件的装夹方法（续）

（5）冲眼处用中心钻定中心，校正孔的位置。中心钻锥角为 90°，中心钻可扩大加深样冲头所冲的孔，使钻头尖刚好落入冲孔内。定中心的目的在于用钻头确定孔中心，使钻头钻削时不摆动、偏斜。定中心时，万一钻头摆动偏斜，要及时进行调整（重新装卡）。

（6）按图样要求钻孔，锪锥形孔、倒角（见图 1.101）。

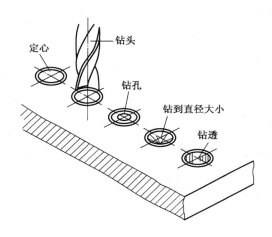

图 1.101　钻孔

（7）正确测量孔径、孔距，去毛刺、打记号。

注意事项如下。

（1）孔的位置，用样冲孔定位，要将样冲眼打正。

（2）用钻夹头钥匙装卸钻头，而不准用别的工具代替。

（3）夹紧面要平整清洁。

（4）钻头用钝后，应及时修磨。

（5）钻孔初期，当孔的位置误差较大时，要及时纠正。

（6）遵守安全操作规程。

钻孔加工的安全操作规程如下。

（1）先读钻床的操作说明书，用机用虎钳夹紧工件（也可用压板）。

（2）要戴安全帽，穿紧身工作服，严禁戴手套。

（3）钻削过程中要经常断屑，勤清理，严禁直接用手清理。

（4）快钻穿时要减少进给量。

（5）停机后要擦净机床，在指定位置加油润滑。

操作一 钻头磨刃

钻头刃磨练习（可用小于 $\phi 15mm$ 的废旧麻花钻头进行刃磨练习）。

注意刃磨时砂轮机的正确使用，注意刃磨的姿势和观察钻头的几何形状和角度。刃磨后的钻头可在废旧物料上试钻以确定钻头是否符合要求。

刃磨后的麻花钻几何角度应达到：

① 顶角 2ϕ 为 $118°\pm2°$。

② 孔缘处的后角 α_0 为 $10°\sim14°$。

③ 横刃斜角 ψ 为 $50°\sim55°$。

④ 两主切削刃长度以及和钻头轴心线组成的两个角要相等。

⑤ 两个主后刀面要刃磨光滑。

麻花钻对于机械加工来说，是一种常用的钻孔工具。结构虽然简单，但要把它真正刃磨好，也不是一件轻松的事。关键在于掌握好刃磨的方法和技巧，方法掌握了，问题就会迎刃而解，钻头刃磨时与砂轮的相对位置如图 1.102 所示。

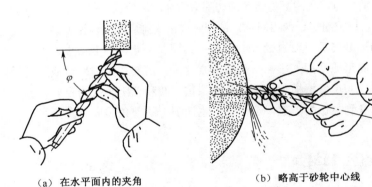

（a）在水平面内的夹角 　　　　　（b）略高于砂轮中心线

图 1.102 钻头刃磨时与砂轮的相对位置

麻花钻的手工刃磨在于掌握技巧，刃磨钻头主要掌握以下几个技巧。

（1）钻刃摆平轮面靠。磨钻头前，先要将钻头的主切削刃与砂轮面放置在一个水平面上，也就是说，保证刃口接触砂轮面时，整个刃都要磨到。这是钻头与砂轮确定相对位置的第一步，位置摆好再慢慢往砂轮面上靠。这里的"钻刃"是主切削刃，"摆平"是指被刃磨部分的主切削刃处于水平位置。"轮面"是指砂轮的表面。"靠"是慢慢靠拢的意思。此时钻头还不能接触砂轮。

（2）钻轴左斜出锋角。这里是指钻头轴心线与砂轮表面之间的位置关系。"锋角"即顶角 $118°\pm2°$ 的一半，约为 $60°$，这个位置很重要，直接影响钻头顶角大小及主切削刃形状和横刃斜角。此时钻头在位置正确的情况下准备接触砂轮。

提 示

（1）和（2）都是指钻头刃磨前的相对位置，二者要统筹兼顾，不要为了摆平钻刃而忽略了摆好斜角，或为了摆放左斜的轴线而忽略了摆平钻刃口。在实际操作中往往会出这些错误。

（3）由刃向背磨后面。这里是指从钻头的刃口开始沿着整个后刀面缓慢刃磨。这样便于散热和刃磨。刃口接触砂轮后，要从主切削刃往后面磨，也就是从钻头的刃口先开始接触砂轮，而后沿着整个后刀面缓慢往下磨。钻头切入时可轻轻接触砂轮，先进行较少量的刃磨，并注意观察火花的均匀性，及时调整手上压力大小，还要注意钻头的冷却，不能让其磨过火，造成刃口变色，以致刃口退火。发现刃口温度高时，要及时将钻头冷却。当冷却后重新开始刃磨时，要继续摆好技巧（1）、（2）所要求的位置，防止不由自主地改变其位置的正确性。

（4）上下摆动尾别翘。这是一个标准的钻头磨削动作，主切削刃在砂轮上要上下摆动，也就是握钻头前部的手要均匀地将钻头在砂轮面上上下摆动。而握柄部的手却不能摆动，还要防止后柄往上翘，即钻头的尾部不能高翘于砂轮水平中心线以上，否则会使刃口磨钝，无法切削。这是最关键的一步，钻头磨得好与坏，与此有很大的关系。在磨得差不多时，要从刃口开始，往后角再轻轻蹭一下，让刃后面更光洁一些。

（5）保证刃尖对轴线，两边对称慢慢修。一边刃口磨好后，再磨另一边刃口，必须保证刃口在钻头轴线的中间，两边刃口要对称。对着亮光察看钻尖的对称性，慢慢进行修磨。钻头切削刃的后角一般为10°～14°。后角大了，切削刃太薄，钻削时振动厉害，孔口呈三边或五边形，切屑呈针状；后角小了，钻削时轴向力很大，不易切入，切削力增加，温升大，钻头发热严重，甚至无法钻削。后角角度磨的适合，锋尖对中，两刃对称，钻削时，钻头排屑轻快，无振动，孔径也不会扩大。

（6）两主切削刃磨好后，对直径大一些的钻头还要注意磨一下钻头锋尖。钻头两刃磨好后，两刃锋尖处因钻心而形成横刃，影响钻头的中心定位，需要在刃磨后对横刃进行修磨，把横刃磨短。方法见后面图1.116修磨横刃。这也是钻头定心和切削轻快的重要一点。注意在修磨刃尖倒角时，千万不能磨到主切削刃上，这样会使主切削刃的前角偏大，直接影响钻孔。

操作二 试钻并完成工件加工

把工件装夹在机用虎钳上，安装钻卡头，安装钻头并夹紧，工作台调整到一定高度。

视频33 钻头引偏的原因及防止

选择转速，其依据是：麻花钻的直径；麻花钻所用材料；工件材料。

切削速度由工件材料、钻头材料确定。切削速度的计算公式为

$$v_c = \pi n D / 1\,000 \tag{1.1}$$

式中：v_c——切削速度（m/min）；

    D——钻头直径（mm）；

    n——钻床的转速（r/min）。

实习所用的切削速度一般选择25m/min，小钻头——高转速；大钻头——低转速。

固定钳身孔加工图（见图 1.103）。

（1）按图 1.103 所示的要求选择合适的钻头并进行刃磨。

（2）按图 1.103 所示的要求划线、打样冲眼、钻孔，直至达到图样要求。（其中 φ12、φ16 可在后面扩孔时加工，M8 螺纹孔攻丝在后面课题中加工。）

（3）按图样划线——检查——冲眼——钻头装夹——工件装夹后进入实际加工阶段。

实际加工阶段有如下几个步骤。

（1）起钻。起钻时，先使钻头对准钻孔中心的样冲眼钻出一个小浅坑，如图 1.104 所示，检查钻孔位置是否正确，并要不断借正，使浅坑与校检圆（校验孔）同轴。

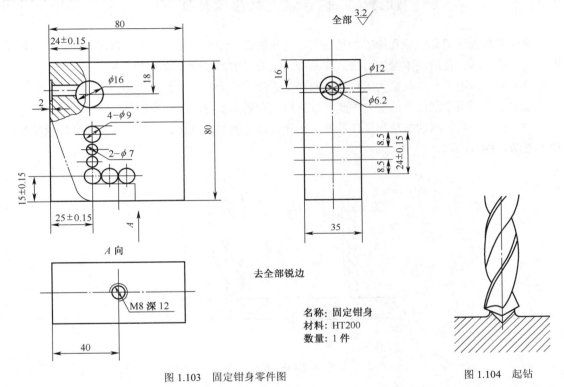

图 1.103 固定钳身零件图　　　　　图 1.104 起钻

（2）手动进给操作。当起钻达到钻孔的位置要求时，即可压紧工件完成钻孔工作。手动进给时，用力不能过大，否则易使钻头弯曲（小直径钻头钻孔时），造成钻孔轴线歪斜。

钻小孔或深孔时，进给量要小，并经常退钻以排屑，防止切屑阻塞而使钻头折断。当孔将要钻穿时，进给量必须减小，以防造成人身伤害事故。

（3）钻孔时的冷却。为了使钻头在钻削过程中的温度不致过高，应减小钻头与工件、切屑之间的磨擦阻力，以及清除粘附在钻头和工件表面上的积屑瘤和切屑，进而达到减小切削阻力，延长钻头使用寿命和改善钻孔表面质量的目的。钻孔时，要加注充足的切削液，切削液的选用视材料和加工要求而定，如全损耗系统用油（机油）、煤油、乳化液等（见表 1.7）。

表 1.7　　　　　钻各种材料用的切削液

工 件 材 料	切 削 液
各类结构钢	3%～5%乳化液；7%硫化乳化液
不锈钢	3%肥皂加 2%亚麻油水溶液；硫化切削液

工 件 材 料	切 削 液
阴极铜、黄铜、青铜	不用；5%～8%的乳化液
铸铁	不用；5%～8%乳化液；煤油
铝合金	不用；5%～8%乳化液；煤油；煤油与菜油的混合油
有机玻璃	5%～8%乳化液；煤油

任务二　扩孔、锪孔及铰孔加工

　　本任务是在学习完成钻孔加工的基础上，对孔的进一步提高加工。通过学习和练习，能够掌握扩孔、锪孔和铰孔的基本操作方法，较熟练地完成对中等难度孔的加工。

　　（1）扩孔。用扩孔工具扩大工件孔径的加工方法，称为扩孔（见图1.105）。

　　（2）锪孔。用锪削的方法加工平底孔或锥形沉孔的加工方法，称为锪孔。

　　（3）铰孔。用铰削的方法在工件孔壁上切除微量金属层，以提高其尺寸精度和表面粗糙度的加工方法，称为铰孔。

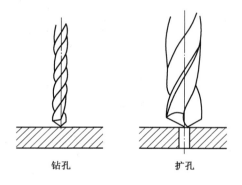

钻孔　　　　　　　扩孔

图 1.105　扩孔

【技能目标】

　　◎ 提高钻头的刃磨水平

　　◎ 学会合理选择切削用量

　　◎ 掌握正确的扩、锪、铰孔技能

一、基础知识

1．扩孔

扩孔时，背吃刀量的计算公式为

$$\alpha = \frac{D-d}{2} \qquad\qquad (1.2)$$

式中：D——扩孔后的直径（mm）；

　　　d——扩孔前的孔径（mm）。

常用的扩孔方法有用麻花钻和用扩孔钻加工两种方法。

（1）用麻花钻扩孔。用麻花钻扩孔时，由于钻头的横刃不参加切削，轴向阻力小，进给力小，但因钻头外缘处的前角较大，容易把钻头从钻头套或主轴锥孔中位下，所以应把麻花钻外缘处的前角修得小一些，并适当控制进给量。

（2）用扩孔钻扩孔。扩孔钻有高速钢扩孔钻和镶硬质合金头扩孔钻两种，如图 1.106 所示。

扩孔钻的主要特点有以下几个方面。

（1）刀齿较多（一般是 3～4 齿），导向性好，切削平衡。

（2）切削刃不是由外缘一直迁继到中心，避免了横刃对切削的不良影响。

（3）钻心较粗，刚性好，故可选择较大的切削用量，从而提高生产效率。

用扩孔钻时，加工质量好，精度可达 IT10～IT9，表面粗糙度可达 $Ra12.5$～$Ra6.3$。因此，扩孔常作为孔的半精加工及铰孔前的预加工。

2．锪孔

用锪削的方法加工平底孔或锥形沉孔的加工方法，称为锪孔。钻孔时，钻头绕其轴线旋转（主运动）并同时沿其轴线移动（进给运动），如图 1.107 所示。

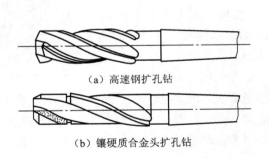

（a）高速钢扩孔钻

（b）镶硬质合金头扩孔钻

图 1.106　扩孔钻

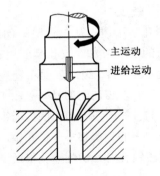

主运动

进给运动

图 1.107　锪钻运动

柱型锪钻如图 1.108（a）所示，端面切削刃起主要切削作用，外圆柱面上的切削刃起修光孔壁的作用。前端导柱起定心和导向作用。$\gamma_0 = \omega = 15°$，$\alpha_0 = 8°$。

使用锥形锪钻如图 1.108（b）所示，可以加工出带有锥形面的孔。锥形锪钻的锥角有 60°、75°、90°、120° 四种。

锪钻的材料——高速钢；

锪钻的尾柄——柱形或莫氏锥度；

切削部分——一刃或多刃。

锪钻的用途——去毛刺、倒角、钻锥形沉头孔（见图 1.109）。

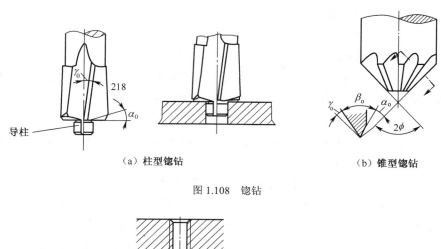

（a）柱型锪钻 　　　　　　　　　　（b）锥型锪钻

图 1.108　锪钻

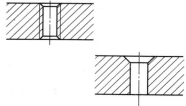

图 1.109　锪孔

3．铰孔

视频 34　认识铰刀

铰孔是用铰刀从工件壁上切除微量金属层，以提高孔的尺寸精度和表面质量的加工方法。铰孔是应用较普遍的孔的精加工方法之一，其加工精度可达 IT7～IT6 级，表面粗糙度 Ra=0.8～0.4μm。

铰刀是多刃切削刀具（见图 1.110），有 6～12 个切削刃和较小顶角。铰孔时导向性好。铰刀刀齿的齿槽很宽，铰刀的横截面大，因此刚性好。铰孔时因为余量很小，每个切削刃上的负荷都小于扩孔钻，且切削刃的前角 γ_0=0°，所以铰削过程实际上是修刮过程。特别是手工铰孔时，切削速度很低，不会受到切削热和振动的影响，因此使孔加工的质量较高。

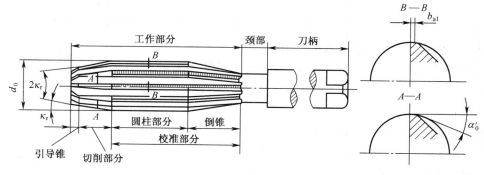

图 1.110　铰刀的结构

铰刀一般分为手用铰刀和机用铰刀两种。手用铰刀柄部为直柄，工作部分较长，导向作用较好。手用铰刀又分为整体式和外径可调整式两种。机用铰刀可分为带柄的和套式的。铰刀不仅可加工圆形孔，也可用锥度铰刀加工锥孔。铰刀的工作部分由切削部分和修光部分组成（见图 1.111）。

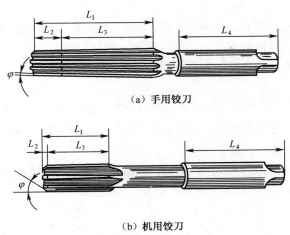

（a）手用铰刀

（b）机用铰刀

图 1.111 铰刀

L_1—工作部分 L_2—切削部分；L_3—修光部分；L_4—柄部

铰孔时铰刀不能倒转，否则会卡在孔壁和切削刃之间，而使孔壁划伤或切削刃崩裂。

铰孔时常用适当的冷却液来降低刀具和工件的温度，防止产生切屑瘤并减少切屑细末黏附在铰刀和孔壁上，从而提高孔的质量。

铰孔的工艺特点及应用如下。

（1）铰孔余量对铰孔质量的影响很大，余量太大，铰刀的负荷大，切削刃很快被磨钝，不易获得光洁的加工表面，尺寸公差也不易保证；余量太小，不能去掉上个工序留下的刀痕，自然也就没有改善孔加工质量的作用。一般粗铰余量取为 0.15～0.35mm，精铰取为 0.05～0.15mm。

（2）铰孔通常采用较低的切削速度以避免产生积屑瘤。进给量的取值与被加工孔径有关，孔径越大，进给量取值越大。

（3）铰孔时必须用适当的切削液进行冷却、润滑和清洗，以防止产生积屑瘤并减少切屑在铰刀和孔壁上的黏附。与磨孔和镗孔相比，铰孔生产率高，容易保证孔的精度；但铰孔不能校正孔轴线的位置误差，孔的位置精度应由前工序保证。铰孔不宜加工阶梯孔和盲孔。

（4）铰孔尺寸精度一般为 IT9～IT7 级，表面粗糙度 Ra 一般为 3.2～0.8μm。对于中等尺寸、精度要求较高的孔（如 IT7 级精度孔），钻→扩→铰工艺是生产中常用的典型加工方案。

提 示

① 大螺旋角推铰刀：Ra 达 1.6～0.8μm，先进铰刀主要特点是有很小主偏角和很大螺旋角，但制造较困难。

② 可转位单刃铰刀。

③ 金刚石或立方氮化硼铰刀：适用于铰削普通钢，淬硬钢，耐热钢和钛合金材料，加工精度可达 IT5～IT4，Ra=0.05μm。

二、课题实施

工具准备：锉刀、划线工具、样冲、手锤、钻头、（ϕ7.8、ϕ12、ϕ2）中心钻、手用铰刀ϕ8、铰杠、台钻、机用虎钳、机油等。

量具准备：游标卡尺，钢直尺

操作一　扩孔、锪孔

接上钻孔课题——固定钳身钻孔。完成ϕ12 平扩孔，ϕ16 扩孔及各孔口锪孔。

（1）用扩孔钻，并开始扩孔加工。

导柱柱插入钻孔中，主切削刃与工件接触，调整好尺寸，低速锪孔 [见图 1.112（a）]，孔深测量如图 1.112（b）所示。

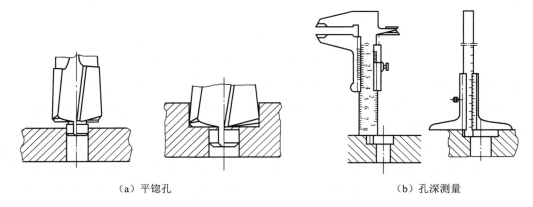

（a）平锪孔　　　　　　　　　　　　（b）孔深测量

图 1.112　平锪孔与孔深测量

> **提　示**
> ① 先用小钻头（3～5 mm）钻出中心孔，然后用所要求的钻头扩孔。
> ② 便于钻孔找正中心。
> ③ 扩孔钻的横刃不必修磨。

（2）用锪钻锪孔。

转速要低，否则加工面会产生振痕。必要时可停止转动。得用钻床的惯性来进行锪孔，以提高锪孔表面的粗糙度。

检验——可用沉头螺钉进行锥面深度的测量（见图 1.113）。

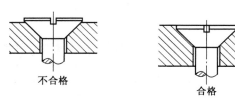

不合格　　　　　　　　合格

图 1.113　锥面深度的测量

操作二　铰孔

（1）铰孔操作要领（见图 1.114）。

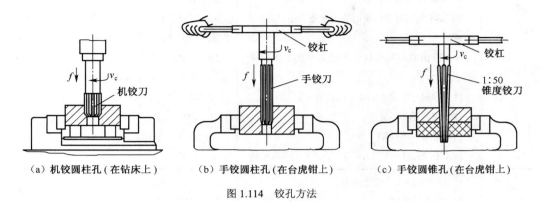

| （a）机铰圆柱孔（在钻床上）　　（b）手铰圆柱孔（在台虎钳上）　　（c）手铰圆锥孔（在台虎钳上） |

图 1.114　铰孔方法

① 工件要夹正，夹紧力要适当，以防工件变形。

② 在手铰起铰时，可用右手通过铰孔轴线施加进刀压力，左手转动铰刀。正常铰削时，两手用力要均匀，平稳地按顺时针方向旋转，避免铰刀摇摆而造成孔口喇叭状和孔径扩大。

③ 铰刀旋转并双手轻轻加压，使铰刀均匀进给，不要在同一方位停顿，防止造成振痕。

④ 在退刀时，双手扶住铰，手顺时针旋转并向上拔。

⑤ 使用机铰时，应使工件一次性装夹进行钻、铰工作，以保证铰削时中心与钻孔中心一致。铰削完成后，要退出铰刀再停钻床，防止孔壁出现刀痕。

⑥ 铰尺寸较小的圆锥孔时，可先按锥销小端直径并留精铰余量后钻出底孔，然后用锥铰刀铰削即可。对于尺寸和深度较大的锥孔，铰孔前应先钻出阶梯孔，然后再铰刀铰削。铰削过程中要经常用相配的锥销来检查孔的尺寸，一般锥销插入深度控制在 80%。

⑦ 在加工过程中，按工件材质、铰孔精度要求合理选用切削液。

铰孔加工过程中产生的问题，如，孔径增大，误差大。出现该现象的原因有可能是铰刀外径尺寸设计值偏大或铰刀刃口有毛刺；切削速度过高；进给量不当或加工余量过大；铰刀主偏角过大；铰刀弯曲；铰刀刃口上黏附着切屑瘤；刃磨时铰刀刃口摆差超差；切削液选择不合适；安装铰刀时锥柄表面油污未擦干净或锥面有磕碰伤；锥柄的扁尾偏位装入机床主轴后锥柄圆锥干涉；主轴弯曲或主轴轴承过松或损坏；铰刀浮动不灵活；与工件不同轴；手铰孔时两手用力不均匀，使铰刀左右晃动。

各种铰刀铰孔加工过程中产生的具体现象及解决方法详见表 1.8。

表 1.8　　　　　　　　铰刀铰孔加工问题产生的原因及解决办法

问题现象	问题原因	解决办法
孔径增大，误差大	1. 铰刀外径尺寸设计值偏大或铰刀刃口有毛刺 2. 切削速度过高 3. 进给量不当或加工余量过大 4. 铰刀主偏角过大 5. 铰刀弯曲 6. 铰刀刃口上黏附着切屑瘤 7. 刃磨时铰刀刃口摆差超差	1. 根据具体情况适当减小铰刀外径 2. 降低切削速度 3. 适当调整进给量或减少加工余量 4. 适当减小主偏角 5. 校直或报废弯曲的不能用的铰刀 6. 用油石仔细修整到合格 7. 控制摆差在允许的范围内

续表

问题现象	问题原因	解决办法
孔径增大，误差大	8. 切削液选择不合适 9. 安装铰刀时锥柄表面油污未擦干净或锥面有磕碰伤 10. 锥柄的扁尾偏位装入机床主轴后锥柄圆锥干涉 11. 主轴弯曲或主轴轴承过松或损坏 12. 铰刀浮动不灵活 13. 与工件不同轴 14. 手铰孔时两手用力不均匀，使铰刀左右晃动	8. 选择冷却性能较好的切削液 9. 安装铰刀前必须将铰刀锥柄及机床主轴锥孔内部油污擦净，锥面有磕碰处用油石修光 10. 修磨铰刀扁尾 11. 调整或更换主轴轴承 12. 重新调整浮动卡头 13. 调整同轴度 14. 注意正确操作
孔径缩小	1. 铰刀外径尺寸设计值偏小 2. 切削速度过低 3. 进给量过大 4. 铰刀主偏角过小 5. 切削液选择不合适 6. 刃磨时铰刀磨损部分未磨掉，弹性恢复使孔径缩小 7. 铰钢件时，余量太大或铰刀不锋利，易产生弹性恢复，使孔径缩小 8. 内孔不圆，孔径不合格	1. 更换铰刀外径尺寸 2. 适当提高切削速度 3. 适当降低进给量 4. 适当增大主偏角 5. 选择润滑性能好的油性切削液 6. 定期互换铰刀，正确刃磨铰刀切削部分 7. 设计铰刀尺寸时，应考虑上述因素，或根据实际情况取值 8. 作试验性切削，取合适余量，将铰刀磨锋利
铰出的内孔不圆	1. 铰刀过长，刚性不足，铰削时产生振动 2. 铰刀主偏角过小 3. 铰刀刃带窄 4. 铰孔余量偏 5. 内孔表面有缺口、交叉孔 6. 孔表面有砂眼、气孔 7. 主轴轴承松动，无导向套，或铰刀与导向套配合间隙过大 8. 由于薄壁工件装夹过紧，卸下后工件变形	1. 刚性不足的铰刀可采用不等分齿距的铰刀，铰刀的安装应采用刚性连接 2. 增大主偏角 3. 选用合格铰刀 4. 控制预加工工序的孔位置公差 5. 采用不等齿距铰刀、较长、较精密的导向套 6. 选用合格毛坯 7. 采用等齿距铰刀铰削较精密的孔时，应对机床主轴间隙进行调整，导向套的配合间隙要求较高 8. 采用恰当的夹紧方法，减小夹紧力
孔的内表面有明显的棱面	1. 铰孔余量过大 2. 铰刀切削部分后角过大 3. 铰刀刃带过宽 4. 工件表面有气孔、砂眼 5. 主轴摆差过大	1. 减小铰孔余量 2. 减小切削部分后角 3. 修磨刃带宽度 4. 选择合格毛坯 5. 调整机床主轴

续表

问题现象	问题原因	解决办法
内孔表面粗糙度值高	1. 切削速度过高 2. 切削液选择不合适 3. 铰刀主偏角过大，铰刀刃口不在同一圆周上 4. 铰孔余量太大 5. 铰孔余量不均匀或太小，局部表面未铰到 6. 铰刀切削部分摆差超差、刃口不锋利，表面粗糙 7. 铰刀刃带过宽 8. 铰孔时排屑不畅 9. 铰刀过度磨损 10. 铰刀碰伤，刃口留有毛刺或崩刃 11. 刃口有积屑瘤 12. 由于材料关系，不适用于零度前角或负前角铰刀	1. 降低切削速度 2. 根据加工材料选择切削液 3. 适当减小主偏角，正确刃磨铰刀刃口 4. 适当减小铰孔余量 5. 提高铰孔前底孔位置精度与质量或增加铰孔余量 6. 选用合格铰刀 7. 修磨刃带宽度 8. 根据具体情况减少铰刀齿数，加大容屑槽空间或采用带刃倾角的铰刀，使排屑顺利 9. 定期更换铰刀，刃磨时把磨削区磨去 10. 铰刀在刃磨、使用及运输过程中，应采取保护措施，避免碰伤 11. 对已碰伤的铰刀，应用特细的油石将碰伤的铰刀修好，或更换铰刀 12. 用油石修整到合格，采用前角5°～10°的铰刀
铰刀的使用寿命短	1. 铰刀材料不合适 2. 铰刀在刃磨时烧伤 3. 切削液选择不合适，切削液未能顺利地流动切削处 4. 铰刀刃磨后表面粗糙度值太高	1. 根据加工材料选择铰刀材料，可采用硬质合金铰刀或涂层铰刀 2. 严格控制刃磨切削用量，避免烧伤 3. 根据加工材料正确选择切削液 4. 经常清除切屑槽内的切屑，用足够压力的切削液，经过精磨或研磨达到要求
铰出的孔位置精度超差	1. 导向套磨损 2. 导向套底端距工件太远 3. 导向套长度短、精度差 4. 主轴轴承松动	1. 定期更换导向套 2. 加长导向套，提高导向套与铰刀间隙的配合精度 3. 及时维修机床 4. 调整主轴轴承间隙
铰刀刀齿崩刃	1. 铰孔余量过大 2. 工件材料硬度过高 3. 切削刃摆差过大，切削负荷不均匀 4. 铰刀主偏角太小，使切削宽度增大 5. 铰深孔或盲孔时，切屑太多，又未及时清除 6. 刃磨时刀齿已磨裂	1. 修改预加工的孔径尺寸 2. 降低材料硬度或改用负前角铰刀或硬质合金铰刀 3. 控制摆差在合格范围内 4. 加大主偏角 5. 注意及时清除切屑或采用带刃倾角铰刀 6. 注意刃磨质量
铰刀柄部折断	1. 铰孔余量过大 2. 铰锥孔时，粗精铰削余量分配及切削用量选择不合适 3. 铰刀刀齿容屑空间小，切屑堵塞	1. 修改预加工的孔径尺寸 2. 修改余量分配，合理选择切削用量 3. 减少铰刀齿数，加大容屑空间或将刀齿间隙磨去一齿
铰孔后孔的中心线不直	1. 铰孔前的钻孔偏斜，特别是孔径较小时，于铰刀刚性较差，不能纠正原有的弯曲度 2. 铰刀主偏角过大 3. 导向不良，使铰刀在铰削中易偏离方向 4. 切削部分倒锥过大 5. 铰刀在断续孔中部间隙处位移 6. 手铰孔时，在一个方向上用力过大，迫使铰刀向一端偏斜，破坏了铰孔的垂直度	1. 增加扩孔或镗孔工序校正孔 2. 减小主偏角 3. 调整合适的铰刀 4. 调换有导向部分或加长切削部分的铰刀 5. 注意正确操作 6. 注意正确操作

> **提 示**
>
> 　　铰刀铰孔或退出铰刀时，铰刀均不能反转，以防刃口磨钝和切屑嵌入铰刀后刀面与孔壁之间，将已铰的孔壁划伤和崩裂刀刃。

　　（2）完成铰孔加工训练（见图1.115）。

　　铰孔精度要求为：ϕ8H7、ϕ10H7、位置度小于0.20mm、孔中心距小于0.20mm、孔表面粗糙度小于等于1.6μm。

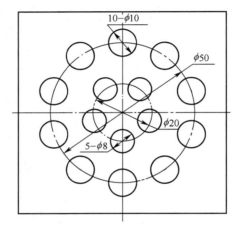

图1.115　铰孔加工

三、拓展训练

1．修磨钻头

根据加工条件，按刃磨口诀进行钻头修磨。

（1）修磨横刃，如图1.116（a）所示。

钻轴左斜15度，尾柄下压约55度，外刃、轮侧夹"τ"角，钻心缓进别烧糊（"τ"为内刃斜角）。

（2）磨分屑槽，如图1.116（b）所示。

片砂轮或小砂轮，垂直刃口两平分，开槽选在高刃上，槽侧后角要留心。

（3）磨月牙槽，如图1.116（c）所示。

刀对轮角，刃别翘，钻尾压下弧后角，轮侧、钻轴夹55°，上下勿动平进刀。

（4）标准群钻，如图1.117（a）所示。

三尖七刃锐当先，月牙弧槽分两边，一侧外刃宽分屑，槽刃磨低窄又尖。

（5）磨薄板群钻（又称三尖钻），如图1.117（b）所示。

迂回、钳制靠三尖，内定中心外切圆，压力减轻变形小，孔形圆整又安全。

（6）钻铸铁群钻，如图1.117（c）所示。

铸铁屑碎赛磨料，转速稍低大走刀，三尖刃利加冷却，双重锋角寿命高。

各种刃磨的几何参数，可查阅相关切削手册或书籍。

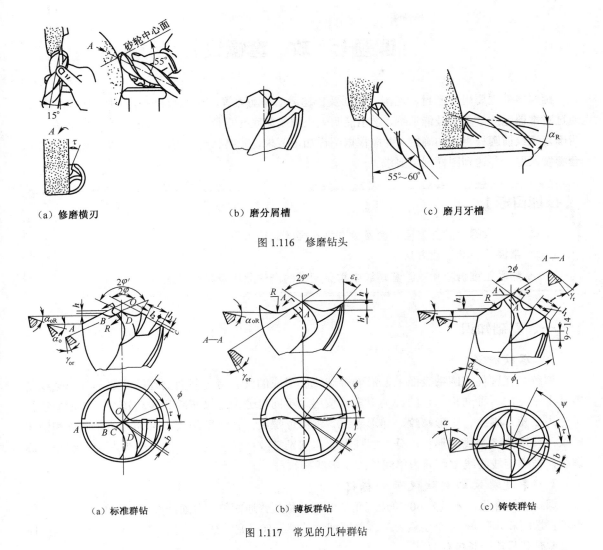

（a）修磨横刃　　　　　　　　（b）磨分屑槽　　　　　　　　（c）磨月牙槽

图 1.116　修磨钻头

（a）标准群钻　　　　　　　　（b）薄板群钻　　　　　　　　（c）铸铁群钻

图 1.117　常见的几种群钻

2. 重磨与研磨铰刀

铰刀通常重磨切削部分的后面，重磨应用在切削部分和校准部分之间研磨出倒角尖，以提高铰削质量和铰刀寿命。对于铰刀直径的研磨，通常采用自体研磨，即在铸铁件上按铰刀直径钻孔——铰孔后，加入研磨剂，然后慢速反转铰刀，研磨其铰刀后刀面来使其校准部分锋利，修研时要注意经常检查铰孔的直径，注意清洁工作。

课题总结

本课题以钳工孔加工为例，介绍了钳工在孔加工过程中的主要任务，钻孔、扩孔和铰孔中使用刀具的种类和角度，孔加工方法，孔加工中的安全文明生产知识等。通过对本课题的学习，要了解标准麻花钻切削部分各刀面和刀刃，掌握麻花钻 5 个主要角度的概念和实用意义。学会刃磨麻花钻，学会使用扩孔钻、铰刀进行孔的半精和精加工，熟悉台钻，砂轮机等设备；理解钳工安全文明生产知识并在今后的工作中严格执行；完成中等难度的孔加工。

课题七　攻、套螺纹

螺纹零件主要用于密封、连接、紧固及传递运动和动力等，在生产和生活中应用非常广泛。通过对本课题的学习与技能训练，学生能明确攻螺纹前底孔直径与深度（若是盲孔）的计算方法、明确套螺纹前圆杆直径的确定；并能根据图样加工要求，较熟练地运用攻、套螺纹工具，完成攻、套螺纹课题，并达到图样规定要求。

【技能目标】

◎ 掌握攻螺纹底孔直径和套螺纹圆杆直径的确定方法

◎ 掌握攻、套螺纹方法

◎ 熟悉丝锥折断和攻、套螺纹中常见问题的产生原因及防止方法

一、基础知识

1. 螺纹种类

螺纹是在圆柱或圆锥表面上，沿着螺旋线所形成的具有特定截面的连续凸起部分。螺纹是零件上常见的一种结构，它的种类很多。按用途不同可分为连接螺纹和传动螺纹；按牙型特征可分为三角形螺纹、矩形螺纹、梯形螺纹、锯齿形螺纹；按牙型的大小可分为粗牙螺纹和细牙螺纹；按形成螺旋线的形状可分为圆柱螺纹和圆锥螺纹；按螺旋线方向可分为左旋螺纹和右旋螺纹；按螺旋线的线数可分为单线螺纹及多线螺纹。

2. 普通螺纹的螺纹代号和标记

螺纹已标准化，牙型为60°等边三角形的螺纹称为普通螺纹，普通螺纹用螺纹的大径、中径、小径、螺距和牙型角 5 个要素表示。普通螺纹的螺纹代号是：牙型特征代号公称直径×螺距旋向－公差带代号旋合长度代号。

普通螺纹有粗牙普通螺纹和细牙普通螺纹两种。同一公称直径的普通螺纹，有几种大小不同的螺距。表 1.9 列出了几种常用普通螺纹的直径与螺距标准组合系列，以方便对照。

表 1.9　　　　普通螺纹直径与螺距标准组合系列（GB/T 193—2003）　　　　单位：mm

公称直径 D、d			螺距 P	
第一系列	第二系列	第三系列	粗　牙	细　牙
4	3.5		0.7	0.5
5		5.5	0.8	0.5
6			1	0.75
	7		1	0.75
8			1.25	1、0.75
		9	1.25	1、0.75

续表

公称直径 D、d			螺距 P	
第一系列	第二系列	第三系列	粗 牙	细 牙
10			1.5	1.25、1、0.75
		11	1.5	1.5、1、0.75
12			1.75	1.25、1
	14		2	1.5、1.25、1
		15		1.5、1
16			2	1.5、1
		17		1.5、1
	18		2.5	2、1.5、1
20			2.5	2、1.5、1
	22		2.5	2、1.5、1
24			3	
		25		
		26		1.5
	27		3	2、1.5、1
		28		2、1.5、1
30			3.5	(3)、2、1.5、1
		32		2、1.5
	33		3.5	(3)、2、1.5
		35		1.5
36			4	3、2、1.5
		38		1.5
	39		4	3、2、1.5

注：① M14×1.25 仅用于发动机的火花塞。
② M35×1.5 仅用于轴承的锁紧螺母。
③ 表中括号内的螺距尽可能不采用。

3．攻螺纹

（1）攻螺纹工具。攻螺纹是用丝锥（也叫"丝攻"）切削各种中、小尺寸内螺纹的一种加工方法。丝锥是用高速钢制成的一种成形多刃刀具，如图 1.118 所示。丝维的种类有：手用丝维 ［见图 1.119（a）］、机用丝锥 ［见图 1.119（b）］、管螺纹丝锥 ［见图 1.119（c）］、挤压丝锥 ［见图 1.119（d）］等。丝锥结构简单，使用方便，既可手工操作，也可以在机床上工作，应用非常广泛。

视频35 认识丝锥

图 1.118 丝锥

（a）手用丝锥

（b）机用丝锥

（c）管螺纹丝锥

（d）挤压丝锥

图 1.119 丝锥种类

铰杠是扳转丝锥的工具，常用的为可调节式（见图 1.120），以便夹持各种不同尺寸的丝锥。

图 1.120　铰杠

（2）攻螺纹前底孔的直径和深度计算。

① 攻螺纹前要先钻孔，攻丝过程中，丝锥牙齿对材料既有切削作用还有一定的挤压作用，所以一般钻孔直径 D 略大于螺纹的内径，可查表或根据下列经验公式计算：

加工钢料及塑性金属时

$$D = d-P \tag{1.3}$$

加工铸铁及脆性金属时

$$D = d-1.1P \tag{1.4}$$

式中：d——螺纹外径（mm）；

P——螺距（mm）（可查表 1.8）。

② 若孔为不通孔（俗称盲孔），由于丝锥不能攻到底，所以钻孔深度要大于螺纹长度，其深度按下式计算：

钻孔的深度=所需的螺纹深度＋0.7d　　（d 为螺纹大径）

（3）攻螺纹方法。

① 被加工的工件装夹要正，一般情况下，应将工件需要攻螺纹的一面，置于水平或垂直的位置。这样在攻螺纹时，就能比较容易地判断和保持丝锥垂直于工件螺纹基面的方向。

视频 36　攻螺纹的操作方法（上）　视频 37　攻螺纹的操作方法（下）

② 攻螺纹时，两手握住铰杠中部，均匀用力，使铰杠保持水平转动，并在转动过程中对丝锥施加垂直压力，使丝锥切入孔内 1～2 圈（见图 1.121）。

③ 用 90°角尺从正面和侧面检查丝锥与工件表面是否垂直（见图 1.122）。若不垂直，丝锥要重新切入，直至垂直。一般在攻进 3～4 圈的螺纹后，丝锥的方向就基本确定了。

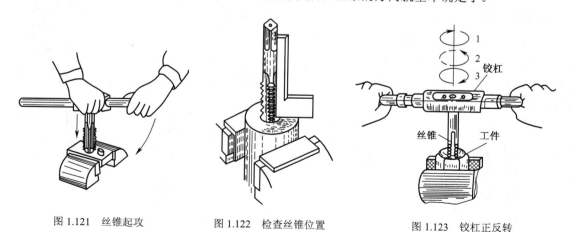

图 1.121　丝锥起攻　　　　图 1.122　检查丝锥位置　　　　图 1.123　铰杠正反转

④ 攻螺纹时，两手紧握铰杠两端，正转 1～2 圈后再反转 1/4 圈（见图 1.123）。在攻螺纹过程中，要经常用毛刷对丝锥加注动、植物油作为润滑油（建议不采用机械油）。攻削较深的螺纹时，

回转的行程还要大一些，并需往复扭转几次，可折断切屑，利于排屑，减少切削刃黏屑现象，以保持锋利的刃口。在攻不通孔螺纹时，攻螺纹前要在丝锥上作好螺纹深度标记，即将攻完螺纹时，进刀要轻，要慢，以防止丝锥前端与工件的螺纹底孔深度产生干涉撞击，损坏丝锥。在攻丝过程中，还要经常退出丝锥，清除切屑。

转动铰杠时，操作者的两手用力要平衡，切忌用力过猛和左右晃动，否则容易将螺纹牙型撕裂和导致螺纹孔扩大及出现锥度。

攻螺纹时，如感到很费力，切不可强行攻螺纹，应将丝锥倒转，使切屑排除，或用二锥攻削几圈，以减轻头锥切削部分的负荷。如用头锥继续攻螺纹仍然很费力，并断续发出"咯、咯"或"叽、叽"的声音，则切削不正常或丝锥磨损，应立即停止攻螺纹，查找原因，否则丝锥有折断的可能。

> **提 示**
>
> 攻通孔螺纹时，应注意丝锥的校准部分不能全露出头，否则在反转退出丝锥时，将会产生乱扣现象。

⑤ 攻好螺纹后，轻轻倒转铰杠，退出丝锥，注意退出丝锥时不能让丝锥掉下。

（4）攻螺纹过程中经常出现的主要问题原因分析及解决方法见表1.10。

表 1.10　　　　　　攻螺纹主要问题的原因分析及解决方法

主 要 问 题	原 因 分 析	解 决 方 法
丝锥折断	1. 底孔直径偏小，排屑差造成切屑堵塞 2. 攻不通螺纹时，钻孔的深度不够 3. 切削速度过快 4. 机攻用的丝锥与螺纹底孔直径不同轴 5. 被加工件硬度不稳定 6. 丝锥使用时间过长，过度磨损	1. 正确地选择螺纹底孔的直径 2. 钻底孔深度要达到规定的标准 3. 按标准适当降低切削速度 4. 保证其同轴度符合要求 5. 保证工件硬度符合要求 6. 丝锥磨损应及时更换
丝锥崩齿	1. 丝锥前角选择过大 2. 丝锥每齿切削厚度太大 3. 丝锥使用时间过长而磨损严重	1. 适当减少丝锥前角 2. 适当增加切削锥的长度 3. 及时更换丝锥
丝锥磨损过快	1. 切削速度过高 2. 丝锥刃磨参数选择不合适 3. 切削液润滑不充分 4. 工件的材料硬度过高 5. 丝锥刃磨时，产生烧伤现象	1. 适当降低切削速度 2. 减少丝锥前角加长切削锥长度 3. 选用润滑性好的切削液 4. 对被加工件进行适当的热处理 5. 正确地刃磨丝锥
螺纹表面粗糙度值过大	1. 丝锥的刃磨参数选择不合适 2. 工件材料硬度过低 3. 丝锥刃磨质量不好 4. 切削液选择不合理 5. 切削速度过高 6. 丝锥使用时间过长，磨损大	1. 加大丝锥前角，减少切削锥角 2. 进行热处理，适当提高工件硬度 3. 保证丝锥前刀面有较低的表面粗糙度值 4. 选择润滑性好的切削液 5. 适当降低切削速度 6. 更换已磨损的丝锥

4. 套螺纹（又称套丝）

（1）套螺纹工具。

套螺纹是用板牙在圆杆上切削外螺纹的一种加工方法。板牙是一种标准的多刃螺纹加工工具，按外形和用途分为圆板牙［见图1.124（a）］、管螺纹

视频38 认识板牙

圆板牙［见图 1.124（b）］、六角板牙［见图 1.124（c）］、方板牙、管形板牙以及硬质合金板牙［见图 1.124（d）］等，其中以圆板牙应用最广。板牙可装在板牙架（见图 1.125）中用手工加工螺纹。

（a）圆板牙

（b）管螺纹圆板牙

（c）六角板牙

（d）硬质合金板牙

图 1.124　板牙种类

图 1.125　板牙架

（2）套螺纹前的圆杆直径计算。

由于板牙牙齿对材料不但有切削作用，还有挤压作用，所以圆杆直径一般应小于螺纹公称尺寸。可通过查有关表格或用下列经验公式来确定。

圆杆直径：

$$d_0 = d - 0.13P \tag{1.5}$$

式中：d——螺纹外径；

　　　P——螺距。

（3）将套螺纹的圆杆顶端倒角 15°～20°（见图 1.126），以方便板牙套螺纹时切入。

（4）套螺纹方法（见图 1.127）。

视频 39　套螺纹的操作方法

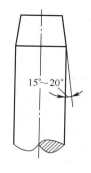

图 1.126　圆杆顶端倒角

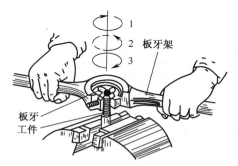

图 1.127　套螺纹的方法

① 将圆杆夹在软钳口内，要夹正紧固，并尽量低些。

② 板牙开始套螺纹时，要检查校正，应使板牙与圆杆垂直。

③ 适当加压力按顺时针方向扳动板牙架，当切入 1～2 牙后就可不加压力旋转，同攻螺纹一样要经常反转，使切屑断碎并及时排屑，加注少量润滑油。

④ 退出板牙，注意退出板牙时不能让板牙掉下。

二、课题实施

操作一　35mm 台虎钳固定钳身螺纹孔攻丝

35mm 台虎钳是钳工实习中综合训练课题之一，如图 6.17 所示。固定钳身螺纹孔为 4－M3 深 10mm，1 个 M8 有效螺纹孔深度为 12mm。

（1）识读 35mm 台虎钳装配图，了解 35mm 台虎钳固定钳身螺纹孔要求。

（2）选择 4 英寸或 6 英寸活络扳手一把，铰手一把，M3、M8 丝锥各一支。

（3）固定钳身夹持在台虎钳上，被加工钳口面朝上。

（4）M3 丝锥在 10mm 有效长度处做上记号，沾煤油少许，并用 4 英寸或 6 英寸活络扳手夹住。

（5）起攻螺纹时，单手握住活络扳手，轻轻用力，使活络扳手保持水平转动，并在转动过程中对 M3 丝锥施加垂直压力，使丝锥切入孔内 1～2 圈。

（6）从正面和侧面检查丝锥与工件表面是否垂直。

（7）攻螺纹时，单手握住活络扳手，正转 1～2 圈后再反转 1/4 圈，使丝锥逐渐攻入。即将攻完螺纹时，进刀要轻，要慢。

（8）攻至 10mm 有效长度记号处停止，缓慢退出丝锥，达到螺纹孔攻丝要求。

（9）M8 丝锥用铰杆夹住丝锥后，按图 1.123 所示方法完成螺纹加工。

重复操作完成全部螺纹的加工。

提　示

① 用活络扳手单手攻丝，切忌用力过猛和左右晃动。

② 在攻丝过程中，要经常退出丝锥，清除切屑。

操作二　35mm 台虎钳小螺杆套丝（见图 1.128）

35mm 台虎钳小螺杆经车削加工成形，套丝 M6 为普通螺纹，有效螺纹长度为 45mm，全长不得弯曲。

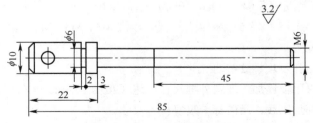

图 1.128　35mm 台虎钳小螺杆

（1）识读 35mm 台虎钳装配图，了解 35mm 台虎钳小螺杆的套丝要求。

（2）选择 M6 圆板牙一个，板牙架一把，钳口铜一副，乳化液或机械油等。

（3）距图示小螺杆右端 45mm 长度处划出加工线。

（4）钳口铜置于钳口，朝上夹持在台虎钳上。

（5）圆板牙装在板牙架上并固定，并涂上乳化液或机械油。

（6）板牙开始套螺纹时，要检查校正，务必使板牙与小螺杆垂直。

（7）适当加压力按顺时针方向扳动板牙架，当切入 1～2 牙后就可不加压力旋转，同攻螺纹一样要经常反转，使切屑断碎，及时排屑。

（8）圆板牙下端至 45mm 划线处时退出板牙，注意退出板牙时不能让板牙掉下。

三、拓展训练

1．攻螺纹综合训练（见图 1.129）

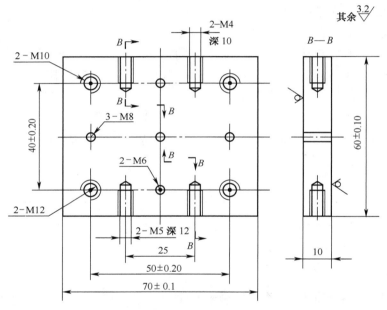

图 1.129 攻螺纹综合训练

【操作步骤】

（1）识读攻螺纹综合训练图样，了解所有螺纹孔要求。

（2）选择 0.02mm 精度游标卡尺一把，100mm 刀口角尺一把，板锉若干把，合适的铰杠一把，钻头 $\phi 3.3$、$\phi 4.2$、$\phi 5$、$\phi 6.8$、$\phi 8.5$ 及 $\phi 12$ 各一支，丝锥 M4、M5、M6、M8、M10、M12 各一支，毛刷一把，工业植物油等。

（3）找废料进行钻孔及攻螺纹练习。

（4）根据图样要求用板锉加工坯料外框尺寸，达（70±0.1）mm×（60±0.1）mm。

（5）划出图样全部加工线，用游标卡尺复检各尺寸。

（6）用钻头在相应位置钻出 $\phi 3.3$、$\phi 4.2$、$\phi 5$、$\phi 6.8$、$\phi 8.5$ 及 $\phi 10.2$ 各孔，并全部倒角。

（7）每支丝锥刷上工业动、植物油少许，依次攻削 2－M4、2－M5、2－M6、3－M8、2－M10、2－M12 螺纹，并用相应的螺纹进行配检，以达图样上的螺纹孔要求。

2．从螺孔中取出折断丝锥的方法

在实际生产过程中，加工内螺纹时，经常因操作者经验不足、技能欠佳、方法不当或丝锥质量有问题发生丝锥折断的情况。

【操作步骤】

（1）当折断的丝锥折断部分露出孔外时，可用尖嘴钳夹紧后拧出，或用尖錾子轻轻地剔出；也可以在断锥上焊一个六角螺母，然后再用扳手轻轻地扳动六角螺母将断丝锥退出（见图1.130）。缺点是：太小的断入物无法焊接；对焊接技巧要求极高，容易烧坏工件；焊接处容易断，能取出断入物的概率很小。

（2）当丝锥折断部分在孔内时，可用带方榫的断丝锥上拧2个螺母，用钢丝（根数与丝锥槽数相同）插入断丝锥和螺母空槽中，然后用铰杠按退出方向扳动方榫，把断丝锥取出（见图1.131）。

（3）丝锥的折断往往是在受力很大的情况下突然发生的，致使断在螺孔中的半截丝锥的切削刃紧紧地楔在金属内，一般很难使丝锥的切削刃与金属脱离，为了使丝锥能够在螺孔中松动，可以用振动法。振动时可用一个冲头或一把尖錾，抵在丝锥的容屑槽内，用手锤按螺纹的正反方向反复轻轻敲打，一直到丝锥松动即可（见图1.132）。这种方法的缺点是：①只适宜脆性断入物，将断入物敲碎，然后慢慢剔出；②断入物太深、太小都无法取出；③容易破坏原有孔。

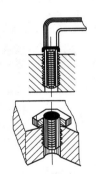
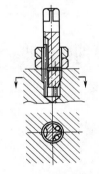
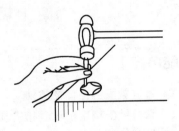

图1.130　堆焊法取出断丝锥　　图1.131　双螺母插钢丝取出断丝锥　　图1.132　冲头或尖錾敲击取出断丝锥

（4）对一些精度要求不高的工件，也可用乙炔火焰或喷灯使丝锥退火，然后用钻头去钻，此时钻头直径应比底孔直径小，钻孔也要对准中心，防止将螺纹钻坏，孔钻好后打入一个扁形或方形冲头再用扳手旋出丝锥。这种方法的缺点是：①对锈死的或卡死的断入物无用；②对大型工件无用；③对太小的断入物无用；④耗时、费事。

（5）对一些精度要求高且容易变形的工件，则可利用电火花对断丝锥进行电蚀加工。这种方法的缺点是：①对大型工件无用，无法放入电火花机床工作台；②耗时；③太深时容易积碳，打不下去。

（6）用合金钻头打。这种方法的缺点是：①容易破坏原有孔；②对硬质断入物无用；③合金钻头较脆易断。

四、小结

在机械加工中，由于螺纹结构简单、使用方便，因此在单件、小批量生产和修配中，我们还会经常遇到用普通丝锥攻螺纹，以及用板牙来套螺纹。在本课题中，学会底孔和圆杆直径的计算方法，理解在螺纹加工中攻、套螺纹的方法及注意事项，较熟练掌握攻、套螺纹的实际操作技能。根据攻、套螺纹过程中常出现的问题进行原因分析，能针对性的解决，并达图样规定的技术要求。

课题八　锉配

本课题是对前面知识与技能的总结提高，加深和熟练已学知识和技能在较复杂零件上的应用。通过锉配训练应达到：掌握有对称度要求工件的划线及锉削加工，锉配合间隙的控制，熟悉锉配工艺方法。学习对称度的检测技能，掌握狭长平面的锯削和锉削技能。

【学习目标】

◎ 掌握凹凸件、四方的锉配技能
◎ 熟悉锉配工艺
◎ 掌握对称度的控制方法、锉配间隙的控制
◎ 了解锉配时的注意事项

任务一　凹凸件锉配

【技能目标】

◎ 掌握锉配凹凸体的方法
◎ 掌握锉配精度的误差检验和修正方法
◎ 较熟练使用量具进行准确测量

一、基础知识

1. 对称度相关概念

对称度误差是指被测表面的对称平面与基准表面的对称平面间的最大偏移距离 Δ，如图 1.133 所示。

对称度公差带是距离为公差值 t，且相对于基准中心平面对称配置的两平行平面之间的区域，如图 1.134 所示。

图 1.133　对称度误差

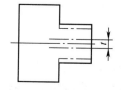

图 1.134　对称度公差带

2．对称度测量方法

测量被测表面与基准表面的尺寸 A 和 B，其差值即为对称度的误差值，如图 1.135 所示。

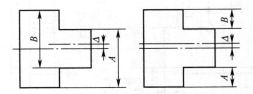

图 1.135　对称度测量方法

对称度的计算，尺寸加工与测量（操作要点）：

划线后粗、细锉垂直面，如图 1.136 所示，根据 L 处的实际尺寸，通过控制尺寸 B 的误差值（即控制在 $1/2 \times L$ 处的实际尺寸加尺寸 $C^{+尺寸C的公差/2}_{-对称度的公差/2}$），则既保证尺寸 C 的要求，又能保证其对称度的要求。

用上述方法控制并锉加工准尺寸 C 至要求（可直接测量锉加工到位）。

如果加工要求对象为凹件对称度，则控制尺寸 B 的误差值，即 $1/2 \times L$ 处的实际尺寸减尺寸 $C^{+尺寸C的公差/2}_{-对称度的公差/2}$。

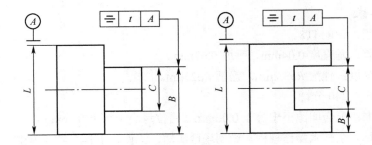

图 1.136　对称度尺寸控制方法

　提　示

对凸台型零件的加工，不能同时锯削两边，应先锯削一面并将其锉至要求，呈"台阶"型。再加工另一面，这样便于测量与检查。

二、课题实施

1．工艺准备

（1）熟悉图纸（见图 1.137）。

（2）检查毛坯是否与图纸相符合。

（3）工具、量具、夹具准备。

（4）所需设备检查（如台钻）。

（5）划线及划线工具的准备。

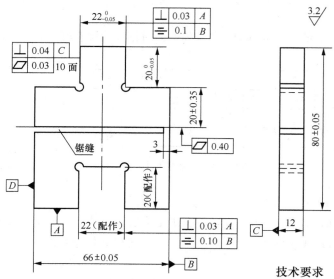

图 1.137 凹凸镶配件

2．考核要求

（1）公差等级：锉配 IT8。

（2）形位公差：垂直度 0.04mm、平面 0.03mm。

（3）表面粗糙度：锉配 $Ra3.2\mu m$、锯削 $Ra25\mu m$。

（4）时间定额：240 分钟。

（5）其他方面：配合间隙小于等于 0.06mm、错位量小于等于 0.06mm。

（6）正确执行安全技术操作规程。做到场地清洁，工件、工具、量具等摆放整齐。

3．准备要求

（1）材料准备。

材料：Q235。

规格：81×67×12（平磨二面）mm。

数量：1 件。

（2）设备准备。

划线平台、钳台、方箱、台虎钳、台式钻床、砂轮机。

（3）工、量、刃具准备。

游标高度尺、游标卡尺、千分尺、90°角尺、刀口尺、塞尺、平锉、方锉、三角锉、锯弓、锯条、手锤、狭錾、样冲、划规、划针、ϕ3mm 直柄麻花钻。

4．操作步骤

> **操作一　加工外形尺寸**

按图样要求锉削加工外形尺寸，达到尺寸（80±0.05）mm、（66±0.05）mm 精度与形位（垂直度、平行度）精度要求。

操作二 划线并钻孔

按图样要求划凹凸体的加工线，并钻 4－ϕ3 的工艺孔（见图 1.138）。

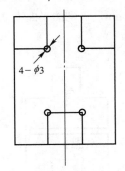

图 1.138 划线、钻工艺孔

操作三 加工形面

加工形面可以按照图 1.139 所示步骤进行。

（1）按划线锯去工件左角，粗、精锉两垂直面 1 和 2，如图 1.139（a）所示。根据 80 mm 的实际尺寸，通过控制 60mm 尺寸误差值（应控制在 80 mm 的实际尺寸减去 $20_{-0.05}^{0}$ mm 的范围内），从而保证达到 $20_{-0.05}^{0}$ mm 尺寸要求；同样根据 66 mm 处的实际尺寸，通过控制 44mm 尺寸误差值（本处应控制在 $\frac{1}{2} \times 66$mm 的实际尺寸加 $11_{-0.05}^{+0.025}$ 的范围内），从而保证在取得尺寸 $22_{-0.05}^{0}$ mm 的同时，其对称度在 0.1 mm 内，如图 1.139（c）所示。

（2）按划线锯去工件右角，用上述方法锉削面 3，并将尺寸控制在 $22_{-0.05}^{0}$ mm。锉削面 4，将尺寸控制在 $20_{-0.05}^{0}$ mm。

操作四 加工凹形面

如图 1.139（b）所示，首先钻出排孔，并锯、錾去除凹形面的多余部分，粗锉至接近线条。然后细锉凹形面顶端面 5，如图 1.139（d）所示。根据 80mm 的实际尺寸，通过控制 60mm 的尺寸误差值（本处与凸形面的两个垂直面一样控制尺寸），保证与凸形件端面的配合精度要求（见图 1.137）。最后，细锉两侧垂直面，同样根据外形 66 mm 和凸面 22mm 实际尺寸，通过控制 22mm 尺寸误差值，从而保证达到与凸形面 22 mm 尺寸的配合精度要求，同时保证其对称度在 0.1mm 内。

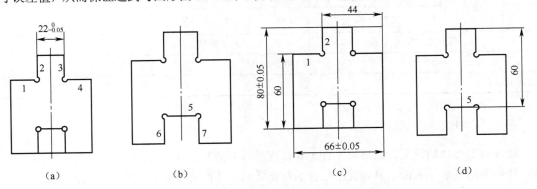

图 1.139 形面加工

操作五　锯削

锯削时，要求尺寸为（20±0.35）mm，锯削面平面度0.4mm。留3 mm不锯（见图1.140），修去锯口毛刺。

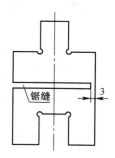

图 1.140　锯削加工

操作六　各锐边倒角，并检查全部尺寸精度

5．操作评分表（见表1.11）

表 1.11　　　　　　　　　　　操作评分表

序号	考核内容	考核要求	配分	评 分 标 准	检测结果	扣分	得分
1	锉配	$22_{-0.05}^{0}$ mm	6 分	超差不得分			
2		$20_{-0.05}^{0}$ mm	6 分	超差不得分			
3		▱ 0.03	20 分	超差不得分			
4		⊥ 0.04 B C	12 分	超差不得分			
5		▤ 0.10 A	8 分	超差不得分			
6		66 ± 0.05mm	4 分	超差不得分			
7		80 ± 0.05mm	4 分	超差不得分			
8		配合间隙 ≤ 0.06mm	15 分	超差不得分			
9		表面粗糙度 Ra3.2μm	5 分	升高一级不得分			
10	锯削	20 ± 0.35　mm	6 分	超差不得分			
11		▱ 0.40	4 分	超差不得分			
	安全文明生产		10 分	违者酌情扣分			
	合　计		100 分				
现场记录：							

三、小结

通过对凹凸件的锉配，能够对工件上对称度要求有清楚的认识并能进行测量、计算和加工，学会精确锉削各加工表面，掌握锉削配合的技能，对间隙的控制应达到小于0.06mm的水平。

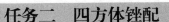

任务二　四方体锉配

四方体锉配是学习了钳工基本理论知识和操作技能以后，所进行的一个中等难度的配合件加工。其主要任务是：通过对四方体的锉配加工，进一步掌握和巩固已学钳工的基本知识和技能水平，较熟练地使用工、量具和机械设备对四方体进行划线、锉、锯、钻、测量、修配等加工，特别是学习掌握封闭零件的锉配工艺，以达到提高锉削加工技能水平的目的。

【技能目标】

◎ 掌握锉配四方体的方法

◎ 掌握锉配四方体精度的误差检验和修正方法

◎ 较熟练使用量具进行准确测量

一、基础知识

四方体锉配中应注意尺寸和形位公差的控制，测量时应平面度、垂直度和尺寸同时测量，全面综合地分析，学会控制尺寸时考虑到形位误差的修正。

四方体锉配时各内平面应与大平面垂直，以防止配合后产生喇叭口；试配时，必须认真修配以达到配合精度要求；试配时不可以用手锤敲打，防止锉配面"咬毛"或将工件"敲伤"。

二、课题实施

1．工艺准备

（1）熟悉图纸（见图 1.141）。

（2）检查毛坯是否与图纸相符合。

（3）工具、量具、夹具准备，自制内 90° 样板，外形尺寸小于测量空间。

（4）所需设备检查（如台钻）。

（5）划线及划线工具的准备。

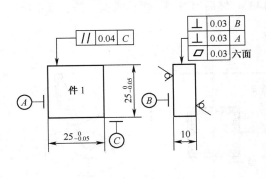

技术要求

1. 四方转位互换配合间隙≤0.05mm。
2. 去全部锐边。

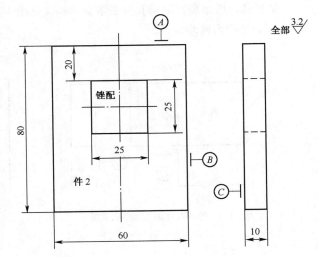

图 1.141　四方体锉配

2．考核要求

（1）公差等级：锉配 IT8。

（2）形位公差：垂直度 0.03mm、平面度 0.03mm。

（3）表面粗糙度：锉配 Ra3.2μm。

（4）时间定额：240 分钟。

（5）其他方面：配合间隙小于等于 0.05mm。

（6）正确执行安全技术操作规程。做到场地清洁，工件、工具、量具等摆放整齐。

3．准备要求

（1）材料准备。

材料：Q235。

规格：81mm×61mm×10mm、26mm×26mm×10mm。

数量：各 1 件。

（2）设备准备。

划线平台、方箱、钳台、台虎钳、台式钻床、砂轮机。

（3）工、量、刃具准备。

游标高度尺、游标卡尺、千分尺、90°角尺、刀口尺、塞尺、平锉刀、方锉、三角锉、锯弓、锯条、手锤、狭錾、样冲、划规、划针、ϕ3mm 直柄麻花钻。

4．操作步骤

操作一　加工四方凸件（件1）

按图加工件1，达图纸要求（见图1.142），具体工艺略。

操作二　加工外形及内孔去余料（件2）

（1）修锉外形基准面 A、B，使其互相垂直并与大平面 C 垂直。

（2）以 A、B 两平面为基准，按图划线，并用加工好的四方凸件（件1）校核所划线的正确性，敲样冲眼。

钻排孔，用小扁錾沿排孔錾去多余的料（见图1.143），然后用方锉、粗锉成型，每边留 0.1～0.2mm 余量作为精修余量。

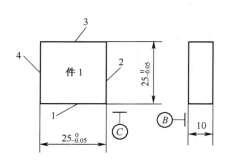

图 1.142　外四方体加工顺序示意图

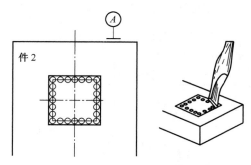

图 1.143　钻排孔、扁錾去余料

<u>操作三　加工四方凹形件（件2）及配锉（见图1.144）</u>

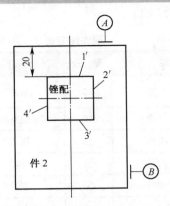

图1.144　锉配内四方

（1）细锉第一面1'，锉削至接触划线线条，达到平面度，并与大平面A平行及与大平面C垂直，控制尺寸在20mm。

（2）细锉第二面3'，达到与1'平行，接近25mm尺寸时，可用四方体的一角进行试配，应使其较紧地塞入，留有修整余量。

（3）细锉第三面2'，锉削至接触划线线条，达到平面度，并与大平面C垂直及与B面平行。最后用小样板进行检查修整，达到2'⊥1'⊥3'。

（4）细锉第四面4'，达到与2'面平行，作四方体试配，使其较紧地塞入（见图1.145），并注意观察其相邻面的垂直度情况，做适当修整。

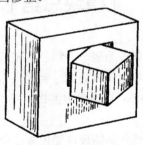

图1.145　试配

（5）精修整各面，即用四方体认向配锉，用透光法检查接触部位，并进行修整。

当四方体塞入后采用透光法和涂色法结合的方法检查接触部位，然后使其达到配合要求。最后作转位互换的修整，达到转位互换的要求，用手将四方体推出和推进应无阻滞、并可用塞尺检查间隙。

<u>操作四　去全部锐边毛刺，倒棱边并检查配合精度</u>

5．加工注意事项

（1）划线时注意尺寸界线的偏移量，即外四方大于等于25，内四方小于等于25。

（2）平板锉和方锉均要有一个侧面进行过修磨，并保证与锉刀面小于等于90°。

（3）注意及时进行测量，保证尺寸准确和对称度的准确性。

（4）配锉前应做好清角工作。试配时，不可用锤子敲击，防止锉配面"咬伤"或将件2表面敲坏。

6. 操作评分表（见表1.12）

表1.12　　　　　　　　　　　　　操作评分表

	项　目	质量检测内容	配　分	评　分　标　准	实 测 结 果	得　分
成绩评定	1	$25_{-0.05}^{0}$　　二处	20	超差不得分		
	2	// | 0.04 | C　　二处	16	超差不得分		
	3	⊥ | 0.03　　四处	12	超差不得分		
	4	▱ | 0.03　　六面	12	超差不得分		
	5	配合间隙小于等于0.05mm	20	超差不得分		
	6	表面粗糙度 $Ra3.2\mu m$	10	升高一级不得分		
	7	安全文明生产	10			

三、小结

　　本任务通过对四方体锉配件的加工，熟悉锉配工艺，掌握量具的正确合理使用，了解锉配时的注意事项，提高锉配技能。通过训练，掌握锉配精度的误差检查和修正方法，为今后进一步提高锉配技能打下良好的基础。

｜模块总结｜

　　本模块以钳工基本知识与技能训练为例，介绍了钳工的工作场地和常用工具、量具的结构及使用方法，较详细地介绍了钳工基本操作（划线、锉削、锯削、孔加工、攻丝和套丝以及锉配加工）。通过理论讲解与实际的课题训练，让读者掌握钳工基本的操作要领，为后面的学习打下良好的基础。

　　要成为一名合格的钳工，应有较全面的理论知识与扎实的操作技能，只有这样才能在以后的学习中不断得到提高。本模块理论与操作课题重视实用性和基础性，学习和训练时应注意理论联系实际，注意灵活运用，注意总结提高。

模块二
钳工特殊知识与技能训练

【学习目标】

◎ 掌握弯形和矫正的方法及要点

◎ 了解正确的刮削姿势并掌握其操作要领；掌握刮刀的刃磨方法；掌握刮削质量的检验方法

◎ 了解研磨的操作要领；掌握研磨质量的检验方法

◎ 了解铆接、粘接的种类和方法

钳工是一个具有多种操作技能的工种，上一模块介绍了钳工最基本的知识和操作技能，在本模块中将介绍其他六项钳工操作技能。这六项钳工的基本操作技能在当前的实际生产中虽然应用较少，但完成其加工的操作技术水平较高，仍是许多生产加工中不可缺少的一种专项技能，作为一名合格的钳工更应较好地学习掌握。

本模块将介绍钳工的六项特殊操作技能：弯曲、矫正、刮削、研磨、铆接和粘接。

| 课题一　弯曲 |

将原来平直的板材或型材弯成所要求的曲线形状或角度的操作叫弯曲。

【技能目标】

◎ 了解弯曲的原理

◎ 了解弯曲方法及要点

◎ 掌握简单工件的弯曲

一、基础知识

弯曲是使材料产生塑性变形，因此只有塑性好的材料才能进行弯曲。

图 2.1（a）所示为弯曲前的钢板，图 2.1（b）所示为弯曲后的情况。它的外

视频40　弯形及弯形工具

层材料伸长［见图 2.1（b）中 $b—b$］，内层材料缩短［见图 2.1（b）中 $a—a$］，中间有一层材料［见图 2.1（b）中 $o—o$］在弯曲后长度不变的称为中性层。材料弯曲部分虽然发生了拉伸和压缩，但其断面面积保持不变。

经过弯曲的工件越靠近材料的表面金属变形越严重，也就越容易出现拉裂或压伤现象。

相同材料的弯曲，工件外层材料变形的大小，取决于工件的弯曲半径。弯曲半径越小，外层材料变形越大。为了防止弯曲件拉裂，必须限制工件的弯曲半径，使它大于导致材料开裂的临界弯曲半径——最小弯曲半径。

最小弯曲半径的数值由实验确定。常用钢材的弯曲半径应大于 2 倍材料厚度，如果工件的弯曲半径比较小，应分两次或多次弯曲，中间进行退火，避免因冷作硬化而产生弯裂。

由于工件在弯曲后，只有中性层长度不变，因此，在计算弯曲工件毛坯长度时，可以按中性层的长度计算。但材料弯曲后，中性层一般不在材料正中，而是偏向内层材料一边。经实验证明，中性层的实际位置与材料的弯曲半径 r 和材料厚度 t 有关，数据可通过查找资料获得。

材料弯曲变形是塑性变形，但是不可避免的有弹性变形存在。工件弯曲后，由于弹性变形的恢复，使得弯曲角度和弯曲半径发生变化，这种现象被称为回弹。利用胎具、模具成批弯制工件时，要多弯过一些（$\alpha_t > \alpha_o$），以抵消工件的回弹，如图 2.2 所示。

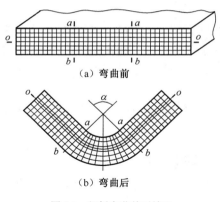

（a）弯曲前

（b）弯曲后

图 2.1　钢板弯曲前后情况

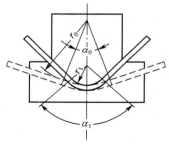

图 2.2　胎具弯曲

二、课题实施

工件的弯曲有冷弯和热弯两种。在常温下进行的弯曲称为冷弯，常由钳工完成。当工件较厚时（一般超过 5mm），在加热情况下进行的弯曲，称为热弯。

冷弯既可以利用机床和模具进行大规模冲压弯曲，也可以利用简单的工具进行手工弯曲。这里主要介绍几种简单的手工弯曲工作。

操作一　板料的弯曲

（1）板料在厚度方向上的弯曲。

如图 2.3 所示，弯直角工件时，当工件形状简单、尺寸不大，可在台虎钳上弯制直角。弯曲前，应先在弯曲部位划好线，线与钳口（或衬铁）对齐夹持；工件的两边要与钳口垂直，用木锤敲打工件到直角即可。

视频 41 常用的弯形方法 1

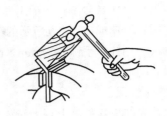

（a）弯较长工件直角的正确方法　（b）弯较长工件直角的错误方法　（c）弯较短工件直角的方法

图 2.3　板料在台虎钳上弯直角

被夹持的板料，如果弯曲线以上部分较长，为了避免锤击时板料发生弹跳，可用左手压住板料上部，用木锤在靠近弯曲部位的全长上轻轻敲打，如图 2.4（a）所示。如果敲打板料上端，如图 2.4（b）所示，由于板料的回跳，不但使平面不平，而且角度也不易弯好。当弯曲线以上部分较短时，如图 2.4（c）所示，用硬木垫在弯曲处再敲打，使之弯成直角。

（2）板料在宽度方向上的弯曲，如图 2.4 所示。

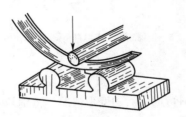

（a）锤击延伸弯形　　　（b）在特制的弯模上弯形　　　（c）在弯形工具上弯形

图 2.4　板料在宽度方向上的弯形

操作二　手工绕制弹簧

（1）将钢丝一端插入心轴的槽或小孔中，预盘半圈使其固定。然后把钢丝夹在台虎钳软钳口上，夹紧力以钢丝能被拉动为恰当（见图 2.5）。

图 2.5　手工盘绕弹簧方法

（2）摇动手柄使心轴按要求方向边绕边向前移，就可盘绕出圆柱形弹簧。

（3）当盘绕到总圈数后再加 2～3 圈，将弹簧从心轴上取下，截断后在砂轮上磨平两端。

三、拓展训练

抱箍件制作（弯多直角形工件）

将板料弯曲成如图 2.6 所示的工件。规格为 100mm×30mm×1mm（厚度）的板料，材料 08F。准备钢尺、划针、手锤，20 mm×60 mm×80 mm 和 20 mm×20 mm×80 mm 硬木衬垫各一块，角铁衬一副。

【操作步骤】

（1）先在板料长度上划上间距为 20mm 的线 4 条。

（2）将板料按线夹入角铁衬内弯 A 角 [见图 2.6（a）]。

（3）再用衬垫①弯 B 角 [见图 2.6（b）]。

（4）最后用衬垫②弯 C 角 [见图 2.6（c）]。

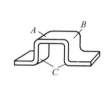  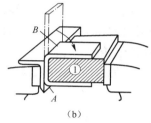 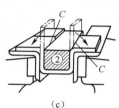

（a）　　　　　　　（b）　　　　　　　（c）

图 2.6　抱箍制作（弯多直角形工件顺序）

四、小结

在本课题中，读者要理解材料弯曲前后的变形情况，特别是回弹的特性；能知道简单的形状弯曲过程，并能较熟练地运用手锤敲击，弯曲简单工件。

| 课题二　矫正 |

消除金属板材、型材的不平、不直或翘曲等缺陷的操作称为矫正。

【技能目标】

　◎　了解矫正的方法及要点

　◎　学会简单矫正

一、基础知识

金属板材或型材不平、不直或翘曲变形主要是由在轧制或剪切等外力作用下，内部组织发生变化所产生的残余应力引起的。另外，原材料在运输和存放等过程中处理不当时，也会引起变形缺陷。

金属材料变形有两种形式：一种是弹性变形，另一种是塑性变形。矫正是针对塑性变形而言，因此只有塑性好的金属材料才能进行矫正。

　　金属板材、型材矫正的实质就是使它产生新的塑性变形来消除原有的不平、不直或翘曲变形。矫正过程中，金属板材、型材要产生新的塑性变形，它的内部组织要发生变化。所以矫正后金属材料硬度提高，性质变脆，这种现象叫冷作硬化。冷作硬化后的材料给进一步的矫正或其他冷加工带来困难，必要时可进行退火处理，使材料恢复到原来的机械性能。

　　按矫正时被矫正工件的温度分类，可分为冷矫正、热矫正两种。冷矫正就是在常温条件下进行的矫正。由于冷矫正时冷作硬化现象的存在，只适用于矫正塑性较好、变形不严重的金属材料。对于变形十分严重或脆性较大以及长期露天存放而生锈的金属板材、型材，要加热到 700℃～1 000℃的高温下进行热矫正。

　　手工矫正是钳工经常采用的矫正方法。手工矫正的工具有以下几种。

　　（1）平板和铁砧。它是矫正板材、型材或工件的基座。

　　（2）软、硬手锤。矫正一般材料，通常使用钳工手锤和方头手锤。矫正已加工过的表面、薄铜件或有色金属制件，应使用铜锤、木锤、橡皮锤等软手锤。

　　（3）抽条和拍板。抽条是采用条状薄板料弯成的简易手工具，用于抽打较大面积板料。拍板是用质地较硬的檀木制成的专用工具，用于敲打板料。

　　（4）螺旋压力工具。适用于矫正较大的轴类零件或棒料，如图 2.8 所示。

　　（5）检验工具。检验工具包括平板、直角尺、直尺和百分表等。

视频 42　矫正及矫正工具

二、课题实施

 操作一　采用弯形法矫正

视频 43　常见工件的矫正

　　弯形法用来矫正各种弯曲的棒料轴类零件，或在宽度方向上变形的条料，如图 2.7 所示。轴及较大棒料的矫正如图 2.8 所示。

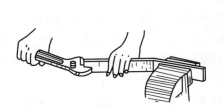

（a）用扳手扳动矫正

（b）用台虎钳夹矫正

（c）用锤子锤击矫正

图 2.7　弯形法

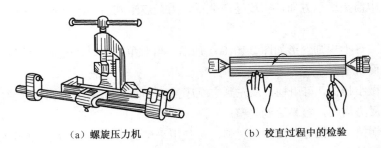

（a）螺旋压力机　　　　　　（b）校直过程中的检验

图 2.8　轴的校直方法图

棒类和轴类零件的变形主要是弯曲。一般是用弯曲的方法矫直。矫直前，应先检查零件的弯曲程度和弯曲部位，并用粉笔做好记号。然后使凸部向上，用手锤连续锤击凸处，这样棒料上层金属受压力缩短，下层金属受拉力伸长，使凸起部位逐渐消除。

直径较大的棒类、轴类零件的矫直是先把轴装在顶尖上，找出弯曲部位，然后放在 V 形铁上，用螺旋压力工具矫直。压时可适当压过一些，以便消除因弹性变形所产生的回翘，然后用百分表检查轴的弯曲情况。边矫直，边检查，直到符合要求为止，如图 2.8 所示。

操作二　采用扭转法矫正

扭转法常用来矫正条状材料的扭曲变形。扁铁、角钢扭曲的矫正如图 2.9 所示。

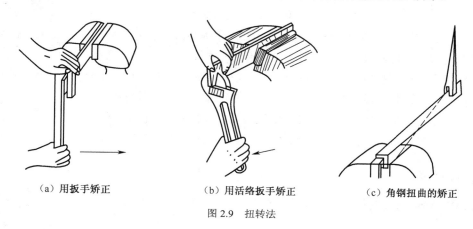

（a）用扳手矫正　　　　　（b）用活络扳手矫正　　　　　（c）角钢扭曲的矫正

图 2.9　扭转法

操作三　采用延展法矫正

延展法用锤子敲击材料适当部位，使其延展伸长，达到矫正的目的。

薄板中间凸起，是变形后中间材料变薄引起的。矫正时可锤击板料边缘，使边缘材料延展变薄，厚度与凸起部位的厚度越趋近则越平整。如图 2.10（a）中箭头所示方向，即锤击位置。锤击时，由里向外逐渐由轻到重，由稀到密。如果直接敲击突起部位，则会使凸起的部位变得更薄，这样不但达不到矫平的目的，反而使凸起更为严重。

如果薄板表面有相邻几处凸起，应先在凸起的交界处轻轻锤击，使几处凸起合并成一处，然后再敲击四周而矫平。

如果薄板四周呈波纹状，这说明板料四边变薄而伸长了。如图 2.10（b）所示。锤击点应从中间向四周，按图中箭头所示方向，密度逐渐变稀，力量逐渐减小，经反复多次锤打，使板料达到平整。

薄板发生翘曲等不规则变形如图 2.10（c）所示。当对角翘曲时，就应沿另外没有翘曲的对角线锤击使其延展而矫平。

如果薄板有微小扭曲，可用抽条从左到右顺序抽打平面，如图 2.10（d）所示，因抽条与板料接触面积较大，受力均匀，容易达到平整。

如果板料是铜箔、铝箔等薄而软的材料。可使用平整的木块，在平板上推压材料的表面，使其达到平整，也可使用木锤或橡皮锤锤击，如图 2.10（e）、（f）所示。

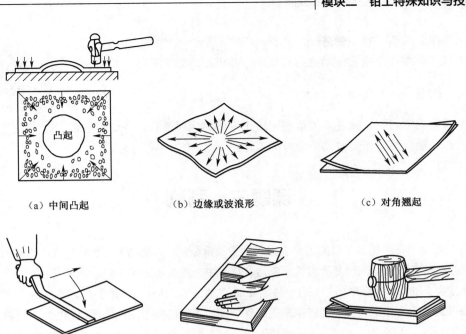

（a）中间凸起　　　　（b）边缘或波浪形　　　　（c）对角翘起

（d）微小扭曲　　　　（e）箔片矫正　　　　（f）木锤矫正

图 2.10　延展法

操作四　采用伸张法矫正

伸张法用来矫正各种细长线材等。

对于弯曲的细长线材，可将线材一端夹在台虎钳上，从钳口处的一端开始，把弯曲的线在圆木上绕一圈，握住圆木向后拉，使线材伸张而矫直，如图 2.11 所示。

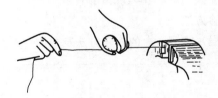

图 2.11　伸张法

> **提　示**
>
> 向后拉动时，手不要握紧线材，防止线材将手划伤，必要时应戴上布手套进行操作。

三、拓展训练

将ϕ5mm×300mm 左右弯曲圆钢矫直，直线度不大于 0.50mm，材料 Q235 或 45$^{\#}$。准备 2 磅手锤一个。

【操作步骤】

（1）在台虎钳的铁砧上将圆钢大致敲打平直。

（2）用眼瞄检查，将圆钢进一步矫直。

（3）把圆钢放在平板上滚动检查直线度，并进行细微矫正。

视频 44 常用的弯形方法 2

四、小结

在本课题的学习中，读者要了解不同矫正方法的应用场合，并知道它们的操作要点，能熟练矫正一些简单变形的工件。

｜课题三　刮削｜

刮削是用刮刀在半精加工过的工件表面上刮去微量金属，以提高表面形状精度、改善配合表面之间接触精度的钳工作业。刮削是处理机械制造和修理中一般机械加工难以达到的各种型面（如机床导轨面、连接面、轴瓦、配合球面等）的一种重要加工方法。它具有切削量小、切削力小、产生热量小、加工方便和装夹变形小的特点。经过刮削的工件表面，不仅能获得很高的形位精度、尺寸精度、接触精度、传动精度，还能形成比较均匀的微浅凹坑，创造良好的存油条件。加工过程中的刮刀对工件表面的多次反复的推挤和压光，使得工件表面组织紧密，从而得到较低的表面粗糙度值。

【技能目标】

◎ 了解正确的刮削姿势及操作要领

◎ 了解刮刀的刃磨方法

◎ 刮削平面达到 25mm × 25mm 范围内接触点数不少于 16 点，表面粗糙度 $Ra0.8\mu m$，直线度公差每米长度内为 0.015 ~ 0.02mm

◎ 掌握刮削质量的检验方法

◎ 掌握静压力基本方程，掌握压力的表示方法及单位

一、基础知识

视频 45 刮削及刮刀

手刮法是由钳工手持刮刀对工件平面或曲面进行操作加工，本书只介绍平面刮削方法。

刮刀一般用碳素工具钢 T10、T12A 或轴承钢 GCr15 经锻打后成型，后端装有木柄，刀刃部分经淬硬后硬度为 HRC60 左右，刃口需经过研磨。刮削前工件表面先经切削加工，刮削余量为 0.05~0.4mm，具体数值根据工件刮削面积和误差大小而定。

平面刮削的操作方法分为手刮法和挺刮法两种，刮刀也有手刮刀和挺刮刀，如图 2.12 所示。刀头部分切削角度如图 2.13 所示。

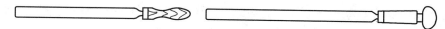

图 2.12　手刮刀和挺刮刀

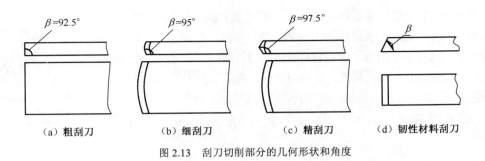

（a）粗刮刀 　　（b）细刮刀 　　（c）精刮刀 　　（d）韧性材料刮刀

图 2.13 刮刀切削部分的几何形状和角度

二、课题实施

操作一 刃磨刮刀

刮刀在砂轮上粗刃磨后，在油石上进行精磨。这里主要介绍精磨平刮刀的方法：

刃磨操作时先在油石上加适量机油，磨两平面［见图 2.14（a）］，按图中所示的箭头方向往复移动刮刀，直至平面磨平整为止。然后精磨端面［见图 2.14（b）］，刃磨时左手扶住靠近手柄的刀身，右手紧握刀身，使刮刀直立在油石上，略带前倾（前倾角度根据刮刀月角的不同而定）地向前推移，拉回时刀身略微提起，以免损伤刃口，如此反复，直到切削部分的形状和角度符合要求，且刃口锋利为止。一半面磨好后再磨另一半面。初学时还可将刮刀上部靠在肩上，两手握刀身，向后拉动来磨锐刃口，而向前则将刮刀提起［见图 2.14（c）］。注意刃磨时刮刀要在油石上均匀的移动，防止油石因磨损产生凹陷而影响刀头的几何形状。

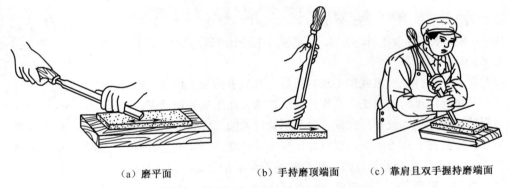

（a）磨平面 　　（b）手持磨顶端面 　　（c）靠肩且双手握持磨端面

图 2.14 刮刀在油石上精磨

操作二 进行平面刮削

平面刮削的操作方法有挺刮法和手刮法两种。

（1）挺刮法操作方法如图 2.15（a）所示，将刮刀柄顶在小腹右下侧，双手握住刀身，距刀刃约 80mm（左手正握在前，右手反握在后）。刮削时，刀刃对准研点，左手下压，落刀要轻，利用腿部、臀部和腰部的力量使刮刀向前推挤，并利用双手引导刮刀前进。在推挤进行到所需距离后的瞬间，用

视频46 刮削的基本操作方法——挺刮法

双手迅速将刮刀提起，即完成一次挺刮动作。由于挺刮法用下腹肌肉施力，容易掌握，每刀切削量大，工作效率高，适合大余量的刮削，因此应用最广泛。但工作时需要弯曲身体操作，故腰部易产生疲劳。

（2）手刮法操作方法如图 2.15（b）所示。右手握刀柄，左手握刀杆距刀刃约 50mm 处，刮刀与被刮削表面成 25°～30°角。同时，左脚前跨一步，上身随着向前倾斜，这样便于用力，而且容易看清刮刀前面的研点情况。右臂利用上身摆动使刮刀向前推，推的同时，左手向下压，并引导刮刀的运动方向，当推进到所需距离后，左手迅速抬起，刮刀即完成一次手刮动作。手刮动作灵活，适应性强，但每刀切削量较小，而且手易疲劳，因此不适于加工余量较大的场合。

视频 47 刮削的基本操作方法——手刮法

（a）挺刮法　　　　　　　　　　　　　　　　　（b）手刮法

图 2.15　平面刮削方法

操作三　认识刮削的一般过程

视频 48 平面的刮削工序

刮削过程一般可分为粗刮、细刮、精刮和刮花四个步骤，其中，刮花通常是为了美化刮削表面。

（1）粗刮。工件经过机械加工或时效后，有显著的加工痕迹，锈斑。首先用刮刀采用连续推铲的方法，又称长刮法。除去加工痕迹和锈斑后，通过涂色显示确定刮削的部位和刮削量。对刮削量较大的部位要多刮些或重刮数遍，但刀纹要交错进行，不允许重复在一点处刮削，以免局部刮出深凹坑。这样反复数遍，直到在 25mm×25mm 面积上有 3～4 个点，粗刮就算完成。粗刮时每刀刮削量要大，刀迹宽而长。

（2）细刮。粗刮后的工作表面，显点已比较均匀地分布于整个平面，但数量很少。细刮可使加工表面质量得到进一步提高。细刮时，应刮削黑亮的显点，俗称破点（短刀法），使显点更趋均匀，数量更多。对黑亮的高点，要刮重些，对暗淡的研点，刮轻些。每刮一遍，显点一次，显点逐渐由稀到密，由大到小，直到每 25mm×25mm 面积上有 12～15 个点，细刮即完成。为了得到较好的表面粗糙度，每刮一遍要变换一下刮削方向，使其形成交叉的网纹，以避免形成同一方向的顿纹。每刀刮削量要小，刀花宽度及长度也较小。

（3）精刮。精刮是在细刮的基础上进一步增加刮削表面的显点数量，使工件达到预期的精度要求。要求显点分布均匀，在 25mm×25mm 面积上有 20～25 个点。刮削部位和刮削方法要根据显点情况进行，黑亮的点子全部刮去（又称点刮法）。中等点子在顶部刮去一小片，小点留着不刮。这样大点分为几个小点，中等点分为两个小点，小点会变大，原来没有点的地方也会出现点，因此，接触点将迅速增加。刮削到最后三遍时，交叉刀迹大小应一致，排列整齐，以使刮削面美观。

根据零件精度的不同，可分别采取粗刮，细刮或精刮。对一些不重要的固定连接面，中间工序的基准面，可只进行粗刮，一般导轨面的刮削，则需要细刮，而对于精密工具（如精密平板，精密平尺等）、精密导轨表面，应进行精刮。

（4）刮花。刮花是在刮削表面或机器外露的表面上利用刮刀刮出装饰性花纹，以增加刮削面的美观度，保证良好的润滑性，同时可根据花纹的消失情况来判断平面的磨损程度。常见的有斜花纹（小方块）、鱼鳞花（鱼鳞片）、半月花等。

提　示

在显点研刮时，工件不可超出标准平板太多，以免掉下而损坏工件。刮刀柄要安装可靠，防止木柄破裂，使刮刀柄端穿过木柄伤人。刮削工件边缘时，不可用力过猛，以免失控，发生事故。使用刮刀时注意安全，不可嬉戏。

刮削中的研点是提高刮削精度和效率的关键，要注意推研的方法和研点的准确判断。

研点用显示剂通常有以下两类。

（1）红丹粉。红丹粉分为铅丹（显桔红色、原料为氧化铝）和铁丹（呈褐色，原料为氧化铁）两种。颗粒较细，使用时用机油调和，常用于钢和铸铁件的显点。

（2）蓝油。蓝油是用普鲁士蓝和蓖麻油及适量机油调和而成，常用于精密工件、有色金属及合金工件上的刮削。

视频49 刮削的显点（上）

视频50 刮削的显点（下）

操作四　检查刮削的精度

（1）接触精度的检验。

用边长为 25mm 的正方形方框内的研点数目的多少来检查刮削表面的接触精度。

将正方形方框罩在被检查面上，如图 2.16（a）所示。

（2）平面度和直线度（形状精度）。

用方框水平仪检验。小型零件可用百分表检查平行度和平面度，如图 2.16（b）所示。

（3）配合面之间的间隙（尺寸精度）。

用塞尺检验。

用标准圆柱利用透光法检查垂直度，如图 2.16（c）所示。

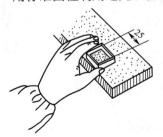
（a）用方框检查接触点

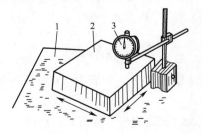
（b）用百分表检查平行度

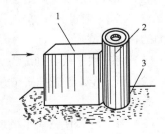
（c）用标准圆柱检查垂直度

图 2.16　刮削精度的检查方法

（b）1—标准平板　2—工件　3—百分表　　　（c）1—工件　2—圆柱角尺　3—标准平板

操作五　判定刮削的表面缺陷

刮削质量缺陷分析如下：

（1）深凹坑。

特征：刮削面研点局部稀少或刀迹与显示研点高低相差太多。

产生原因之一：粗刮时用力不均，局部落刀太重或多次刀迹重叠；

产生原因之二：刮刀切削部分圆弧过小。

（2）撕痕。

特征：刮削面上有粗糙的条状刮痕，较正常刀迹深。

产生原因之一：刀刃有缺口和裂纹；

产生原因之二：刀刃不光滑、不锋利。

（3）振痕。

特征：刮削表面上出现有规则的波纹。

产生原因：多次同向刮削，刀迹没有交叉。

（4）划痕。

特征：刮削面上划出深浅不一和较长的直线。

产生原因：研点时夹有沙粒、铁屑等杂质，或显示剂不清洁。

（5）刮削面精度不准确。

特征：显点情况无规律。

产生原因之一：推磨研点时压力不均，研具伸出工件太多，按出现的假点刮削时造成；

产生原因之二：研具本身不准确。

刮削废品分析：

（1）刮削是一种精密加工，每一刀刮去的余量很少，一般不会产生废品。

（2）避免产生刮削废品的方法是：采用合理的刮削方法，及时检测。

三、拓展训练

1．刮削原始平板

【操作步骤】

一般采用渐进法刮削，即不用标准平板，而以三块（或三块以上）平板依次循环互研互刮，直至达到要求。推研（见图 2.17）时，先直研（纵、横面）以消除纵横起伏产生的平面度误差［见图 2.18（a）］，通过几次循环，达到各平板显点一致。然后采用对角刮研［见图 2.18（b）］，消除平面的扭曲误差。

（1）将三块平板分别编为 A、B、C，按编号次序进行刮削。其刮削步骤如图 2.17 所示。

（2）第一轮。正确推研（方法见图 2.17），使表面研点分布均匀，刀迹交叉，无落刀痕和起刀痕及振痕。

（3）第二轮。使三块平板表面，无论直研、横研和对角研显点都完全一致，分布均匀。

（4）进行精刮直至用各种研点方法得到相同的清晰点，且每块平板上任意 25mm×25mm 内平均达到 20 点以上，表面粗糙度不超过 $Ra0.8\mu m$，刀迹排列整齐美观，刮削即告完成。

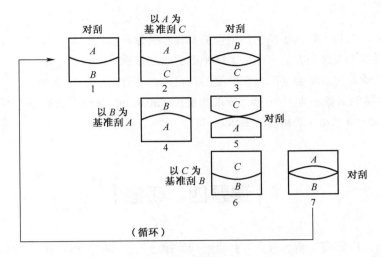

图 2.17　原始平板循环刮研法

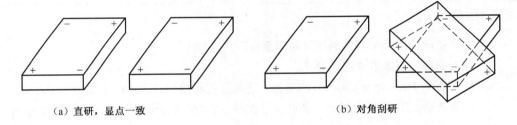

（a）直研，显点一致　　　　　　　　　　　（b）对角刮研

图 2.18　对角研点方法

2．注意事项

（1）正确刃磨粗、细、精刮刀。

（2）从粗刮到精刮，显示剂涂层应逐步减薄且均匀，推研方法要正确。

（3）采用挺刮法进行刮削。粗刮时要有力，用连续推刮方式，细刮和精刮必须采用挑点的方法，纹路要交叉。

3．操作评分表（见表 2.1）

表 2.1　　　　　　　　　　　　　　　　操作评分表

工件号		座号		姓名		总得分	
项目		质量检验内容		配分	评分检测	实测结果	得分
成绩评定	刮削	姿势（站立、双手）正确		20 分	目测		
		刀迹整齐、美观（三块）		10 分	目测		
		接触点每 25mm×25mm，18 点以上（3 块）		24 分	目测		
		点子清晰、均匀、每 25mm×25mm 点数允差 6 点（3 块）		18 分	目测		
		无明显落刀痕、无丝纹和振痕（三块）		18 分	目测		
		安全文明生产		10 分	违者不得分		

四、小结

在本课题中，要初步掌握正确的刮削姿势及操作要领，能够判断、确定刀迹形状，掌握手工刃磨刮刀的方法；了解平面的研刮步骤；掌握粗、细、精刮的方法和要领，初步学会刮削表面精度的判定，并达到刮削平面 25mm×25mm 范围内接触点数不少于 16 点，表面粗糙度 $Ra0.8\mu m$，直线度公差每米长度内为 0.015～0.02mm 的精度的要求。

视频 51 曲面的刮削要点

| 课题四　研磨 |

在工件表面，用研磨工具（研具）和研磨剂磨掉一层极薄的金属，使工件表面获得精确的尺寸、形状和极小的表面粗糙度值的加工方法，称为研磨。

【技能目标】

◎ 了解研磨的工具和研磨剂以及对研磨磨料的选择
◎ 掌握研磨的基本方法及其要点
◎ 能够研磨 100mm×100mm 的平面，达表面粗糙度 $Ra1.6\mu m$，平面度 0.02mm
◎ 能够研磨 $\phi 50mm×200mm$ 的孔，达圆柱度 $\phi 0.015mm$，表面粗糙度 $Ra 0.4\mu m$

一、基础知识

研磨可以获得其他方法难以达到的高尺寸精度和高形状精度，并且容易获得极小的表面粗糙度值，它加工方法简单、不需复杂设备，但加工效率低。研磨后的零件能提高表面的耐磨性、抗腐蚀能力及疲劳强度，从而延长了零件的使用寿命。

视频 52 研磨种类-湿研磨

视频 53 研磨种类-干研磨

（1）研具是保证被研磨工件几何形状精度的重要因素，因此，对研具材料、精度和表面粗糙度都有较高的要求。

研具材料的硬度应比被研磨工件低，组织细致均匀，具有较高的耐磨性和稳定性，有较好的嵌存磨料的性能等。常用的研磨材料有：灰铸铁、球墨铸铁、软钢、铜等。

（2）磨料在研磨中起切削作用，研磨效率、研磨精度都和磨料有密切的关系。磨料的系列及用途见表 2.2。

视频 54 认识研磨工具

表 2.2 　　　　　　　　　　　　　　磨料的系列和用途

系列	磨料名称	代号	特　性	适　用　范　围
氧化铝系	棕刚玉	A	棕褐色，硬度高，韧性大，价格低	粗、精研磨钢、铸铁和黄铜
	白刚玉	WA	白色，硬度比棕刚玉高，韧性比棕刚玉差	精研磨淬火钢、高速钢、高碳钢及薄壁零件
	铬刚玉	PA	玫瑰红或紫红色，韧性比白刚玉高，磨削粗糙度值低	研磨量具、仪表零件等
	单晶刚玉	SA	淡黄色或白色，硬度和韧性比白钢玉高	研磨不锈钢、高钒高速钢等强度高、韧性大的材料
碳化物系	黑碳化硅	C	黑色有光泽，硬度比白刚玉高，脆而锋利，导热性和导电性良好	研磨铸铁、黄铜、铝、耐火材料及非金属材料
	绿碳化硅	CC	绿色，硬度和脆性比黑碳化硅高，具有良好的导热性和导电性	研磨硬质合金、宝石、陶瓷、玻璃等材料
	碳化硼	BC	灰黑色，硬度仅次于金刚石，耐磨性好	精研磨和抛光硬质合金、人造宝石等硬质材料
金刚石系	人造金刚石		无色透明或淡黄色、黄绿色、黑色、硬度高。比天然金刚石略脆，表面粗糙	粗、精研磨硬质合金、人造宝石、半导体等高硬度脆性材料
	天然金刚石		硬度最高，价格昂贵	
其他	氧化铁		红色至暗红色，比氧化铬铁	精研磨或抛光钢、玻璃等材料
	氧化铬		深绿色	

磨料的粗细用粒度表示，按颗粒尺寸分为 41 个粒度号，有两种表示方法。其中磨粉类有 4 号、5 号、…，240 号共 27 个，粒度号越大，磨粒越细；微粉类有 W63，W50，…，W0.5 共 14 个，号数越大，磨粒越粗。

（3）研磨液在加工过程中起调和磨料、冷却和润滑的作用，它能防止磨料过早失效和减少工件（或研具）的发热变形。常用的研磨液有煤油、汽油、10 号和 20 号机械油、淀子油等。

研磨剂是由磨料和研磨液调和而成的混合剂，研磨剂不宜涂得太厚，否则会影响研磨质量，也浪费研磨剂。

二、课题实施

研磨分手工研磨和机械研磨两种。手工研磨应注意选择合理的运动轨迹，这对提高研磨效率、工件的表面质量和研具的寿命有直接的影响。

操作一　研磨方法

1. 平面的研磨

平面的研磨方法如图 2.19 所示。工件沿平板全部表面，用 8 字形或仿 8 字形、螺旋形或螺旋形和直线形运动轨迹相结合进行研磨。

（1）直线往复式常用于研磨有台阶的狭长平面，如平面样板、角尺的测量面等，能获得较高的几何精度，如图 2.19（a）所示。

（2）直线摆动式用于研磨某些圆弧面，如样板角尺、双斜面直尺的圆弧测量面，如图 2.19（b）所示。

视频 55 手工研磨的运动轨迹

（3）螺旋式用于研磨圆片或圆柱形工件的端面，能获得较好的表面粗糙度和平面度，如图 2.19

（c）所示。

（4）8字形或仿8字形式常用于研磨小平面工件，如量规的测量面等，如图2.19（d）所示。

（5）狭窄平面研磨。其方法如图2.20所示，应采用直线研磨的运动轨迹。为防止研磨平面产生倾斜和圆角，研磨时可用金属块做"导靠"。研磨工件的数量较多时，可采用C形夹，将几个工件夹在一起研磨，既防止了工件加工面的倾斜，又提高了效率。

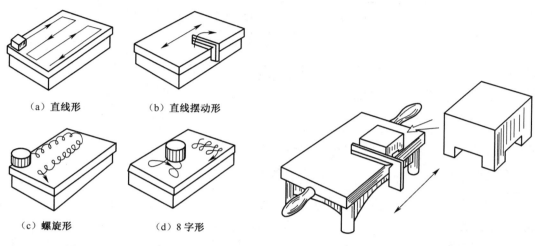

| （a）直线形 | （b）直线摆动形 |
| （c）螺旋形 | （d）8字形 |

图2.19　手工研磨的运动轨迹　　　　　　　图2.20　狭窄平面研磨

2．圆柱面研磨

圆柱面研磨一般是手工与机器配合进行研磨。圆柱面研磨分外圆柱面和内圆柱面研磨。

外圆柱面的研磨如图2.21所示，研磨外圆柱面一般是在车床或钻床上用研磨环对工件进行研磨。工件由车床带动，其上均匀涂布研磨剂，用手推动研磨环，通过工件的旋转和研磨环在工件上沿轴线方向做往复运动进行研磨。一般工件的转速在直径小于ϕ80mm时为100r/min，直径大于ϕ100mm时为50r/min。研磨环的往复移动速度，可根据工件在研磨时出现的网纹来控制。当出现45°交叉网纹时，说明研磨环的移动速度适宜，如图2.22所示。

视频56　外圆柱面的研磨

视频57　内圆柱面的研磨

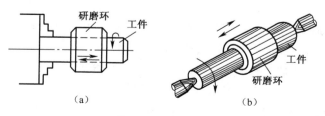

（a）　　　　　　　　（b）

图2.21　研磨外圆柱面

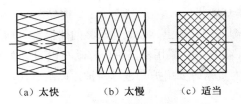

（a）太快 （b）太慢 （c）适当

图 2.22 研磨环的移动速度

3．研磨压力和速度

（1）研磨时，压力和速度对研磨效率和研磨质量有很大影响。压力太大，研磨切削量虽大，但表面粗糙度差，且容易把磨料压碎而使表面划出深痕。一般情况粗磨时压力可大些，精磨时压力应小些。

（2）速度也不应过快，否则会引起工件发热变形。尤其是研磨薄形工件和形状规则的工件时更应注意。一般情况下，粗研磨速度为 40～60 次/min；精研磨速度为 20～40 次/min。

操作二 质量检验

采用光隙判别法（见图 2.23）。观察时，以光隙的颜色来判断其直线度误差，如没有灯箱也可用自然光源。当光隙颜色为亮白色或白光时，其直线度误差小于 0.02mm；当光隙颜色为白光或红光时，其直线度误差大于 0.01mm；当光隙颜色为紫光或蓝光时，其直线度误差大于 0.005mm；当光隙颜色为蓝光或不透光时，其直线度误差小于 0.005mm。

 提 示

研磨中必须重视清洁工作，若忽视，轻则工件表面拉毛，重则会拉出深痕而产生废品。另外，研磨后应及时将工件清洗干净并采取防锈措施。

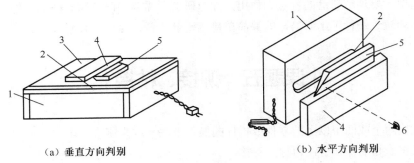

（a）垂直方向判别 （b）水平方向判别

图 2.23 光隙判别法

1—灯箱 2—荧光灯 3—玻璃板 4—标准平尺 5—工件 6—眼睛

三、拓展训练

1．研磨刀口尺形面

准备研磨平板、研磨粉、煤油、汽油、方铁导靠块、刀口形直尺。

材料：45 钢。

【操作步骤】

（1）粗研磨用被汽油浸湿的棉花蘸上 W20～W10 的研磨粉，均匀涂在平板的研磨面上，握持刀口形直尺［见图 2.24（a）、（b）］，采用沿其纵向移动与以刀口面为轴线而向左右作 30°角摆动相结合的运动形式。研磨内直角时要用护套进行保护，以免碰伤。

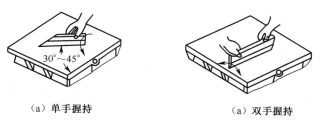

（a）单手握持　　　　　　　　（a）双手握持

图 2.24　研磨刀口形直尺时的握持方法

（2）精研磨时的运动形式与粗研磨大致相同。采用压砂平板，选用 W5 或 W7 的研磨粉，利用工件自重进行精研磨，使其表面粗糙度值达到 $Ra0.025\mu m$；

（3）采用光隙判别法检验质量。观察光隙的颜色，判断其直线度误差。

2．注意事项

（1）刀口形直尺在研磨时，如不需磨出刀口处圆弧，则要保持平稳，可作一"靠山"（见图 2.20）来支撑，防止不稳。

（2）研磨时要经常调头研磨工件，应常改变工件在研具上的研磨位置，防止研具局部磨损。

（3）粗研与精研时不可使用同一块研磨平板。若用同一块研磨平板，必须用汽油将粗研磨料清洗干净。

四、小结

在本课题中，要理解研磨的特点和作用，知道研磨所需要的研具和研磨剂的种类。能较熟练地运用各种运动轨迹进行手工研磨，能够简单检测研磨质量，并作出判断分析。

课题五　铆接、粘接

用铆钉连接两个或两个以上的零件或构件的操作方法，称为铆接。用粘接剂把不同或相同材料牢固地连接在一起的操作方法，称为粘接。

【技能目标】

◎ 了解铆接的种类
◎ 掌握铆接的操作方法
◎ 了解粘接的操作方法

一、基础知识

1．铆接

目前，在很多零件连接中，铆接已被焊接代替，但因铆接具有操作简单、连接可靠、抗振和耐冲击等特点，所以在机器和工具制造等方面仍被较多地使用，如图 2.25 所示。

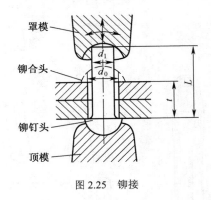

图 2.25　铆接

（1）铆接种类

铆接按使用要求可分为活动铆接和固定铆接。

（2）铆钉的种类及铆接工具

① 铆钉的分类

按其材料不同可分为：钢质、铜质、铝质铆钉。

按其形状不同可分为：平头、半圆头、沉头、管状空心和皮带铆钉，见表 2.3。

表 2.3　　　　铆钉的种类及应用

名　　称	形　　状	应　　用
平头铆钉		铆接方便，应用广泛，常用于一般无特殊要求的铆接中，如铁皮盒、防护罩壳及其他结合件中
半圆头铆钉		应用广泛，如钢结构的屋架、桥梁和车辆、起重机等常用这种铆钉
沉头铆钉		应用于框架等制品表面要求平整的地方，如铁皮箱柜的门窗以及有些手用工具等
半圆沉头铆钉		用于有防滑要求的地方，如踏脚板和走路梯板等
管状空心铆钉		用于在铆接处有空心要求的地方，如电器部件的铆接等
皮带铆钉		用于铆接机床制动带以及铆接毛毡、橡胶、皮革材料的制件

② 铆接工具

手工铆接工具除锤子外、还有压紧冲头、罩模、顶模等，如图 2.26 和图 2.27 所示。

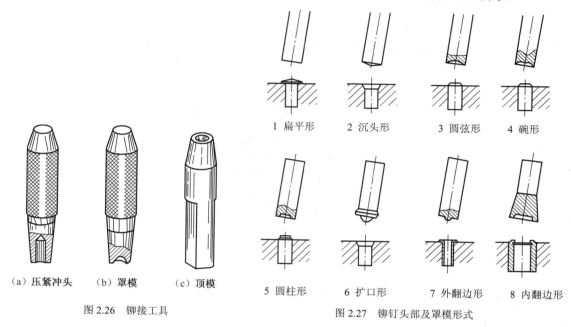

（a）压紧冲头　　（b）罩模　　（c）顶模

图 2.26　铆接工具

1 扁平形　　2 沉头形　　3 圆弦形　　4 碗形

5 圆柱形　　6 扩口形　　7 外翻边形　　8 内翻边形

图 2.27　铆钉头部及罩模形式

罩模用于铆接时墩出完整的铆合头；顶模用于铆接时顶住铆钉原头，这样既有利于铆接又不损伤铆钉原头。

（3）铆钉直径、长度及钉孔直径确定

① 铆钉直径的大小与被连接板的厚度有关。当被连接板的厚度相同时，铆钉直径等于板厚的 1.8 倍。当被连接板厚度不同，搭接连接时，铆钉直径等于最小板厚的 1.8 倍。

② 铆接时铆钉杆所需长度，除了被铆接件总厚度外，还需保留足够的伸出长度，以用来铆制完整的铆合头，从而获得足够的铆合强度。

③ 铆接时钉孔直径的大小，应随着连接要求不同而有所变化。如孔径过小，使铆钉插入困难；孔径过大则铆合后的工件容易松动。

目前，已有多种手动铆接枪和气动、液压铆枪用于铆接。这些工具，方便、安全、效率高、铆接质量好，已广泛用于生产。

2．粘接

粘接是一种先进的工艺方法，它具有工艺简单，操作方便，连接可靠，变形小以及密封、绝缘、耐水、耐油等特点，所粘接的工件不需经过高精度的机械加工，也无需特殊的设备和贵重原材料，特别适用于不易铆焊的场合。因此，在各种机械设备修复过程中，粘接取得了良好的效果。粘接的缺点是不耐高温、粘接强度较低。目前，它以快速、牢固、节能、经济等优点代替了部分传统的铆、焊及螺纹连接等工艺。

粘接剂分为无机粘接剂和有机粘接剂两大类。

（1）无机粘接剂。无机粘接剂由磷酸溶液和氧化物组成，在维修中应用的无机粘接剂主要是磷酸一氧化铜粘接剂。它有粉状、薄膜、糊状、液体等几种形态。其中，以液体状态使用最多。无机粘接剂虽然有操作方便、成本低的优点，但与有机粘接剂相比还有强度低、脆性大和适用范围小的缺点。

（2）有机粘接剂。它是一种高分子有机化合物。常用的有机粘接剂有以下两种。

① 环氧粘接剂。这类粘结剂粘合力强，硬化收缩小，能耐化学药品、溶剂和油类的腐蚀，电绝缘性能好，使用方便，并且施加较小的接触压力，在室温或不太高的温度下就能固化。其缺点是脆性大、耐热性差。由于其对各种材料有良好的粘接性能，因而得到广泛的应用。

② 聚丙烯酸醋粘接剂。这类粘接剂常用的牌号有 501 和 502。其特点是无溶剂，呈一定的透明状，可室温固化。缺点是固化速度快，不宜大面积粘接。

随着高分子材料的发展，新的高效能的粘接剂不断产生，粘接在量具和刃具制造设备装配维修、模具制造及定位件的固定等方面的应用日益广泛。

粘接工艺通常分为：粘接结构准备、粘接面的处理（除锈、脱脂、清洗）、调胶、涂胶粘接、干燥几部分。

二、课题实施

一般钳工工作范围内的铆接多为冷铆。铆接时用工具连续锤击或用压力机压缩铆钉杆端，使铆钉杆充满钉孔并形成铆合头。

操作一　认识铆接方法

（1）半圆头铆钉的铆接方法（见图 2.28）。

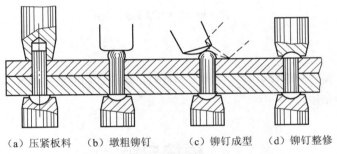

（a）压紧板料　　（b）墩粗铆钉　　　（c）铆钉成型　　（d）铆钉整修

图 2.28　半圆头铆接过程

① 将被铆接件贴合、划线、钻孔、倒角和去毛刺，然后插入铆钉。

② 用压紧冲头把被铆接件压紧。

③ 用锤子墩粗及斜着均匀捶击周边基本成型具。

④ 用尺寸适宜的罩模修整。

（2）埋头铆钉的铆接方法（见图 2.29）。

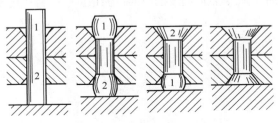

图 2.29　埋头铆钉的铆接过程

① 在被铆接件上划线、钻孔和锪锥坑后插入铆钉。

② 在正中墩粗面 1 和面 2。

③ 先铆合面 2，再铆合面 1。

④ 用平头冲子修平高出部分。

操作二　粘接应用

车床尾座底面，由于长期在使用中来回拖动，磨损严重，使其尾座轴线低于主轴轴线，降低了机床精度。现采用粘接技术对其进行修复。粘接修复的操作步骤如下：

（1）先将尾座已磨损的导轨面加工成较为粗糙的带小沟槽的表面，或者钻一些均匀的小盲孔。

（2）将准备粘接上去的塑料层压板的粘拉表面有意拉毛。

（3）调胶粘接如图 2.30 所示。

（4）待干燥后，再采用刮削层压板的方法致使导轨面恢复原有精度。

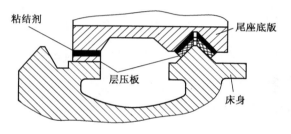

图 2.30　车床尾座底板的粘接

三、小结

在本课题中，要理解铆接、粘接的作用和特点，知道它们的适用场合。能较熟练地对简单工件进行手工铆接和粘接。

｜模块总结｜

本模块以钳工的特殊技能训练为主导，介绍了有关钳工的一些特殊专业基础知识，通过对本模块的学习，学生应熟悉钳工的特殊技能：弯曲、矫正、刮削、研磨、铆接和粘接；熟悉这些特殊技能的要领、作用以及特点，熟悉这些特殊技能要用到的工具和材料；学会简单的弯曲和矫正；学习了解刮削的基本理论知识，掌握粗、细、精刮的方法和要领，并达到一定的刮削精度；能够合理选择研磨工具和研磨剂，研磨较高精度的平面；能根据实际情况选择、确定合理的铆接或粘接方式。

模块三
钳工常用设备与操作技能训练

【学习目标】

◎ 了解台钻的结构，能正确使用和调整台钻，掌握台钻的安全操作规程

◎ 了解砂轮机的构造，并能正确的使用。掌握砂轮机的安全操作规程

◎ 会使用手电钻和角磨机，并掌握安全操作规程

◎ 了解钻床夹具的类型

前面我们学习了钳工的特殊技能知识。在钳工实际生产中，机械设备的使用是必不可少的，随着我国机械工业的发展，钳工使用的机械设备种类和数量越来越多而且普及。正确安全地操作、使用这些设备，是一名合格钳工必须具备的基本素质。

本模块重点介绍钳工常用的钻床、砂轮机、电动工具三类机械设备及简单钻床夹具。

图 3.1 所示为本模块中要学习、接触到的钻床、砂轮机和手电钻。

（a）钻床　　　　　　　　（b）砂轮机　　　　　　　（c）手电钻

图 3.1　钻床、砂轮机和手电钻

| 课题一　台式钻床的调整与使用 |

钻床是一种常用的孔加工机床。钻床可装夹如钻头、扩孔钻、锪钻、铰刀及丝锥等刀具，可用来进行钻孔、扩孔、锪孔、铰孔及攻螺纹等工作。

钻床的使用方法是否正确，是否符合安全操作规程，都直接关系到每一位操作者的人身安全，因此，使用钻床要严格按照操作规程进行操作，以防出现安全事故。

【 技能目标 】

◎ 掌握台式钻床的调整与使用
◎ 掌握台式钻床安全操作规程

一、基础知识

钻床根据其结构和适用范围的不同，可分为台式钻床（简称台钻）、立式钻床（简称立钻）和摇臂钻床三种（见图 3.2）。本书重点介绍钳工常用的台式钻床。

视频 58 手动控制车削成型面

（a）台钻

（b）立钻

（c）摇臂钻

图 3.2　钻床的种类

台式钻床（简称台钻）是一种可放在工作台上使用的小型钻床，占用场地少，使用方便。其最大钻孔直径一般为 ϕ12.7mm 。

Z4012 型台钻是钳工常用的一种钻床，如图 3.3 所示，其结构简介如下：

电动机的旋转动力分别由装在电动机、主轴上的两个塔轮和 V 带传给主轴（在防护罩内），再由主轴带动装在装夹头上的钻头旋转。

床身套在立柱上可做上下移动，也可绕立柱轴心转到任意位置，调整到所需要的位置后可用床身的锁紧手柄锁紧。保险环用以防止床身的意外下滑。通过转动工作台升降手柄可使工作台在立柱上做上、下移动，也可绕立柱轴心转动到任意位置。调整到位后可用工作台锁紧手柄锁紧。

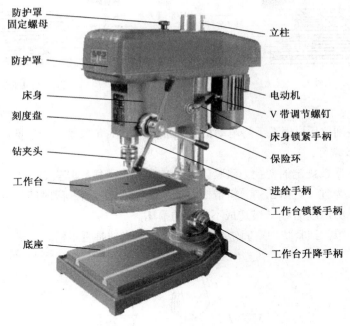

防护罩固定螺母
防护罩
床身
刻度盘
钻夹头
工作台
底座

立柱
电动机
V 带调节螺钉
床身锁紧手柄
保险环
进给手柄
工作台锁紧手柄
工作台升降手柄

图 3.3　台钻结构

台钻主轴的进给运动（即钻头向下的直线运动）只能用进给手柄手动进给，而且一般都带有表示和控制钻孔深度的装置，如刻度盘或刻度尺等，钻孔后，主轴在弹簧的作用下能自动复位。

较小的工件，可放在工作台上钻孔；较大的工件，应把工作台转开，直接放在底座上钻孔。

二、课题实施

在需要钻孔时，我们首先要根据所钻孔的大小和工件材料的软硬选择合理的转速。孔大或材料硬可用低转速，孔小或材料软可用高转速。其次根据工件的大小和钻头的长短调整钻床的床身高度，使工件既能放入钻头下，又能使孔一次钻到要求的深度。

操作一　调整转速

台钻转速的调整是通过改变 V 带在两个五级塔轮上的相对位置实现的。

（1）变速时必须先停车。松开防护罩固定螺母，取下防护罩，便可看到两个五级塔轮和 V 带。

（2）松开台钻两侧的 V 带调节螺钉，向外侧拉 V 带，电动机会向内移动，使 V 带变松。

（3）改变 V 带在两个五级塔轮上的相对位置，即可使主轴得到五种转速，如图 3.4 所示。调整时一手转动塔轮，另一手捏住两塔轮中间的 V 带，将其向上或向下推向塔轮的小轮端。按"由大轮调到小轮"的原则，当向上调整 V 带时，应先在主轴端塔轮调整，向下则应先调电机端塔轮。

提　示

向 V 带送入塔轮时小心夹伤手指，同时注意不要被防护罩边缘的毛刺划伤。

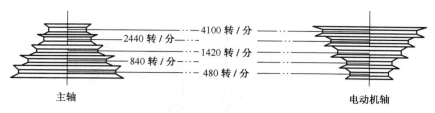

图 3.4　台钻转速

（4）V 带调整到位后，用双手将电动机向外推出，使 V 带收紧。一手推住电机，另一手分别锁紧两个 V 带调节螺钉。

安装 V 带时，应按规定的初拉力张紧。台钻 V 带调整可凭经验安装，带的张紧程度以大拇指能将带按下 15mm 为宜（见图 3.5）。新带使用前，最好预先拉紧一段时间后再使用。严禁用其他工具强行撬入或撬出，以免对 V 带造成不必要的损坏。

（5）合上防护罩，锁紧防护罩固定螺母。开机检查运转是否正常。

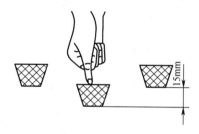

图 3.5　V 带调整示意图

操作二　调整床身高度

调整床身一定要先确定工件和钻头，在装上钻头后调整更直观。台钻结构略有不同，本书以图 3.3 中所示的台钻为例说明。

（1）装上钻头后，根据工件高度，确定要调整的距离。

（2）松开工作台锁紧手柄、保险环，转动工作台升降手柄，将工作台向上升至极限。

（3）确认保险环不会上下活动时，才可以松开床身锁紧手柄。

（4）再次用工作台升降手柄，将床身及工作台一起向上升高。当到达所需的高度时，锁紧床身锁紧手柄。

（5）反向转动工作台升降手柄，将工作台降下。用工件检查距离，并留意刀孔是否对准，如果合适可将工作台锁紧。

（6）最后将保险环向上推到床身处，再锁紧。

 提　示

在使用钻床时，保险环一定要紧贴着床身并锁紧，不可疏忽。调整钻床时，在松开床身锁紧手柄前，一定要确认保险环托着床身，否则床身会突然落下来，造成事故。

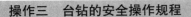

操作三　台钻的安全操作规程

（1）工作前必须穿好紧身工作服，扎好袖口，上衣下摆不能敞开，不准围围巾，不得在开动的机床旁穿、脱、换衣服，严禁戴手套。

（2）操作时必须戴好安全帽，女生辫子应放入帽内，不得穿裙子、拖鞋进入实训车间。

（3）钻床的各部位要锁紧，工件要夹紧。钻小的工件时，要用平口钳或专用工具夹持，夹紧后再钻。防止加工件旋转甩出伤人，不准用手持工件或按压着钻孔。

（4）用压板压紧工件时，垫铁的高度应等同或略高于工件的高度。

（5）开钻前应检查机床传动是否正常，防护罩已合上，并检查钻夹头钥匙是否取下。

（6）操作者的头部不允许与旋转的主轴靠得太近，停车时应让主轴自然停止，不可用手刹车。

（7）进给时一般应按逐渐增压和减压的原则进行，工件快钻通时应减压慢速，以免用力过猛造成事故。

（8）钻床开动后，不准接触运动着的工件、刀具和传动部分。禁止隔着机床转动部分传递或拿取工具等物品。

（9）钻头上绕长铁屑时，禁止用口吹、手拉铁屑，应使用刷子或铁钩清除。

（10）调整钻床转速、行程，换钻头、装卸工件，以及擦拭机床时，须停车进行。

（11）发现异常情况应立即停车，请有关人员进行检查。排除故障或修理时，应切断电源，禁止机器在未切断电源时进行修理。

（12）钻床运转时，不准离开工作岗位，因故要离开时必须停车并切断电源。

三、拓展训练

与模块一的孔加工训练结合、学会台钻日常保养及台钻操作。

（1）学会观察和判断台钻和麻花钻工作是否正常，及时更换用钝的钻头并进行刃磨。

（2）试钻孔训练。

① 工件装夹。用平口钳固定工件；用压板固定工件；用手虎钳固定小零件。

② 转速。调整转速到480转/分，正确装夹钻头，调整床身高度以适合操作。

③ 孔将要钻通时，应适当减轻压力，防止因孔钻通轴向力突然减小而发生扎刀现象。

④ 钻孔时应停车用毛刷及时清除钻屑。

（3）工作完毕后，应切断电源，卸下钻头，清理钻床。同时整理工具，擦拭设备，做好机床保养工作。

四、小结

在本课题中，要了解台钻的结构和工作原理，熟悉转速、床身高度的调整方法，掌握台钻的安全操作规程。能较熟练地操作台钻钻孔。

课题二　台（立）式砂轮机的调整与使用

砂轮机是钳工工作场地的常用设备，主要用来刃磨錾子、钻头和刮刀等刃具或其他工具，也可用来磨去工件或材料的毛刺、锐边等。砂轮机也是较容易发生安全事故的设备，其质脆易碎、转速高、使用频繁，如使用不当，容易发生砂轮碎裂而造成人身事故。另外，砂轮机托架的安装位置是否合理及符合安全要求，砂轮机的使用方法是否正确及符合安全操作规程，这些问题都直接关系到每一位操作工人的人身安全。因此，使用砂轮机要严格按照操作规程进行工作，以防止出现安全事故。

【技能目标】

◎ 掌握砂轮机的调整与使用
◎ 掌握砂轮机安全操作规程

一、基础知识

如图 3.6 所示，砂轮机主要由砂轮、电动机、防护罩、机体和托架组成。

图 3.6　砂轮机构造

如图 3.7 所示，砂轮机按外形不同可分为台式砂轮机和立式砂轮机两种，按功能不同分带吸尘器［见图 3.7（c）］和不带吸尘器［见图 3.7（a）、（b）］两种。

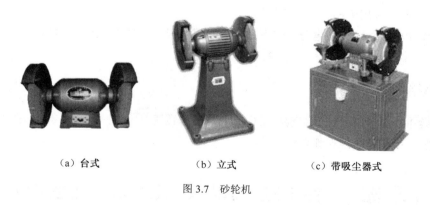

（a）台式　　　　　　（b）立式　　　　　　（c）带吸尘器式

图 3.7　砂轮机

二、课题实施

当砂轮磨损或需要使用不同材质的砂轮时就需要进行更换。更换砂轮必须严格按照要求仔细安装。砂轮安装结构图如图 3.8 所示。

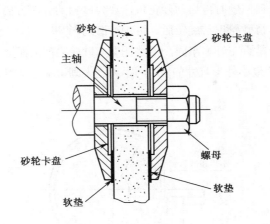

图 3.8　砂轮安装结构图

操作一　砂轮的检查

砂轮在使用前必须目测检查和敲击检查有无破裂和损伤。

（1）目测检查。所有砂轮必须目测检查，其上如有破损不准使用。

（2）敲击检查。检查方法是将砂轮通过中心孔悬挂，用小木槌敲击，敲击点在砂轮任一侧面上，距砂轮外圆面 20～50mm 处。敲打后将砂轮旋转 45°再重复进行一次。若砂轮无裂纹则发出清脆的声音，允许使用；若发出闷声或哑声，则为有裂纹，不准使用。

操作二　砂轮的安装

（1）安装砂轮前必须核对砂轮机主轴的转速，不准超过砂轮允许的最高工作速度。

（2）砂轮必须平稳地装到砂轮主轴或砂轮卡盘上，并保持适当的间隙。

（3）为防止装砂轮的螺母在砂轮机启动和旋转过程中因惯性松脱，使砂轮飞出造成事故，砂轮机的主轴左右两端螺纹各有不同，在使用者右侧的为右旋螺纹，左侧的为左旋螺纹。在更换砂轮时应注意螺母的旋转方向。

（4）砂轮与砂轮卡盘压紧面之间必须衬以如纸板、橡胶等柔性材料制的软垫，其厚度为 1～2mm，直径比压紧面直径大 2mm。

（5）砂轮、砂轮机主轴、衬垫和砂轮卡盘安装时，相互配合面和压紧面应保持清洁，无任何附着物。

（6）安装时应注意压紧螺母或螺钉的松紧程度，压紧到足以带动砂轮并且不产生滑动的程度为宜，防止压力过大造成砂轮的破损。有条件时应采用测力扳手。

（7）安装完毕应试转 3min 以上，必须正常，才可使用。砂轮机振动、砂轮跳动和偏摇不大方可使用。

操作三　砂轮机的安全操作规程

在使用砂轮机时，必须正确操作，严格按照安全操作规程进行工作，以防止出现砂轮碎裂等安全事故。

（1）使用砂轮机时，开动前应首先认真检查砂轮片与防护罩之间有无杂物。砂轮片是否有撞击痕迹或破损。确认无任何问题时再启动砂轮机，观察砂轮的旋转方向是否正确，砂轮的旋转是否平稳，有无异常现象。待砂轮正常旋转后，再进行磨削。

（2）时常检查托刀架是否完好和牢固，调整托架与砂轮之间的距离，控制在 3mm 之内（见图 3.9），并小于被磨工件最小外形尺寸的 1/2，距离过大则可能造成磨削件轧入砂轮与托刀架之间而发生事故。

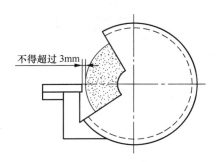

图 3.9　砂轮与托刀架的距离

（3）磨削时，操作者的站立位置和姿势必须规范。操作者应站在砂轮侧面或斜侧面位置，以防砂轮碎裂飞出伤人。严禁面对砂轮操作，避免在砂轮侧面进行刃磨。

（4）忌在砂轮机上磨铝、铜等有色金属和木料。当砂轮磨损超过极限时（砂轮外径大约比心轴直径大 50mm）就应更换新砂轮。

（5）使用时，手切忌碰到砂轮片，以免磨伤手。不能将工件或刀具与砂轮猛撞或施加过大的压力，以防砂轮碎裂。如发现砂轮表面跳动严重，应及时用砂轮修整器进行修整。

（6）磨削长度小于 50mm 的较小工件时，应用手虎钳或其他工具牢固夹住，不得用手直接握持工件，防止脱落在防护罩内卡破砂轮。

（7）操作时必须戴防护眼镜，防止火花溅入眼睛。不允许戴手套操作，避免被卷入发生危险。不允许二人同时使用同一片砂轮，严禁围堆操作。

（8）砂轮机在使用时，其声音应始终正常，如发生尖叫声、嗡嗡声或其他嘈杂声时，应立即停止使用，关掉开关，切断电源，并通知专业人员检查修理，方可继续使用。

（9）合理选择砂轮。刃磨工具、钢刀具和清理工件毛刺时，应使用白色氧化铝砂轮；刃磨硬质合金刀具则应使用绿色碳化硅砂轮。磨削淬火钢时应及时蘸水冷却，防止烧焦退火；磨削硬质合金时不可蘸水冷却，防止硬质合金碎裂。

（10）使用完毕后，立即切断电源，清理现场，养成良好的工作习惯。

三、拓展训练

1．磨削练习

在砂轮上磨削一个端平面，工件为 15mm×15mm×120mm 左右的废刀杆料。

材料：Q235。

要求：工件端面纹路整齐，整个面呈一次刃磨痕迹，无焦痕，与侧面有较好的垂直度。

提 示

　　在磨削时，首次接触砂轮要轻，当感觉整个面都接触了，才可以慢慢施加压力。只有这样才能磨出纹路整齐的平面。注意及时蘸水，防止出现焦痕。

2．学会砂轮机日常保养
　　学会使用砂轮整形器对砂轮进行修整；学会观察和判断砂轮及砂轮机工作是否正常；学会调整托刀架；学会对砂轮机进行清洁保养。
3．更换砂轮
　　操作前准备：认真观察砂轮机的结构，准备好合适的装配工具，切断电源。
【操作步骤】
　　（1）用螺丝刀拆下砂轮机外侧的防护罩。
　　（2）松开砂轮机托刀架后，一只手握紧砂轮，另一只手用扳手旋开主轴上的螺母，注意旋出方向要正确。
　　（3）拆下砂轮卡盘，取出旧砂轮。
　　（4）将合格的新砂轮换上，注意垫好软垫，装上砂轮卡盘。
　　（5）把砂轮和砂轮卡盘装在主轴上，拧上螺母，注意扳螺母用力不可过大，防止压碎砂轮。
　　（6）用手转动砂轮，检查安装质量。
　　（7）安装和调节砂轮机的托刀板与砂轮的距离，装上防护罩，拧紧防护罩螺丝。
　　（8）接通电源，进行空运转试验3min，确认没有问题后，修整砂轮。

 提 示

　　用砂轮修整器或金刚石笔修正砂轮时，手拿应稳，压力要轻。修至砂轮表面平整、无跳动即可。如果用金刚石笔修整，中途不可蘸水，防止其遇冷碎裂。

四、小结
　　在本课题中，要了解砂轮机的结构；熟悉砂轮的检查和安装方法；掌握砂轮机的安全操作规程；能正确地在砂轮机上磨削简单工件；与模块一中的孔加工训练结合，学会在砂轮机上正确刃磨麻花钻以及对砂轮机进行日常保养。

| 课题三　电动工具的使用及安全生产 |

　　电动工具包括电钻、角向磨光机和电磨头等。电动工具以结构简单、重量轻、体积小、携带方便、使用灵活以及操作容易等特点受到使用者的喜爱。电动工具已经在生产和生活中大量被使用，能正确使用典型电动工具并掌握它们的安全操作规程是非常重要的。

【技能目标】

◎ 电动工具的调整与使用

◎ 掌握电动工具安全操作规程

一、基础知识

电钻是一种手持式电动工具，如图 3.10 所示。电钻的规格是以最大钻孔直径来表示的。采用单相 220V 电压的电钻规格有 6mm、10mm、13mm、19mm 四种。

图 3.10 电钻结构

角向磨光机和电磨头属于磨削工具，如图 3.11 所示，适用于在工、夹、模具的装配调整中，对各种形状复杂的工件进行修磨或抛光。

（a）角向磨光机   （b）电磨头

图 3.11 角向磨光机和电磨头

二、课题实施

电动工具的安装和操作是否正确及符合安全要求，都关乎每位使用者的人身安全，因此必须严格按照要求仔细操作。

操作一 电钻使用注意事项

（1）电钻使用前，须先空转一分钟，检查传动部分运转是否正常。如有异常的振动或噪声，应立即进行调整检修，排除故障后再使用。

（2）插入钻头后用钥匙旋紧钻夹头，不可用手锤等敲击钻夹头旋紧，防止敲坏电钻。

（3）使用的钻头必须锋利，钻孔时不宜用力过猛。当孔将要钻穿时，应相应减轻压力，以防发生事故。

（4）钻孔时必须拿紧电钻，不可晃动，小的晃动会使孔径增大，大的晃动会使电钻卡死，甚至折断钻头。

操作二　角向磨光机和电磨头使用注意事项

（1）使用前须先开机空转 2～3min，检查旋转声音是否正常，运转正常才可使用。

（2）检查砂轮片或磨头是否有裂纹或其他问题，不合格的不能使用。

（3）使用的砂轮片或磨头的外径应符合标牌上规定的尺寸，用附带的扳手将砂轮片或磨头装夹牢固。

（4）使用时，砂轮和工件的接触压力不宜过大，既不能用砂轮猛压工件，更不能用砂轮撞击工件，以防砂轮爆裂而造成事故。

操作三　学习电钻安全操作规程

（1）长发者须戴工作帽，工作时勿将手指或手套触及旋转部件，以免缠绕造成事故。严禁戴布、线手套作业。

（2）电钻外壳要采取接零或接地保护措施。插上电源插销，用试电笔测试，确保外壳不带电方可使用。

（3）电钻导线要保护好，操作时不可让电缆线触及钻头及周围部件。严禁乱拖，防止轧坏、割破，更不准把电线拖到油水中，防止油水腐蚀电线。

（4）在潮湿的地方工作时，必须戴绝缘手套，穿绝缘鞋，并站在绝缘垫或干燥的木板上工作，以防止触电。

（5）使用当中如发现电钻漏电、振动、高热或有异声时，应立即停止工作，找电工检查修理。

（6）操作前应检查钻头装夹的正确性。手握持牢固，站立重心须平稳，严禁坐着进行电钻作业。对较大孔，应先打好小孔，再换大钻头。

（7）电钻的转速突然降低或停止转动时应赶快放松开关切断电源，慢慢拔出钻头。当孔要钻通时应适当减轻压力。

（8）电钻未完全停止转动时，不能卸、换钻头。停电、休息或离开工作地时，应立即切断电源。在有易燃、易爆气体的场合不能使用电钻。

（9）使用时要注意观察电刷火花的大小，若火花过大应停止使用并进行检查维修。发生故障时，应找专业电工检修，不得自行拆卸。

操作四　学习角向磨光机及电磨头安全操作规程

（1）使用角向磨光机必须装有用钢板制成的防护罩，并确认完好无松动，应能保证当砂轮片碎裂时挡住碎片。

（2）检查砂轮片或磨头型号与角向磨光机或电磨头是否相匹配。严禁使用有裂纹或存在其他问题的砂轮片或磨头，安装必须牢靠。

（3）严禁使用被雨淋或受潮的砂轮片和磨头。

（4）应戴防护眼镜，在打磨时还须注意磨削不要对着其他操作人员和易燃易爆物品，要充分注意保护周围人员的安全。

（5）使用前必须进行试运转，确认运转正常方可投入使用。

（6）使用时，要握紧手磨机手把，严禁单手执手磨机。

（7）对小工件应夹持后再打磨，大工件也应放置平稳。

（8）磨削动作要"轻、顺"，拿稳磨机是安全操作的要点。放置时应该等磨轮完全停止以后再安放。

（9）一般不要打磨有棱角的工件，应防止因不易安制而造成磨机滑脱，若有必要可手工锉刀。

（10）角向磨光机和电磨头的电机每六个月必须由电气试验单位进行定期检验，如有异常，立即停止使用。

三、拓展训练

1．使用电钻钻孔

用电钻在工件厚度方向上试钻削几个 $\phi 5$ 的孔。工件为 60mm×60mm 左右，厚度 3mm 的废料，材料 Q235。

【操作步骤】

（1）将工件水平固定在地面或低台上，下面垫上木板块。

（2）在要钻的位置打上样冲眼。

（3）装上 $\phi 5$ 钻头，空转一分钟 ，确认运转正常。

（4）将钻头对准样冲眼后，垂直工件开机钻孔。双手要拿稳电钻，不可晃动，慢慢施加压力至钻通。

2．角向磨光机和电磨头

用角向磨光机和电磨头在工件边上磨去 1 mm 厚度。工件为 60mm×60mm 左右，厚度 10mm 的废料，材料 Q235。

【操作步骤】

（1）在工件上画好距边缘 1mm 的线后，固定在台虎钳上。

（2）选择合适砂轮片和磨头，牢固装夹在角向磨光机和电磨头。

（3）空转一分钟，确认运转正常。

（4）将工件线上 1mm 的余量磨去。要求磨削平面平整光滑。

提 示

在磨削时，刚接触工件要轻，双手拿稳，不可抖动，再慢慢施加压力左右移动。磨到工件两端时要特别小心，不要突然滑落，造成事故。

四、小结

在本课题中，要了解电动工具的使用注意事项，掌握电动工具的安全操作规程，能较熟练地操作电动工具。

| 课题四　钻床夹具的类型 |

各类钻床和组合机床等设备上进行钻、扩、铰孔的夹具，统称为钻床夹具。在这种专用夹具上，一般都装有钻套，通过它引导刀具可以保证被加工孔的坐标位置正确，并防止钻头在切入时引偏，从而保证和提高了被加工孔的位置精度、尺寸精度及表面粗糙度，大大缩短工序时间，提高生产率。

【技能目标】

◎ 了解钻床夹具的类型

◎ 会使用简单的钻床夹具

一、基础知识

钻床夹具的类型，取决于工件上被加工孔的分布情况。例如，工件上有排列成直线的平行孔，有分布在不同表面或圆周上的径向孔，有分布在同一表面并具有公共回转轴线的平行孔系等。因此，钻床夹具有固定式、回转式、盖板式和翻转式等类型。

（1）固定式钻床夹具在使用时，被固定在钻床工作台上。因此，这种夹具上都设有专供夹压用的凸缘或凸边。图 3.12 所示为一种钻斜孔用的固定式钻模结构。这个钻模的夹具体底部留出可供固定的部位，如图中箭头所示。工件上底面及两孔为定位基准，夹具上则以平面支承板，圆柱定位销和削边定位销为定位元件。为便于工件的快速装卸，采用了快速夹紧螺母。并采用下端伸长且成斜面形状的特殊快换钻套，保证钻头能良好地起钻和正确引导。

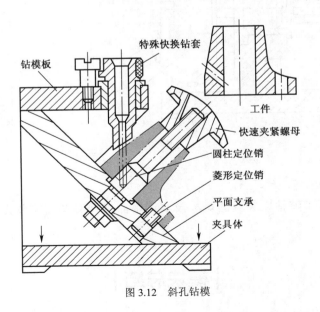

图 3.12　斜孔钻模

固定式钻床夹具用于立式钻床时，一般只能加工单孔，用于摇臂钻床时，则常加工与钻削方向平行的孔系。

在台钻工作台上安装固定式钻床夹具时，应将夹持在钻床主轴端的标准心棒（要求不高时，也可用钻头代替）伸入钻套中，以校正夹具在工作台上的位置。待心棒在钻套中进出非常顺利时，方可将夹具固定。

（2）翻转式钻床夹具用于在几个方向都有孔的工件，为了减少装夹次数，提高各孔之间的位置精度，可采用翻转式钻床夹具。

这种夹具不固定在钻床工作台上，而是根据待加工孔的分布位置将夹具翻转。所以夹具连同工件的总重量不能太重，一般限于10kg以下。翻转式钻床夹具，主要适用于加工小型工件上有多个不同方向的孔。

（3）盖板式钻床夹具是由钳工的划线样板演变而来的，整个钻模板像钳工划线样板，它没有夹具体，定位元件和夹紧装置全部安装在钻模板上，是最简单的一种钻模。加工体积大而笨重的工件局部位置的孔尤为适宜。加工时，只要将它像盖子一样盖在工件上定位夹紧即可。

盖板式钻模结构简单，清除切屑方便；但是每次需从工件上装拆，比较费事。所以盖板式钻模适于在体积大而笨重的工件上钻孔。

（4）回转式钻床夹具用于加工同心圆周上的平行孔系或分布在几个不同表面上的径向孔。分立轴、斜轴和卧轴三个类型。图3.13所示为在凸缘盘上加工圆周上小孔所用的钻床夹具。图中左部为回转体，右部为工作夹具，它通过分度板在上分度定位器定位，然后用锁紧螺母固定。

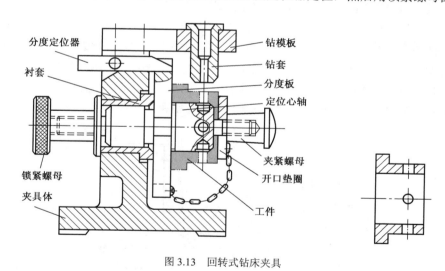

图3.13　回转式钻床夹具

二、小结

在本课题中，要了解钻床夹具的类型及其运用的工件类型，掌握典型钻床夹具的简单操作。

｜模块总结｜

本模块介绍了钳工常用设备，了解了常用设备的结构和使用方法、注意事项以及在生产上的运用。通过对本模块的学习，可以掌握台式钻床的合理调整和正确使用；学会在砂轮机上更换砂轮及对其进行修整；掌握手电钻的正确安全使用方法；了解简单钻床夹具的种类和使用场合。钳工常用设备的使用应与钳工基本操作任务的完成紧密结合，通过熟练使用常用设备，为完成和提高钳工基本的操作技能水平打下良好的基础，也为今后学习和掌握更多的钳工用设备做好准备。

模块四
装配工艺规程与装配技能训练

【学习目标】

◎学习了解装配工艺规程的基本内容和要求

◎学习装配尺寸链知识并学会解装配尺寸链

◎学习了解固定连接、传动机构以及轴承和轴组的装配方法

前面学习了钳工基本技能知识和特殊技能知识、设备知识，并进行了相关的技能训练。零件加工的目的是为了装配成机器，而机器的质量最终是通过装配质量来保证的。装配是一项非常重要而细致的工作，也是钳工应该掌握的一项重要操作技能之一。

目前，在毛坯制造和机械加工等方面实现了高度的机械化和自动化，发展了大量的新工艺，大大节省了人力和费用。机器装配在整个机械制造中所占的比重日益加大，装配工人的技能水平和劳动生产率必须大幅度提高，才能适应整个机械工业的快速发展形势，达到质量好、效率高、成本低的要求，为国民经济各部门提供大量先进的成套技术装备。

| 课题一　装配工艺概述及装配尺寸链 |

在生产过程中，机械产品一般由许多零件和部件组成。作为一名钳工应根据装配技术要求，编制中等复杂程度部件的装配工艺规程，解装配尺寸链；确定常用的装配方法、装配工作的组织形式及装配单元的装配顺序；做好装配前的准备工作；通过修刮、选配、调整与检验，完成装配工艺过程，并达到装配技术要求。

【技能目标】

◎了解装配工艺规程

◎掌握了解装配（工艺）尺寸链的常用方法，会解 4 个组成环以内的装配（工艺）尺寸链

一、基础知识

1. 装配工艺规程简述

按规定的技术要求，将若干个零件组成部件或将若干个零件和部件组合成机构或机器的工艺

过程，称为装配。

装配工艺规程是指规定装配全部部件和整个产品的工艺过程以及所使用的设备和工具、量具、夹具等的技术文件。它规定部件及产品的装配顺序、装配方法、装配技术要求、检验方法及装配所需设备、工夹具及时间定额等，是提高产品质量和劳动生产率的必要措施，也是组织装配生产的重要依据。

装配工艺过程。产品的装配工艺过程一般由以下4个部分组成。

（1）装配前的准备工作。熟悉产品的装配图及技术条件，了解产品结构、零件作用及相互连接方式。确定装配方法、顺序，准备所需要的工、夹具。零件进行清理和清洗，并检查零件加工质量。对有特殊要求的零部件还需进行平衡以及密封零件的压力试验等。

（2）装配工作。对比较复杂的产品，其装配工作常分为部件装配和总装配。凡是将两个以上零件组合在一起或将零件与几个组件结合在一起，成为一个装配单元的装配工作，称为部件装配。将零件和部件结合成一台完整产品的装配工作，称为总装配。

（3）调整、精度检验和试车。调整是调节零件或机构的相互位置、配合间隙、结合松紧等，使机器工作协调。精度检验是检验机构或机器的几何精度和工作精度。试车是试验机构或机器运转的灵活性、振动情况、工作温升、噪声和功率等性能参数是否达到要求。

（4）喷漆、涂油、装箱。喷漆是为了防止加工面锈蚀并使机器外表更加美观，涂油是为了防止工作表面及零件已加工表面锈蚀，装箱是为了便于运输。

2．装配工作的组织形式

随生产类型及产品复杂程度的不同，装配工作的组织形式一般有单件生产、成批生产和大量生产3类。

3．装配尺寸链的基本概念及解法

（1）尺寸链概念。在零件加工或机器装配过程中，由相互连接的尺寸所形成的封闭尺寸组，称为尺寸链。全部组成尺寸为不同零件的设计尺寸所形成的尺寸链称为装配尺寸链。

（2）装配尺寸链的组成。组成装配尺寸链的各个尺寸简称为环，在每个尺寸链中至少有三个环。

① 封闭环。在装配尺寸链中，当其他尺寸确定后，最后形成（间接获得）的尺寸，称为封闭环。一个尺寸链只有一个封闭环，是产品的最终装配精度要求。

② 组成环。尺寸链中除封闭环外的其余尺寸，称为组成环。它分为增环和减环两种。在其他组成环不变的条件下，当某一组成环的尺寸增大时，封闭环也随之增大，则该组成环称为增环。减环是在其他组成环不变的条件下，当某一组成环的尺寸增大时，封闭环随之减小，则该组成环称为减环。

（3）装配尺寸链的解法。在长期的装配实践中有许多巧妙的装配工艺方法，常用的有完全互换装配法、选择装配法、修配法和调整法等。

解装配尺寸链是根据装配精度（封闭环公差）对有关装配尺寸链进行分析，并合理分配各组成环公差的过程。它是保证装配精度、降低产品成本、正确选择装配方法的重要依据。

① 完全互换法解尺寸链。装配时每个零件不需挑选、修配和调整，装配后就能达到规定的装配技术要求，称为完全互换装配法。按完全互换装配法的要求解有关的装配尺寸链，称为完全互换法解尺寸链。

② 分组选择装配法解尺寸链。将配合副中各零件按照经济精度制造，然后分组选择"合适"的零件进行装配，以保证规定的装配精度要求，称为分组选择装配法。解尺寸链是将尺寸链中各

组成环的公差放大到经济可行的程度，然后分组选择合适的零件进行装配，以保证规定的装配技术要求（封闭环精度）。

③ 修配装配法和调整装配法。修配装配法是在装配时，用手工方法去除某一零件（修配环）上少量的预留修配量，来达到精度要求的装配方法。

调整装配法是在装配时，根据装配的实际需要，改变部件中可调整零件（调整环）的相对位置或选用合适的调整件，以达到装配技术要求的装配方法。

4．装配系统简介

（1）装配相关术语。

① 零件。构成机器（或产品）的基本元件。

② 部件。两个或两个以上零件构成机器（或产品）的某部分组合。

③ 装配单元。可以独立进行装配的部件。

④ 基准零件或基准部件。最先进入装配的零件或部件。

（2）装配单元系统图。用来表明产品零部件相互装配关系及装配先后顺序的示意图，称为装配单元系统图。

机器或机器中的部件装配，必须按一定的顺序进行。要正确确定某一部件的装配顺序，要先研究该部件的结构及其在机器中与其他部件的相互关系以及装配方面的工艺问题，以便将部件划分为若干装配单元。

二、课题实施

操作一　台阶形工件的测量与解工艺尺寸链

钳工锉削的台阶形工件如图 4.1（a）所示，因条件所限，现仅有外径千分尺供测量使用，要求 A、B 间距离应控制在什么尺寸范围内才能满足加工要求？

在钳工实习训练中，常常会遇到一些台阶形工件类似零件的加工与测量，因为缺乏量具，无法测量某些有图样要求的尺寸。由于仅有外径千分尺供测量使用，因此，尺寸 25 ± 0.06mm 只能根据"间接测量法"的应用，通过测量 $45_{-0.08}^{0}$mm 实际尺寸，解台阶形工件尺寸链，来控制 A、B 间的尺寸范围，从而满足图样所规定的台阶形工件加工要求。

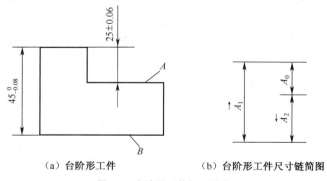

（a）台阶形工件　　　　（b）台阶形工件尺寸链简图

图 4.1　台阶形工件加工要求

（1）根据要求绘出尺寸链简图，如图 4.1（b）所示。

（2）确定封闭环、增环和减环。25 ± 0.06mm 为间接得到的尺寸，为封闭环；A_1 和 A_2 为直接测得的尺寸，其中 A_1（$45_{-0.08}^{\;0}$）为增环，A_2 为减环。

（3）列出尺寸链方程式并计算 A_2 的基本尺寸。

$$A_2=A_1-A_0=45-25=20\text{mm}$$

（4）确定 A_2 极限尺寸。

由 $A_{0\min}=A_{1\min}-A_{2\max}$，得

$$A_{2\max}=A_{1\min}-A_{0\min}=44.92-24.94=19.98\text{mm}$$

又由 $A_{0\max}=A_{1\max}-A_{2\min}$，得

$$A_{2\min}=A_{1\max}-A_{0\max}=45-25.06=19.94\text{mm}$$

所以，

$$A_2=20_{-0.06}^{-0.02}\text{mm}$$

因此，当 A、B 间距离用外径千分尺测量，控制在 $20_{-0.06}^{-0.02}$ mm 尺寸范围内就能满足台阶形工件的加工要求。

操作二　装配齿轮并解尺寸链

如图 4.2（a）所示的齿轮装配单元，为了使齿轮能正常工作，要求装配后齿轮端面和箱体内壁凸台端面之间具有 0.10～0.30mm 的轴向间隙。已知 $B_1=80\text{mm}$，$B_2=60\text{mm}$，$B_3=20\text{mm}$，试用完全互换法解此尺寸链。

在装配过程中，为了解决产品装配的某一精度问题，通常会涉及各零件的尺寸和制造精度及相互位置的正确关系。装配中采取合适的工艺措施，经过仔细的修配和调整，就能够使产品达到规定的技术要求。

分析齿轮与箱体的装配单元图样，可知齿轮端面和箱体内壁凸台端面配合间隙 B_0 的大小与箱体两内壁之间的距离 B_1、齿轮宽度 B_2 及垫圈厚度 B_3 的大小有关，根据加工难易程度，确定协调环为垫圈厚度 B_3。通过解齿轮与箱体的装配尺寸链，对协调环垫圈厚度进行修配和调整，就能满足图样的轴向间隙要求。

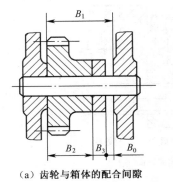
（a）齿轮与箱体的配合间隙

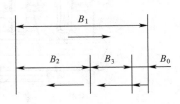
（b）齿轮与箱体的配合尺寸链简图

图 4.2　齿轮与箱体的配合

（1）根据装配图，绘出尺寸链简图，如图 4.2（b）所示。其中 B_1 为增环，B_2、B_3 为减环，B_0 为封闭环。

（2）列出尺寸链方程式求封闭环基本尺寸。

$$B_0=B_1-(B_2+B_3)=80mm-(60+20)mm=0mm$$

说明各组成环基本尺寸正确。

（3）计算封闭环公差。

$$T_0=0.30mm-0.10mm=0.20mm$$

根据等公差原则，公差为 0.20mm 均分给增环和减环各 0.10mm，考虑各组成环尺寸加工难易程度，比较合理地分配各组成环公差：

$$T_1=0.10mm，T_2=0.06mm，T_3=0.04mm$$

再按入体原则分配偏差，增环偏差取正值，减环偏差取负值。故取极限尺寸

$$B_1=80^{+0.10}_{0}\ mm，B_2=60^{0}_{-0.06}mm$$

（4）确定协调环，选便于制造及可用通用量具测量的尺寸 B_3，确定 B_3 极限尺寸。

由 $B_{0min}=B_{1min}-(B_{2max}+B_{3max})$，得

$$B_{3max}=B_{1min}-B_{2max}-B_{0min}=80mm-60mm-0.10mm=19.90mm$$

又由 $B_{0max}=B_{1max}-(B_{2min}+B_{3min})$，得

$$B_{3min}=B_{1max}-B_{2min}-B_{0max}=80.10mm-59.94mm-0.30mm=19.86mm$$

所以，

$$B_3=20^{-0.10}_{-0.14}mm$$

三、拓展训练

1．调整螺母与丝杠的轴向间隙

普通卧式车床的横向溜板是利用丝杠进行传动的，由于经常使用，螺母与丝杠间因磨损造成的间隙愈来愈大，车削时影响工件径向尺寸的精度。所以螺母与丝杠的间隙，应用调整装配法，即通过调整调节螺钉使楔块上下移动来调节螺母和丝杠间的轴向间隙（见图4.3）。

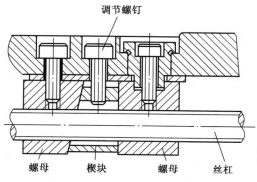

图 4.3　调整螺母与丝杠的轴向间隙

【操作步骤】

（1）用内六角扳手将左边螺母上的一个螺钉拧松。

（2）用内六角扳手拧紧中间的调节螺钉，并把楔块向上拉，使左边螺母向一边挤开，从而得到配合间隙的调整。

（3）用内六角扳手将左边螺母上的一个螺钉拧紧。

（4）若手柄摇动太紧，则重复操作（1）、（2），但用内六角扳手拧紧调节螺钉时，凭手感带紧即可，然后重复操作（3）。

（5）若手柄摇动太松，说明楔块已无调整量，应拆下楔块，适当铣削（或锉削）去楔块小端端面的一层金属，并做倒钝处理，然后装配，重复上述操作（1）、（2）、（3）。

提　示

合适的螺母与丝杠轴向间隙大小，以摇动横向手柄使其空转量不大于1/20转为宜，同时在全部行程上应使手柄摇动，应灵活、无明显阻滞现象。

2．绘制某减速器低速轴组件装配单元系统图

装配单元系统图能简明直观地反映出机器的装配顺序，从而确定常用的装配方法及装配工作的组织形式，完成装配工艺过程并达到装配技术要求。图4.4所示为某减速器低速轴组件的结构图，根据装配要求，以低速轴为基准零件，其余各零件按一定顺序装配，装配工作的过程可用装配单元系统图来表示。

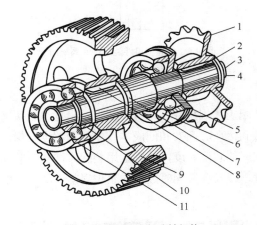

图4.4　某减速器低速轴组件

1—链轮　2—平键　3—轴端挡圈　4—螺栓　5—可通盖组件　6—滚珠轴承
7—低速轴组件　8—平键　9—齿轮　10—套筒　11—滚珠轴承

【操作步骤】

（1）先画一条竖线（或横线）。

（2）竖线上端画一个小长方格，代表基准零件。在长方格中注明装配单元名称、编号和数量。

（3）竖线的下端也画一个小长方格，代表装配的成品。

（4）竖线自上至下表示装配的顺序。直接进行装配的零件画在竖线右边，组件画在竖线左边。

由装配单元系统图可以清楚地看出成品的装配顺序以及装配所需零件的名称、编号和数量，如图4.5所示。因此，装配单元系统图可起到指导和组织装配工艺的作用。

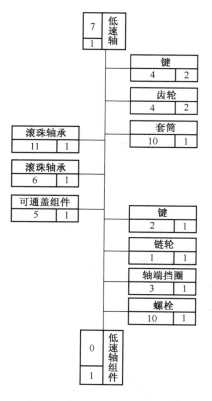

图 4.5　低速轴组件装配单元系统图

四、小结

在本课题中，要理解装配工艺规程基本内容和要求，根据编制所需的原始资料，合理编制装配工艺规程，使产品装配做到优质、高效和低成本。零件的精度是保证装配精度的基础，特别是关键件的精度，直接影响相应的装配精度，熟练运用装配方法和解装配尺寸链法，来合理地规定和控制相关零件的制造精度，使其在装配时产生的累积误差不超过装配精度要求。

课题二　固定连接的装配

在生产过程中，根据产品结构的不同，装配方法及装配的技术要求也不同。作为连接件和传动件，固定连接是装配中最基本的一种装配方法。常用的固定连接有螺纹连接、键连接、销连接、过盈连接和管道连接等。

【技能目标】

◎ 了解常用固定连接的装配形式
◎ 掌握螺纹、键、销、过盈和管道连接的方法和装配中的注意事项

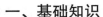

一、基础知识

1．螺纹连接的装配

螺纹连接是一种可拆卸的固定连接，它具有结构简单、连接可靠、装拆方便和成本低廉等优点，在机械制造中应用广泛。普通螺纹连接的基本类型有螺栓连接、双头螺柱连接、螺钉连接和紧定螺钉连接等。

（1）普通螺纹连接的装配技术要求。保证螺纹连接的配合精度；保证有足够的拧紧力矩；使纹牙间产生足够的预紧力；有可靠的防松装置。

（2）螺纹连接装配常用的工具。由于螺栓、螺柱和螺钉种类繁多，形状各异，螺纹连接的装拆工具也很多，常用的工具有螺钉旋具和扳手等。

视频59 认识螺纹连接的预紧

（3）螺纹连接的装配要点。螺栓、螺钉不能弯曲变形；螺母或螺钉应与机体接触良好；被连接件应受力均匀；互相贴合，连接牢固；装配时必须加注润滑油。

视频60 认识螺纹连接的防松（上）
视频61 认识螺纹连接的防松（下）

2．键连接的装配

键连接是将轴和轴上零件通过键在圆周方向固定以传递转矩的一种装配方法。它具有结构简单、工作可靠和装拆方便等优点，因此在机械制造中被广泛应用。

（1）松键连接的装配。松键连接是靠键的侧面来传递转矩的，对轴上零件做圆周方向固定，不能承受轴向力，但能保证轴与轴上零件有较高的同轴度。松键连接方法有普通平键连接、半圆键连接、导向键连接、滑键连接和花键连接等。

① 松键连接装配的技术要求。保证键与键槽应有较小的表面粗糙度值，键装入键槽时，一定要与槽底贴紧，长度方向上允许有 0.10mm 的间隙，键的顶面应与轮毂键槽底部留有 0.30～0.50mm 的间隙。

② 松键连接装配的要点。键和键槽不允许有毛刺，只能用键的头部和键槽配试，装配时要加润滑油，装配后的套件在轴上不允许有圆周方向上的摆动。

（2）紧键连接的装配。紧键连接主要指楔键连接。楔键连接有普通楔键连接和钩头楔键连接两种。楔键的上下表面为工作面，键的上表面和孔键槽底面各有 1：100 的斜度，键的侧面和键槽配合时有一定的间隙。

① 楔键连接装配的技术要求。楔键的斜度一定要和配合键槽的斜度一致，楔键与键槽的两侧面要留有一定的间隙。

② 楔键连接装配的要点。装配楔键时一定要用涂色法检查键的接触情况，若接触不良，应对键槽进行修整，使其合格。

3．销连接的装配

销连接可用来确定零件之间的相互位置、传递动力或转矩，还可用作安全装置中的被切断零件。销子的结构简单、连接可靠、装拆方便，在各种机械中应用很广。

（1）圆柱销的装配。圆柱销依靠过盈固定在连接件孔中，不宜多次装拆，用来固定零件、传递动力或作定位元件。

为保证配合精度，通常需要两孔同时钻、铰，装配时应在销子上涂以机油，用铜棒将销子敲入孔中，也可用 C 形夹将销子压入。

（2）圆锥销的装配。圆锥销具有 1∶50 的锥度，它定位准确，可多次拆装。在横向力作用下可保证自锁，多用作定位。

装配时，被连接的两孔也应同时钻、铰，孔径大小以销子自由插入孔中长度约 80% 为宜，然后用手锤敲入，销子的大头可略微露出或与被连接件表面平齐。

（3）销子的拆卸。拆卸圆锥销时，可从小头用小圆棒顶着向外敲出；有螺尾的圆锥销可用螺母拆卸；拆卸带内螺纹的圆柱销和圆锥销时，可用螺钉和隔圈组合拆卸，也可用拔销器拔出。

4．过盈连接的装配

过盈连接是以包容件（孔）和被包容件（轴）配合后的过盈来达到紧固连接的一种连接方法，常用的过盈连接有压入配合法、热胀配合法、冷缩配合法、螺母配合法和液压套合法。它的结构简单、对中性好、能承受变载和一定的冲击力。但对配合面精度要求较高，加工和装拆比较困难。

视频 62 压入法过盈连接

视频 63 热胀法与冷缩法过盈连接

（1）过盈连接装配的技术要求。保证有准确的过盈值，配合面应有较小的表面粗糙度和较高的形位精度，保证装配后有较高的对中性。

（2）过盈连接装配的要点。装配时配合面一定要涂上机油，尽量在竖直方向放置连接件，压入过程应连续、稳定。

视频 64 认识管道连接

5．管道连接装配简介

机器设备中，管道用来输送液体或气体，如金属切削机床靠管道输送润滑油和切削液；液压系统需要管道输送液压油；在气动设备中，靠管道输送压缩空气等。管道由管子、管接头、法兰盘和衬垫等零件组成，管按其材料不同可分为钢管、铜管、尼龙管和橡胶管等多种。

视频 65 管道连接的密封要求和压力要求

视频 66 法兰盘式管接头和球形管接头连接

二、课题实施

用双螺母装拆双头螺柱

双头螺柱连接是一种可拆卸的固定连接，在机械制造中广泛应用于连接件之一太厚或不便装拆的场合。装配时，将双头螺柱长螺纹端拧入被连接件之一的螺孔，用双螺母相互拧紧作用于双头螺柱，使之固定在连接件上，并检查双头螺柱中心线与机体表面垂直情况；短螺纹端穿过另一被连接件通孔，然后套上垫圈，拧紧螺母。拆卸时用双螺母相互拧紧作用于双头螺柱并反向拧松，通常只卸下螺母而不卸螺柱，以防多次装拆损伤双头螺柱和被连接件螺孔。

【操作步骤】

（1）识读装配图，了解装配关系、技术要求和配合性质。

（2）根据图样要求，选择双头螺柱一个，六角螺母两个。

（3）选择直角尺一把，扳手两把，机械油适量。

（4）在机体螺孔内加注机械油润滑，以防拧入时产生螺纹拉毛现象，同时也可防锈。

（5）按图样要求将双头螺柱的长螺纹端用手旋入机体螺孔内（见图 4.6）。

（6）用手将两个螺母旋在双头螺柱上，并相互贴紧。

（7）用一个扳手卡住上螺母，用右手按顺时针方向旋转，用另一个扳手卡住下螺母，用左手按逆时针方向旋转，将双螺母锁紧（见图4.7）。

（8）用扳手按顺时针方向扳动上螺母，将双头螺柱锁紧在机体上。

（9）用右手握住扳手，按逆时针方向扳动上螺母，用左手握住另一个扳手，卡住下螺母不动，使两螺母松开，卸下两个螺母。

（10）用直角尺检验或目测双头螺柱的中心线是否与机体表面垂直（见图4.8）。

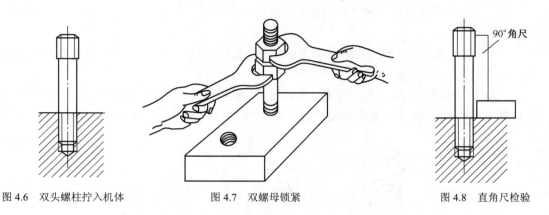

图4.6 双头螺柱拧入机体　　　　　图4.7 双螺母锁紧　　　　　图4.8 直角尺检验

（11）检查结果若稍有偏差，如对精度要求不高时可用手锤锤击校正，或拆下双头螺柱用丝锥回攻校正螺孔；如对精度要求较高时则要更换双头螺柱。

（12）拆卸时用扳手卡住下螺母，按逆时针方向将双头螺柱从机体中拧松并旋出。

提　示

双头螺柱的中心线与机体表面垂直若偏差较大时，不能强行用手锤锤击校正，否则影响连接的可靠性。

三、拓展训练

装配导向平键连接件

导向平键主要用来实现轴和轴上零件（如齿轮、带轮等）的周向固定以传递转矩，它结构简单，工作可靠、装拆方便、对中性好，适用于轮毂移动距离不大的场合。

导向平键装配前要做好清理和清洗工作，检查导向平键连接件的配合尺寸是否符合图样要求，导向平键与轴槽及轮毂的键槽进行试配达到图样配合要求。装配时把导向平键装在轴槽中，并用螺钉固定。导向平键与轮毂的键槽采用间隙配合，使轮毂可沿导向平键轴向移动。

【操作步骤】

（1）识读装配图，了解装配关系、技术要求和配合性质。

（2）根据图样要求，选择导向平键一个，轴上零件一个，轴一根，螺钉两个。

（3）根据图样要求，选择游标卡尺一把，外径千分尺一把，内径百分表一套。

（4）选择200mm的细齿锉刀一把，平面刮刀一把，紫铜棒一根，软钳口一副，螺钉旋具一把，机械油适量，台虎钳、钻头、螺孔加工工具及设备等。

（5）用锉刀去除轴和孔上键槽毛刺，以防装配时配合面拉毛及产生过大的过盈量。

（6）用外径千分尺测量轴的尺寸，用内径百分表测量轴上零件内孔的配合尺寸，如图 4.9（a）所示，并用游标卡尺测量孔与槽的最大极限尺寸等是否符合图样要求，如图 4.9（c）所示。

（7）装配前将轴与轴上零件单独试装，以检查轴与孔的配合状况，避免装配时轴与孔配合过紧。

（8）用锉刀修锉导向平键与键槽的配合精度，要求配合稍紧，若配合过紧，可修整平键的侧面。

（9）按轴上键槽的长度，配锉导向平键的半圆头，达到导向平键与轴上键槽保证有 0.10mm 左右间隙的要求。

（10）将导向平键与孔内键槽试配，用手稍用力能将导向平键推过去即可。如果推不动，则根据键槽上的接触印痕，修刮配件的键槽两侧面达到配合要求，如图 4.9（b）所示。

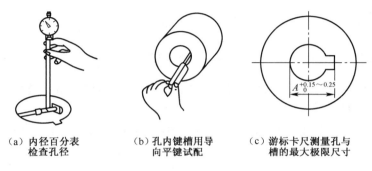

（a）内径百分表
　　检查孔径　　　　（b）孔内键槽用导　　　（c）游标卡尺测量孔与
　　　　　　　　　　　向平键试配　　　　　　槽的最大极限尺寸

图 4.9　轴上零件精度检查及孔内键槽用平键试配

（11）在导向平键和轴上键槽配合面上加注机械油，将导向平键安装于轴的键槽中，用紫铜棒敲击，或用放有软钳口的台虎钳夹紧，把平键压入轴上键槽内，并与槽底接触。

（12）用游标卡尺测量导向平键装入后的高度是否符合与轴上零件的键槽高度的配合要求。

（13）在导向平键和轴上配钻螺钉孔，攻螺纹，并用螺钉固定。为了拆卸方便，导向平键视长短不同，还应设有 1 至 3 个起键螺孔（见图 4.10）。

（14）将轴上零件的键槽与轴上导向平键对齐，在轴向上用紫铜棒敲击轴上零件或轴，将轴上零件安装在轴上。

（15）装配后，进行检查，轴上零件在轴上沿轴向滑动应灵活无阻滞，径向无摆动现象。

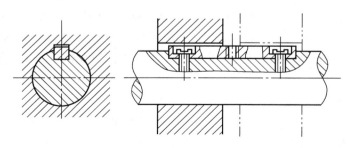

图 4.10　装配导向平键连接件

四、小结

在本课题中，要理解各种常用固定连接的特点、应用、装配要点及装配技术要求，熟练运用装配方法进行各种固定连接的装配，并符合装配技术要求。重点掌握各固定连接的装配与拆卸方法。

| 课题三　传动机构的装配 |

机械传动机构，可以将动力所提供的运动的方式、方向或速度加以改变，被人们有目的地加以利用，应用很广。传动机构的类型较多，常见的有带传动、链传动、齿轮传动、螺旋传动、蜗杆传动、联轴器和离合器传动等。

【技能目标】

◎　了解各种常见传动机构的结构和工作原理

◎　掌握各种常见机构的装配与调整方法

一、基础知识

1．带传动机构的装配

带传动是常用的一种机械传动，它依靠挠性的带（或称传动带）与带轮间的摩擦力来传递运动和动力。带传动具有结构简单、工作平稳、噪声小、缓冲吸振、能过载保护并能适应两轴中心距较大的传动等优点，但也存在容易打滑、传动比不准确、传动效率低、带的寿命短的缺点。

（1）带传动的种类。常用有 V 带、平带、圆形带、多楔带和同步带等（见图 4.11），其中 V 带传动是以一条或数条 V 带和 V 带轮组成的摩擦传动，应用最广。

（2）V 带传动机构的装配技术要求。带轮在轴上应没有歪斜和跳动，两轮中间平面应重合；V 带在小带轮上的包角不能小于 120°，张紧力要适当，且调整方便。

（3）带轮的装配和 V 带张紧力大小的调整。带轮和轴的连接为过渡配合，为了传递较大的扭矩，同时用紧固件进行轴向和圆周向固定。常用改变两带轮中心距和用张紧轮来调整张紧力。

　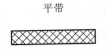　　　

| V 带 | 平带 | 圆形带 | 多楔带 | 同步带 |

图 4.11　带传动的种类

2．链传动机构的装配

链传动是通过链条和具有特殊齿形的链轮的啮合来传递运动和动力。链传动能保证准确的传动比，传递功率大，效率高，又能满足远距离传动要求，应用很广，但链条磨损后在传动中容易脱落。常用的链条有套筒滚子链和齿形链等。

（1）链传动机构的装配技术要求。两链轮的轴线必须平行，径向圆跳动和端面圆跳动应符合要求；两链条之间的轴向偏移量不能太大，链条的松紧应适当。

（2）链传动机构的装配。按要求将两个链轮分别装到轴上并固定，然后装上链条。套筒滚子链使用弹簧卡片固定活动销轴；齿形链则采用拉紧工具拉紧链条后再进行连接。

3．齿轮传动机构的装配

齿轮传动依靠轮齿间的啮合来传递运动和扭矩，具有传动比恒定、变速范围大、传动效率高、功率大、结构紧凑和使用寿命长等优点，但制造和装配要求高、噪声大。常用种类有直齿、斜齿、人字齿、锥齿及齿条等。

（1）齿轮传动机构装配的技术要求。保证齿轮与轴的同轴度精度要求；保证齿轮有准确的中心距和适当齿侧间隙；保证齿轮啮合有足够的接触面积和正确的接触位置；保证滑动齿轮在轴上滑移的灵活性和准确的定位位置。对转速高、直径大的齿轮，装配前应进行动平衡。

（2）圆柱齿轮传动机构的装配。齿轮传动的装配与齿轮箱的结构特点有关，一般是先将齿轮按要求装入轴上，然后再将齿轮组件装入箱体内，对轴承进行装配、调整，盖上端盖即可。

（3）圆锥齿轮传动机构的装配。圆锥齿轮装配的顺序应根据箱体的结构而定，一般是先装主动轮再装从动轮，关键是要做好两齿轮轴的轴向定位和侧隙的调整工作。

4．蜗杆传动机构的装配

蜗杆传动机构是利用蜗杆副传递运动及动力的一种机械传动。蜗杆轴线与蜗轮轴线相互在空间呈垂直交错，具有结构紧凑、工作平稳、传动比大、噪声小和良好的自锁性等优点，但效率较低。常用于两轴交错、传动比较大、传递功率不太大或间歇工作的场合。

（1）蜗杆传动机构装配的技术要求。保证蜗杆轴线与蜗轮轴线垂直，蜗杆轴线应在蜗轮轮齿的对称中心平面内；蜗杆、蜗轮间的中心距一定要准确，有合理的齿侧间隙并保证传动有良好的接触精度。

（2）蜗杆传动机构的装配。将蜗轮装到轴上，再把蜗轮轴装入箱体后装入蜗杆。若蜗轮不是整体时，应先将蜗轮齿圈压入轮毂上，然后用螺钉固定。对于装配后的蜗杆传动机构还要检查其转动的灵活性，在保证啮合质量的条件下转动灵活，则装配质量合格。

蜗杆蜗轮齿侧间隙一般要用百分表来测量，而接触精度则用涂色法来检验。

5．螺旋传动机构的装配

螺旋机构可将旋转运动转换为直线运动，具有精度高、工作平稳、无噪声、易于自锁且能传递较大的扭矩等优点，应用广泛。

（1）螺旋传动机构的装配技术要求。丝杠螺母副应有较高的配合精度和准确的配合间隙；丝杠与螺母轴线的同轴度及丝杠轴线与基准面的平行度应符合要求；装配后丝杠的径向圆跳动和轴向窜动应符合要求；丝杠与螺母相对转动应灵活。

（2）螺旋传动机构的装配要点。根据螺旋传动机构的装配技术要求，合理调整丝杠和螺母之间的配合间隙，找正丝杠与螺母的同轴度及丝杠与基准面的平行度，并调整好丝杠的回转精度。

6．联轴器和离合器传动机构的装配

（1）联轴器是用来连接不同机构中的两根轴（主动轴和从动轴），使之共同旋转以传递扭矩的

机械零件。除传递扭矩外，联轴器还起缓冲、减振的作用，以及用做安全装置。

（2）离合器是一种使主、从动轴在同轴线上传递动力或运动时，具有接合或分离功能的传动装置。它可实现机器的启动、停止、变速和变向等操作。与联轴器不同的是，离合器可根据工作需要，在机器运转过程中随时将两轴接合或分离。

联轴器和离合器的装配技术要求在一般情况下保证两轴的同轴度，且装配时保证连接件有可靠、牢固的连接。

二、课题实施

操作一 检查两带轮的轴向偏移和倾斜角

带轮装配后，必须检查两带轮相互位置的正确性，即两带轮的轴向偏移和倾斜角是否符合装配技术要求，以防止由于两带轮错位或倾斜引起机器振动加剧以及 V 带因张紧不均匀而过快磨损等。

带轮检查时，根据装配图样要求，首先以大带轮的方向和位置作为基准固定好，然后用拉线法或直尺法来确定小带轮的方向和位置，并用紫铜棒敲击小带轮底座进行调整，使两带轮的轴向偏移和倾斜角符合装配技术要求。

【操作步骤】

（1）识读带轮装配图，了解装配关系和技术要求。

（2）选择活络扳手一把，紫铜棒一根，适当长度的线一根。

（3）按装配图样给定的方向和位置，用活络扳手固定好大带轮 A（见图 4.12）。

（4）按装配图样给定的方向和位置装上小带轮 B，但不固定（见图 4.13）。

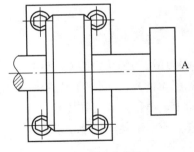 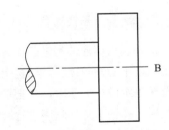

图 4.12　固定大带轮 A　　　　　图 4.13　装配小带轮 B，但不固定

（5）一个人拿线的一端，紧靠在大带轮 A 的点 C（见图 4.14）。

（6）另一个人拿线的另一端，延长至小带轮 B 的外缘，用力将线拉直。

（7）如果大带轮 A 的点 D 离开直线且小带轮 B 与线接触，则小带轮 B 应向右移动才能达到装配要求。

（8）如果大带轮 A 上点 C 和点 D 与线接触且小带轮 B 离开直线，则小带轮 B 向左移动才能达到装配要求（见图 4.15）。

（9）如果大带轮 A 上点 C 和点 D 与线接触且小带轮 B 上有一点 F 与线接触，另一点离开直线，这时两带轮轴线为不平行（见图 4.16）。

（10）调整小带轮 B 的轴线达到装配要求，并用活络扳手固定好小带轮 B。

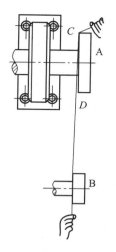
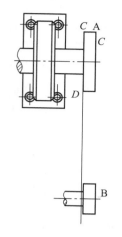
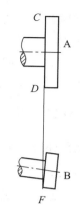

图 4.14　小带轮 B 向左错位　　　图 4.15　小带轮 B 向右错位　　　图 4.16　两带轮不平行

操作二　更换调整台钻三角带

与模块三课题一台式钻床的调整与使用结合。

提　示

① 若小带轮轴线受结构限制不能完全调整达到装配要求，应调整大带轮轴线。

② 若两带轮中心距较小，可用直尺替代拉线进行带轮轴向偏移和倾斜角的检查。

操作三　装配套筒滚子链

套筒滚子链是利用可屈伸的链条作为传动元件来传递运动和动力的（见图 4.17），如自行车的链条等，它的运动平稳性较差。从结构上来分析（见图 4.18），套筒滚子链由销轴、套筒、滚子、内链板和外链板等组成。装配时，先把链条套到链轮上，再用拉紧工具拉紧链条接头部分，按圆柱销组件、挡板、弹簧卡片的顺序进行装配，达到套筒滚子链装配技术要求。

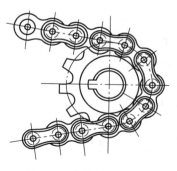

图 4.17　套筒滚子链传动

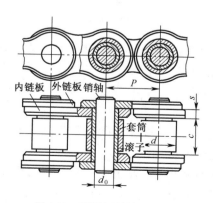

图 4.18　套筒滚子链的结构

（1）识读套筒滚子链装配图，了解装配关系和技术要求。

（2）选择拉紧工具一副，尖嘴钳一把，煤油及纱布等。

（3）用煤油清洗链条和接头零件，并用纱布擦拭干净。

（4）将链条套到链轮上，把链条的接头部分转到便于装配的位置。

（5）用拉紧工具拉紧到适当的距离，如图 4.19 所示。

（6）用尖嘴钳夹持，按顺序将接头零件圆柱销组件和挡板装上，如图 4.20 所示。

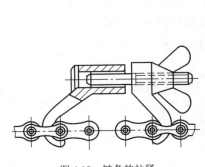

图 4.19 链条的拉紧

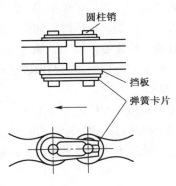

图 4.20 接头的组装

（7）用尖嘴钳按正确的方向装上弹簧卡片，如图 4.21 所示。一定要注意，弹簧卡片的开口方向和链条的运动方向要相反。

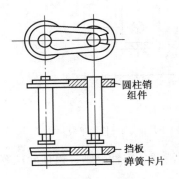

图 4.21 弹簧卡片的安装

三、拓展训练

装配蜗杆传动机构

蜗杆传动是在空间交错的两轴间传递运动和动力的一种传动机构（见图 4.22），两轴线交错的夹角可为任意值，常用的为 90°。它是一种特殊的交错轴斜齿轮传动，并具有螺旋传动的某些特点。

根据蜗杆传动机构装配的技术要求，装配前要检验蜗杆与蜗轮间的中心距是否符合配合要求，还要测量蜗杆与蜗轮轴线之间相互

图 4.22 蜗杆传动机构

位置的精度。装配时先把蜗轮装到轴上，再把蜗轮轴组件装入箱体，最后装入蜗杆。装配后检查蜗杆传动机构转动灵活性，并达到配合要求。

【操作步骤】

（1）识读蜗杆传动机构装配图，了解装配关系和技术要求。

（2）根据图样要求，选择外径千分尺一把，内径百分表一套，百分表和磁性表架一套，检验心棒两根。

（3）选择锉刀一把，平面刮刀一把，紫铜棒一根，螺钉旋具一把，带孔工作台，检验平板一块，千斤顶三个，装满机械油的油枪一把，红丹粉、煤油适量，钻头、螺孔加工工具及设备等。

（4）分别将检验心棒 1 和 2 插入箱体中的蜗杆装配孔和蜗轮装配孔内，箱体用千斤顶支撑安放在检验平板上。分别测量出两检验心棒到平板的距离，即可计算出蜗杆孔与蜗轮孔间的中心距 A（见图 4.23）。

（5）箱体孔内插入检验心棒 1 和 2，保证检验心棒 1 无轴向移动，在检验心棒 1 的一端安装摆杆以便用于固定百分表，转动检验心棒 1，在检验心棒 2 的 m、n 两点处百分表的读数差，即箱体孔两轴线在长度 L 内的垂直度误差（见图 4.24）。

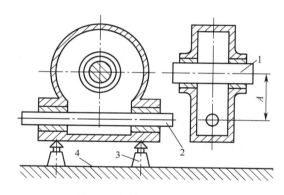

图 4.23　箱体孔中心距的检验

1—检验心棒 1　2—检验心棒 2　3—千斤顶　4—检验平板

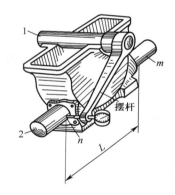

图 4.24　箱体孔轴线垂直度误差的测量

1—检验心棒 1　2—检验心棒 2

（6）用细齿锉刀和平面刮刀清理各零件毛刺、箱体砂粒等，用煤油清洗蜗杆、蜗轮及其他零件。

（7）用外径千分尺和内径百分表测量各配合尺寸是否符合装配要求。

（8）按照蜗轮轴上的键槽尺寸配锉平键，加注机械油后装配在轴上键槽内。

（9）将蜗轮的齿圈 1 压装在轮毂 2 上，配钻紧定螺钉底孔，并攻螺纹，用螺钉旋具装配紧定螺钉（见图 4.25）。

（10）将蜗轮放在带孔的工作台上，轴上用油枪注上机械油，用紫铜棒装入蜗轮内达到装配要求。

（11）装配后的蜗轮轴组件用油枪注上机械油装入箱体，按照装配图的位置，将轴的一头插入箱体孔内，再装入另一头。

（12）装配轴承及端盖，用内六角扳手拧紧螺钉。

（13）将蜗杆从箱体孔内插入，并将蜗杆两端的滚动轴承装上。

（14）对蜗杆蜗轮啮合时的侧隙一般用百分表或专用工具进行测量（见图 4.26），方法有直接测量法和用测量杆测量法。若蜗杆传动机构精度不高，也可用手转动蜗杆，根据空程量来判定侧隙的大小。

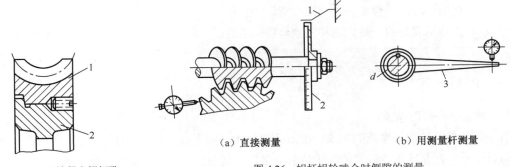

图 4.25　配钻紧定螺钉孔

1—齿圈　2—轮毂

（a）直接测量　　　　　　　　　　（b）用测量杆测量

图 4.26　蜗杆蜗轮啮合时侧隙的测量

1—指针　2—刻度盘　3—测量杆

（15）蜗杆传动机构的接触精度可用涂色法进行检查，先将红丹粉涂在蜗杆的螺旋面上，转动蜗杆，可在蜗轮齿面上留下 3 种不同位置的接触斑点（见图 4.27）。在对称中心平面内，对于蜗轮轴线偏位于蜗杆轴线，可采用改变蜗轮两端面的垫片厚度，来调整蜗轮的轴向位置。

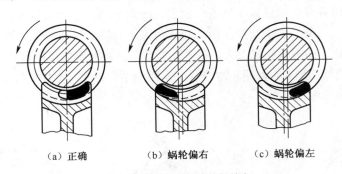

（a）正确　　　　　　（b）蜗轮偏右　　　　　　（c）蜗轮偏左

图 4.27　用涂色法检查接触精度

四、小结

在本课题中，通过学习，要理解常用机械传动机构的特点及装配技术要求，熟练运用各传动机构的装配方法，重点掌握各种机械传动机构的装配和调整，能进行一些典型传动机构的装配和调整。

课题四　轴承和轴组的装配

用于确定轴与其他零件相对运动位置并起支承或导向作用的零（部）件称为轴承。轴承属于精密的机械部件，已标准化、系列化、通用化。轴承可以引导轴的旋转，也可以支承轴上旋转的零件。轴、轴上零件与两端轴承支座的组合，称为轴组。轴承的种类很多，按轴承工作的摩擦性质分为滑动轴承和滚动轴承；按受载荷的方向分为深沟球轴承（承受径向力）、推力球轴承（承受轴向力）和角接触球轴承（承受径向力和轴向力）等。

【技能目标】

◎ 了解滑动轴承的形式、结构及应用场合

◎ 了解滚动轴承的种类、结构及应用场合

◎ 掌握轴承装配的一般方法和注意事项

一、基础知识

1. 滑动轴承的装配

滑动轴承是一种滑动摩擦的轴承，由滑动轴承座、轴瓦或轴套等组成。它工作平稳、可靠、无振动、无噪声，并能承受较大的冲击负荷，多用于精密、高速及重载的转动场合。

（1）滑动轴承的工作原理。滑动轴承润滑的形式有多种，其中润滑性能较理想的主要有动压润滑和静压润滑两类。

动压润滑。利用油的黏性和轴颈的高速旋转，把润滑油带进轴承的楔形空间建立起压力油膜，使轴颈与轴承被油膜隔开，形成液体动压润滑。由于对中性较好，故动压润滑轴承工作精度很高，但由于轴瓦较薄，刚度较差，只能应用于切削力不大的高速、精密机床上。

静压润滑。利用外界的油压系统供给一定压力的润滑油，使轴颈与轴承处于完全液体摩擦状态，形成液体静压润滑。由于油膜的形成和压力大小与轴的转速无关，故静压润滑轴承回转精度很高，工作平稳，同时承载能力大，抗震性能好，在高精度的机械设备中应用逐渐增多。

（2）滑动轴承的结构形式。如图 4.28 所示，常用的结构形式有整体式滑动轴承、剖分式滑动轴承和内柱外锥式滑动轴承。

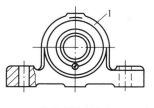
（a）整体式滑动轴承

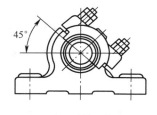
（b）剖分式滑动轴承

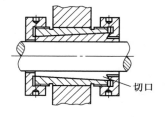
（c）内柱外锥式滑动轴承

图 4.28　滑动轴承的结构形式

（3）滑动轴承的装配。对滑动轴承装配的要求，主要是轴颈与轴承之间获得合理的间隙和良好的接触，使轴在轴承中运转平稳。

滑动轴承的装配方法决定于它们的结构形式，结构形式不同，装配方法也不同。一般的装配方法如下。

① 将轴承和壳体孔清洗干净，然后在配合表面上涂润滑油。

② 根据尺寸大小和过盈量大小采用压装法、加热法或冷装法，将轴承装入壳体孔内。

③ 轴承装入壳时，如果轴承上有油孔，应与壳体上油孔对准。

④ 装配时，特别要注意轴承和壳体孔同轴。为此在装配时，尽量采用导向心轴。

⑤ 轴承装入后还要定位，当钻骑缝螺纹底孔时，尽量用钻模板。

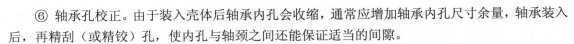

⑥ 轴承孔校正。由于装入壳体后轴承内孔会收缩，通常应增加轴承内孔尺寸余量，轴承装入后，再精刮（或精铰）孔，使内孔与轴颈之间还能保证适当的间隙。

2．滚动轴承的装配

滚动轴承是一种已标准化的十分精密的运动支撑组件，由外圈、内圈、滚动体和保持架组成（见图4.29），内圈和轴颈为基孔制配合，外圈和轴承座孔为基轴制配合，在机械制造中应用广泛。

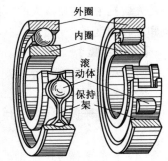

图 4.29　滚动轴承的结构

工作时滚动体在内、外圈的滚道上滚动，形成滚动摩擦。它具有摩擦阻力小、轴向尺寸小、效率高、更换方便和维护容易等优点，但承受冲击振动的能力较差。

（1）滚动轴承的装配技术要求。滚动轴承上有代号标记的端面应装在可见方向，轴承装在轴上或装入轴承座孔后，不允许有歪斜现象，同轴的两个轴承中，必须有一个轴承在轴受热膨胀时有轴向移动的余地。装配后轴承应运转灵活，噪声小。

（2）滚动轴承的装配。装配滚动轴承方法可根据配合面过盈量的大小确定：当配合面过盈量较小时可用锤击法；当配合面过盈量较大时用螺旋或杠杆压力机压入法；当配合面过盈量很大时则用温差法。

推力球轴承有松圈和紧圈之分，装配时一定要注意，千万不要装反，应使紧圈靠在转动零件的端面上，松圈靠在静止零件（如箱体）的端面上。

轴承安装好后要进行检查，应保证轴承安装到位，旋转灵活，无卡滞现象，如轴承安装不当，会使轴承温度迅速上升而损坏，甚至发生轴承卡死断裂等重大事故。

3．轴组的装配

轴是机械中的重要零件，所有传动零件如带轮、齿轮等都要装在轴上才能正常工作。轴组装配是指将装配好的轴组组件，正确地安装到机器中，达到装配技术要求，保证其能正常工作。轴组装配的实质就是将轴组装入箱体中，进行轴承固定、游隙调整、轴承预紧、轴承密封和轴承润滑装置的装配等。轴组的装配中，轴承固定方式有两端单向固定法（见图4.30）和一端双向固定法（见图4.31）两种。

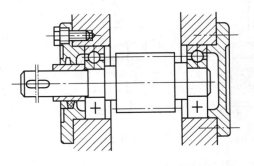
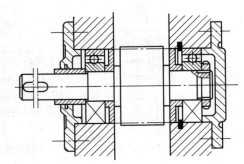

图 4.30　两端单向固定法图　　　　　　图 4.31　一端双向固定法

二、课题实施

装配深沟球轴承

深沟球轴承是一种精密的运动支撑组件，由内圈、外圈、滚动体和保持架组成。主要用来承受径向负荷，但也可以承受一定量的任一方向的轴向负荷，当在一定范围内消除轴承的轴向游隙时，还可以承受较大的轴向负荷。

深沟球轴承的装配方法一般采用锤击法和压入法，如果轴颈尺寸较大且过盈量也较大时，为便于装配可选用温差法。

装配前做好清理和清洗工作，装配时根据轴承与轴、孔配合过盈的大小，决定轴承先装轴上还是先装孔中（过盈量大的零件先装）。装配后进行必要的预紧以提高滚动轴承在工作状态下的刚度和旋转精度。

【操作步骤】

（1）识读深沟球轴承装配图，了解装配关系和技术要求。

（2）根据图样要求，选择外径千分尺一把，内径百分表一套。

（3）选择半圆形油石一块、手锤一把、装满润滑油的油枪一把、专用套筒三个、润滑脂及煤油适量。

（4）检查所需要装配轴承的规格、牌号及精度等级的标志是否与图样要求相符。

（5）用半圆形油石将轴颈及轴承孔上的毛刺去掉并倒钝。

（6）用煤油清洗干净轴承和所要装配的轴颈、轴承孔。

（7）用煤油清洗干净轴承端盖上的密封件及接油槽。

（8）用外径千分尺和内径百分表分别检查轴颈和轴承孔的配合尺寸是否符合装配技术要求。

（9）在配合表面用油枪注上洁净的润滑油。

（10）需要润滑脂润滑的轴承，则在轴承内涂上洁净的润滑脂。

（11）将轴承放置在轴颈上或轴承座孔内，注意不能歪斜。

（12）安装轴承内圈时，应采用专用套筒顶住内圈，以使手锤锤击力均匀作用在内圈上，如图 4.32（a）所示。

（13）安装轴承外圈时，应采用专用套筒顶住外圈，以使手锤锤击力均匀作用在外圈上，如图 4.32（b）所示。

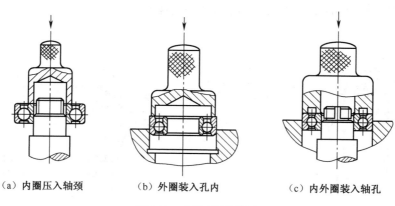

（a）内圈压入轴颈　　　　（b）外圈装入孔内　　　　（c）内外圈装入轴孔

图 4.32　专用套筒的使用

（14）内、外圈同时装配时，应采用专用套筒顶住内、外圈，以使手锤锤击力同时作用在内、外圈上，如图 4.32（c）所示。

（15）用手锤敲击专用套筒，将轴承装配到位。

（16）装上轴承端盖，根据轴与轴座结构，对轴承进行预紧，即给轴承的内圈或外圈施加一个轴向力，以消除轴向游隙，提高轴承刚度及旋转精度（见图 4.33），拆卸轴承时应用专用工具，如图 4.34 所示。

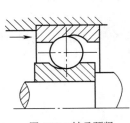

图 4.33　轴承预紧

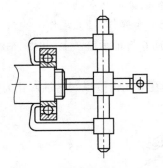

图 4.34　用螺旋拆卸器拆卸

提　示

① 装配滚动轴承时不得通过滚动体和保持架传递压力或锤击力。

② 不能采用紫铜棒等软金属敲击，以防软金属屑落入滚动轴承内。

三、拓展训练

装配剖分式滑动轴承

剖分式滑动轴承主要用在重载大中型机器上，其材料主要为巴氏合金，少数情况下采用铜基轴承合金。它由轴承座、轴承盖、剖分轴瓦、垫片及螺栓等组成。

装配前要明确剖分式滑动轴承的装配技术要求、结构及装配方法，能运用錾削和刮削技能进行曲面加工。

装配时先将下轴瓦装入轴承座内，再装垫片，然后装上轴瓦，最后装轴承盖并用螺母固定。装配时要注意上、下轴瓦与轴承座、盖应接触良好，轴瓦台肩紧靠轴承座两端面；同时还要注意轴瓦孔与轴研点配刮要达到装配技术要求，否则机器在试车时就会很容易地在极短的时间内使轴瓦由局部粘损到大面积粘损，直至轴被粘着咬死，轴瓦损坏不能使用。

【操作步骤】

（1）识读剖分式滑动轴承的装配图，分析各零件相互间的装配关系，了解装配技术要求（见图 4.35）。

（2）根据图样要求，选择定位销一个，双头螺柱四个，六角螺母八个。

（3）根据图样要求，选择工艺轴一根，油槽錾子一把，蛇头刮刀一把，呆扳手两把，手锤、木锤各一把，长方形和半圆形油石各一块，装满机械油的油枪一把，毛刷一把，红丹粉、煤油适量，划线工具，钻头、螺孔加工工具及设备等。

（4）按装配图要求，将零件清点后，用油石去除毛刺、倒角，并用煤油清洗干净。

（5）在下轴瓦 4 背面用毛刷涂上红丹粉。

（6）以轴承座 3 孔为基准，将下轴瓦 4 装入轴承座 3 体内。

（7）将下轴瓦 4 在轴承座 3 孔内做圆周方向转动。

（8）将研点的下轴瓦取出，观察背面研点情况，接触点至少 6 点（25mm×25mm 内），如点数不足，则对两配合面对研对刮。

重复操作（5）至操作（8）动作，检查并修整上轴瓦 6 与轴承盖 7 间的配合要求。

（9）在上轴瓦 6 与轴承盖 7 上同时配钻润滑油螺孔的底孔，孔口倒角并攻螺纹，用油石去除毛刺。

（10）在上轴瓦 6 的内壁以润滑油螺孔为中心錾削十字交错油槽，并用油石倒钝油槽尖棱，如图 4.36 所示。

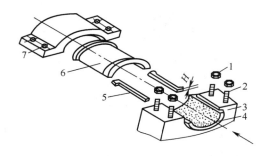

图 4.35　剖分式滑动轴承的结构

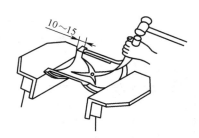

图 4.36　上轴瓦内壁錾削油槽

1—螺母　2—双头螺柱　3—轴承座　4—下轴瓦

5—垫片　6—上轴瓦　7—轴承盖

（11）在轴承座 3 孔内划线钻定位孔，孔口倒角并装入定位销，定位销伸出长度应比下轴瓦 4 厚度小 1～4mm。

（12）在定位销上涂上红丹粉，将下轴瓦 4 装入轴承座 3 内，使定位销上的红丹粉拓印印在下轴瓦上。

（13）根据拓印，在下轴瓦 4 背面钻定位孔，孔口倒角。

（14）将下轴瓦 4 清洗干净装入轴承座 3 孔内，并将 4 个双头螺柱 2 装在轴承座上（见图 4.37）。

（15）垫好调整垫片 5，并装好上轴瓦 6 与轴承盖 7。

（16）装上工艺轴进行研点，并进行粗刮。

（17）进行反复刮研，使接触斑点达到 6 点（25mm×25mm 内）的要求，工艺轴在轴瓦中旋转时没有严重阻卡现象。

（18）装上轴，调整好调整垫片 5，装上轴承盖 7 后稍稍拧紧螺母 1（见图 4.38）。

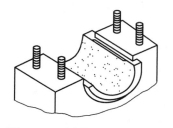

图 4.37　双头螺柱装在轴承座上

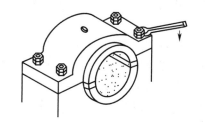

图 4.38　装轴承盖并带紧螺母

（19）用木锤在轴承盖 7 顶部均匀地敲击，使轴承盖 7 更好地定位（见图 4.39）。

（20）拧紧所有螺母 1，拧紧力矩要大小一致。

（21）经过反复刮研，轴在轴瓦中应能轻松自如地转动，有明显间隙，接触斑点至少在 12 点
（25mm×25mm 内）时为合格。

（22）调整合格后，将轴瓦拆下，清洗干净，各零件配合面上用油枪注上洁净的机械油，重新
按序装配，并装上油杯。

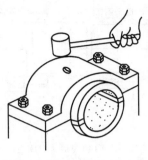

图 4.39　轴承盖定

四、小结

在本课题中，要了解滑动轴承的工作原理，了解轴组装配中的轴承固定方式。明确滑动轴承
和滚动轴承的结构形式和特点，还要了解滑动轴承和滚动轴承的装配技术要求及各零件相互之间
的装配关系。熟练运用装配技能，重点掌握轴承和轴组的装配和调整。

课题五　CA6140 型卧式车床主轴装配与检验

普通卧式车床在金属切削加工中的通用性好，加工范围广，是最基本的和应用最广的机
床，在传动和结构上也比较典型。主轴部件是车床最重要的部分，由电动机经主轴变速箱带
动旋转，实现主运动。由于主轴部件在加工工件时要承受很大的切削力，加工工件的精度和
表面粗糙度很大程度上决定了主轴部件的刚度和回转精度，因此要十分仔细地进行主轴的装
配与检验。

【技能目标】

◎ 了解普通卧式车床主轴的结构及支承形式
◎ 掌握 CA6140 型卧式车床主轴的装配与调整
◎ 掌握 CA6140 型卧式车床主轴精度的检测方法

一、基础知识

1．CA6140 型卧式车床主轴的结构及支承

CA6140 型卧式车床的主轴部件由主轴、主轴轴承、齿轮及密封件等组成（见图 4.40）。主轴
是外部有花键的空心阶梯轴，其内孔可用来通过直径小于 ϕ48mm 的长棒料、拆卸顶尖或用于安装
夹紧装置的杆件。主轴前端内锥面是莫氏 6 号锥孔，用来安装心轴或前顶尖，利用锥面配合的摩

擦力直接带动心轴或工件转动。主轴前端外锥面的短圆锥面和法兰端面用来定位、安装三爪卡盘等附件并带动工件进行旋转。

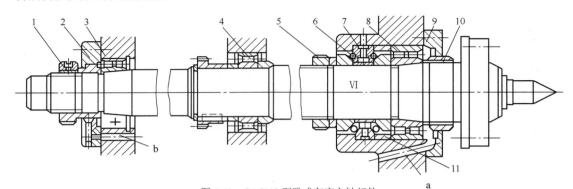

图 4.40　CA6140 型卧式车床主轴部件
1—螺母　2—端盖　3—角接触球轴承　4—深沟球轴承　5—螺母　6—双向推力角接触球轴承
7—垫圈　8—双列圆柱滚子轴承　9—轴承盖　10—螺母　11—隔套

CA6140 型卧式车床的主轴部件采用前、中、后三个支承孔的结构，由于三支承结构较难保证三孔较高的同轴度，且主轴安装易变形，从而影响传动件的精确啮合。因此目前的 CA6140 型卧式车床主轴部件采用二支承结构，取消了双向推力角接触球轴承（减振套替代）和深沟球轴承，增加了承受轴向力的推力球轴承。简化了结构，降低了成本及装配难度。

2．CA6140 型卧式车床主轴的转速

主运动传动链将电动机的旋转运动及能量传递给主轴，可使主轴获得 10～1580r/min 不同的正反 36 级转速带动工件旋转。

3．CA6140 型卧式车床主轴部件轴承的润滑

主轴轴承的润滑都是由润滑油泵供油，润滑油通过进油孔对轴承进行充分润滑，并带走轴承运转所产生的热量。主轴旋转时，依靠离心力的作用，把经过轴承向外流出的润滑油甩到轴承端盖的接油槽里（见图 4.40 中所示的 a 和 b），然后经回油孔流回主轴箱。为了避免漏油，前后轴承均采用了油沟式密封装置。

4．CA6140 型卧式车床主轴部件的装配技术要求

轴插入箱体，套上轴承、垫圈、隔套及齿轮后不允许有歪斜现象。同轴的两个轴承中，必须有一个轴承在轴受热膨胀时有轴向移动的余地。装配后主轴的精度应达到径向跳动和轴向窜动量均不超过 0.01mm 的要求，且运转灵活，噪声小。

5．CA6140 型卧式车床主轴部件的装配及调整

主轴部件的装配采用敲击法，敲击时用力不要过大，注意避免主轴和轴承受损，还要防止零件的遗漏和错装。

装配后的调整主要针对前后轴承，使主轴的径向跳动和轴向窜动量达到装配技术要求，另外还要进行试车调整，使主轴达到运转要求。

6．CA6140 型卧式车床主轴部件的检验

（1）静态检验。齿轮在主轴花键上应离合自如，用手转动大齿轮，主轴运转灵活、无阻滞。

（2）空运转试验。在无负荷状态下启动车床，检验主轴转速。从最低转速依次提高到最高转速，各级转速运转时间不少于 5min，最高转速运转时间不少于 30min。在主轴轴承达到稳定温度时，要求轴承的温度不应超过 70℃，温升不应超过 40℃。

（3）负荷试验。主轴在中速下继续运转，进行精车外圆及切槽试验，以检验主轴的旋转精度及装配精度。

（4）精度检验。主轴部件的精度是指其在装配调整之后的回转精度。在车床热平衡状态下，按 GB/T 4020—1997 规定做好精度检验，有关主轴部件的检验内容见表 4.1。

表 4.1　　　　　　　　　　　卧式车床主轴部件几何精度检验及允差

序号	简　图	检验项目	允差/mm		
			精 密 级	普 通 级	
			$D_a \leqslant 500$ 和 $D_C \leqslant 1\,500$	$D_a \leqslant 800$	$800 < D_a \leqslant 1\,600$
G4		C—主轴 a）主轴轴向窜动 b）主轴轴肩支承面跳动	a）0.005 b）0.01 包括轴向窜动	a）0.01 b）0.02 包括轴向窜动	a）0.015 b）0.02
G5		主轴定心轴颈的径向跳动	0.007	0.01	0.015
G6		主轴轴线的径向跳动： a）靠近主轴端面 b）距主轴端面 $D_a/2$ 或不超过 300mm	a）0.005 b）在 300 测量长度上为 0.015 在 200 测量长度上为 0.01 在 100 测量长度上为 0.005	a）0.01 b）在 300 测量长度上为 0.02	a）0.015 b）在 500 测量长度上为 0.05
G7		主轴轴线对溜板纵向移动的平行度 测量长度 $D_a/2$ 或不超过 300mm a）在水平面内 b）在垂直平面内	a）在 300 测量长度上为 0.01 向前 b）在 300 测量长度上为 0.02 向上	a）在 300 测量长度上为 0.015 向前 b）在 300 测量长度上为 0.02 向上	a）在 500 测量长度上为 0.03 向前 b）在 500 测量长度上为 0.04 向上
G8		主轴顶尖的径向跳动	0.01	0.015	0.02

注：① D_C=最大工件长度，D_a=床身上最大回转直径。

　　② F 为消除主轴轴承的轴向游隙而施加的恒定力。

二、课题实施

装配 CA6140 型卧式车床主轴部件

车床主轴部件的装配关键是轴承的装配，主轴部件的前后支承处分别装有型号为 D3182121 和 E3182115 双列短圆柱滚子轴承，中间支承为型号 E32216 圆柱滚子轴承。双列短圆柱滚子轴承具有旋转精度高、刚度好、调整方便等优点，但只能承受径向载荷。因此前支承处还装有双向推力角接触球轴承，以承受左右两个方向的轴向力。

主轴上装有三个齿轮，前端处为斜齿圆柱齿轮，可使主轴传动平稳，传动时齿轮作用在主轴上的轴向力与进给力方向相反，因此可减少主轴前支撑所承受的轴向力。

装配顺序是先装前轴承，再把主轴穿过前轴承，依次装入其他轴上零件，主轴到位后装好端盖。

【操作步骤】

（1）识读 CA6140 型卧式车床主轴部件装配图（见图 4.40），分析各零件相互间的装配关系，了解技术要求。

（2）根据图样要求，选择外径千分尺若干把，内径百分表一套。

（3）根据图样要求，选择专用套筒两个，手锤一把，硬质圆棒一根，紫铜棒一根，硬枕木一块，轴用弹性挡圈卡钳一把，钳形扳手若干把，内六角扳手若干把，半圆形油石一块，毛刷一把，装满机械油的油枪一把，煤油适量。

（4）检查所需要装配轴承的规格、牌号及精度等级的标志是否与图样要求相符。

（5）按装配图要求，将零件清点后，用半圆形油石去除轴（特别是键槽和花键部分）、箱体孔、垫圈及隔圈上的毛刺并倒钝，再用煤油清洗干净。

（6）外径千分尺和内径百分表分别检查轴和轴承各配合尺寸是否符合装配技术要求。

（7）在轴上试装平键，达要求后拆下。

（8）将三个齿轮在轴上试配后拆下，其中滑移齿轮应能滑移自如无阻滞，且径向无摆动现象。

（9）在箱体前端孔内用油枪注上洁净的机械油，用手锤和专用套筒装入双向推力角接触球轴承 6，按序装入垫圈 7、隔套 11，再装入双列短圆柱滚子轴承 8。

（10）主轴装上已装入密封件的轴承盖 9 和前端螺母 10，穿过箱体前端轴承。

（11）轴及其他各零件配合面上用油枪注上洁净的机械油，依次将隔套、螺母 5、两个齿轮、隔套、圆柱滚子轴承 4、隔套、齿轮、轴用弹性挡圈装在轴上。

（12）主轴缓慢装入过程中，上述各零件逐渐在轴上到位，圆柱滚子轴承 4 装入中间支承孔中，待键槽露出后装入平键。

（13）用铜棒敲击垫着硬枕木的主轴前端面，同时箱体内各零件在轴上全部到位。

（14）在箱体后端孔内用油枪注上洁净的机械油，用手锤和专用套筒装入双列短圆柱滚子轴承 8、隔套、已装入密封件的端盖 2 及螺母 1。

（15）用内六角扳手拧紧所有螺钉，调整各螺母达装配技术要求，用手盘动齿轮，主轴旋转灵活、平稳，无杂音。

提 示

① 主轴装入过程中，要注意防止零件的遗漏和错装。

② 装配前、后法兰盘时要注意接油槽的位置向下以便回油。

三、拓展训练

CA6140 型卧式车床主轴部件的调整

主轴部件装配后，各零件的位置都还不是最佳状态。其中轴承的间隙对主轴回转精度影响较大，使用中由于磨损导致间隙增大时，也应及时进行调整。CA6140 型卧式车床主轴部件的调整顺序是先调整前轴承，再调整后轴承，最后还要进行试车调整。

【操作步骤】

（1）识读 CA6140 型卧式车床主轴部件的装配图（见图 4.40），分析各零件相互间的装配关系，明确有关精度检验内容及允差值。

（2）根据检验要求，选择百分表和磁性表架一套，长为 300mm 检验心棒一根，φ6 钢球一颗。

（3）根据检验要求，选择大木锤一个、小撬杠一根、钳形扳手若干把、内六角扳手若干把，黄油少许。

（4）先用钳形扳手松开主轴前端螺母 10，再用内六角扳手拧开中间螺母 5 上的紧固螺钉。

（5）用内六角扳手拧开螺母 1 上的紧固螺钉，并用钳形扳手拧松螺母 1。

（6）用钳形扳手且用较大的手劲拧紧螺母 5，通过双向推力角接触球轴承 6 的左、右内圈及隔套，使双列短圆柱滚子轴承 8 的内圈相对主轴锥形轴颈右移。在锥面作用下，使双列短圆柱滚子轴承 8 的内圈径向外胀，从而消除轴承间隙。

（7）用钳形扳手拧紧主轴螺母 10。

（8）用钳形扳手且用较小的手劲拧紧螺母 1，使双列短圆柱滚子轴承 8 的内圈相对主轴锥形轴颈右移。

（9）用百分表触及主轴前端的轴颈处，在轴颈下端撬动小撬杠使主轴受一定的径向力，保证主轴径向间隙在 0.01mm 之内。

（10）用百分表触及主轴前端的轴肩支承端面，用适当的力前后推动主轴，保证主轴轴向间隙在 0.01mm 之内。

（11）用手转动齿轮使主轴旋转，若感觉不太灵活，可能是轴承内、外圈没有装正，可用大木锤在主轴前后端敲击，直到手感觉主轴旋转灵活为止。

（12）用钳形扳手且用较大的手劲再拧紧螺母 5 和螺母 1。

（13）用内六角扳手拧紧螺母 5 和螺母 1 上的紧固螺钉。

（14）用百分表触及主轴前端轴肩支承端面，缓慢旋转主轴，分别在相隔 180° 两处测出读数，要求允差值在 0.02mm 之内。

（15）用百分表测头垂直触及主轴前端轴颈，缓慢旋转主轴，测出读数，要求允差值在 0.01mm 之内。

（16）钢球沾黄油少许，沾在检验心棒前端的中心孔内并压实擦净头部，把检验心棒插入主轴前端锥面内。用百分表触及检验心棒上的钢球，缓慢旋转主轴，要求主轴轴向窜动允差值在 0.01mm 之内。

（17）用百分表测头垂直触及检验心棒上近轴颈处，缓慢旋转主轴，要求主轴径向跳动允差值在 0.01mm 之内；用百分表测头垂直触及检验心棒上 300mm 处，缓慢旋转主轴，要求主轴径向跳动允差值在 0.02mm 之内。

（18）按要求给主轴箱加入润滑油，用划针在主轴上和螺母 5、螺母 1 边缘做出记号，记住原始位置。

（19）适当拧松螺母 5 和螺母 1，用大木锤在主轴前后端振击，使轴承回松，保持间隙在 0～0.02mm。

（20）主轴从低速到高速空转时间不超过 2h，在最高速的运转时间不少于 30min，一般油温不超过 60℃即可。

（21）停车后用钳形扳手且用较大手劲再拧紧螺母 5 和螺母 1，结束调整工作。

四、小结

在本课题中，要理解 CA6140 型卧式车床主轴部件的装配图及装配技术要求，通过观察主轴前、中、后轴承及轴上各零件的位置、构造，明确前后轴承的作用，了解主轴部件的支承、转速、润滑等内容，熟练运用装配方法，重点掌握主轴部件的装配和调整方法，使之符合装配技术要求。

｜模块总结｜

本模块以多个装配技能训练为例，介绍了有关装配方面的一些专业基础知识，通过对本模块的学习，应使学生掌握以下内容：

常见机械制造装配工艺规程、装配工艺过程的基本内容和要求，熟悉常见典型零件的加工工艺编制，具有编制一般零件加工工艺规程和一般产品装配工艺的初步能力，初步具备分析解决现场工艺问题的能力，熟悉常用装配方法并学会解装配尺寸链；学习了解固定连接、传动机构、轴承和轴组及 CA6140 型卧式车床主轴部件装配的基本理论知识，能根据实际情况选择、确定合理的装配方法，具有对一般机构进行装配和调整的初步能力。

装配知识具有很强的实践性，学习本模块必须重视实践教学环节，即通过专业知识的学习及校内钳工实习训练等环节来更好地体会并加深理解。

模块五
减速器的结构与装配

【学习目标】

◎ 了解减速器的主要结构、主要部件及整机的装配工艺和装配要点
◎ 了解减速器的箱体零件、轴、齿轮等主要零件的结构及加工工艺
◎ 了解齿轮、轴承的润滑、冷却及密封方式与结构
◎ 了解轴承及轴上零件的调整、固定方法的方法
◎ 学会选择使用拆装工具进行正确拆装，并掌握对主要零、部件的测量技术

前面学习了装配工艺规程与装配技能训练的有关知识并进行了相应的技能训练，学习和训练这些知识和技能是为了能最终在生产中得到综合运用。

减速器（又称减速箱）是原动机和工作机之间的独立封闭传动装置，其主要功能是降低转速，增大转距以满足各种工作机械的要求。按照传动形式的不同，可以分为齿轮减速器、蜗杆减速器、行星减速器、摆线针轮减速器、谐波齿轮减速器；按照传动级数可分为单级传动和多级传动；按照传动的布置又可以分为展开式、分流式和同轴式减速器；按轴线在空间的布置又可以分为立式和卧式。

齿轮减速器主要有圆柱齿轮减速器、圆锥齿轮减速器和圆柱-圆锥齿轮减速器。齿轮减速器的特点是传动效率高、工作寿命长、维护简便，因此应用范围非常广泛。齿轮减速器的级数通常为单级、两级、三级和多级。

| 课题一　齿轮减速器的结构 |

齿轮减速器是减速器使用中最常见的一种类型，其结构较为典型，工艺简单，精度易于保证，通常传动比 $i \leqslant 8$，应用广泛。

齿轮减速器（见图5.1）反映了常用的机械结构和装配关系，如固定连接、齿轮连接、销连接、键连接和螺纹连接等，有轴组、齿轮副配合，有轴承以及密封等，小小的一台减速器，可以反映出许多前面已学知识和技能，是前面知识与技能的综合体现。

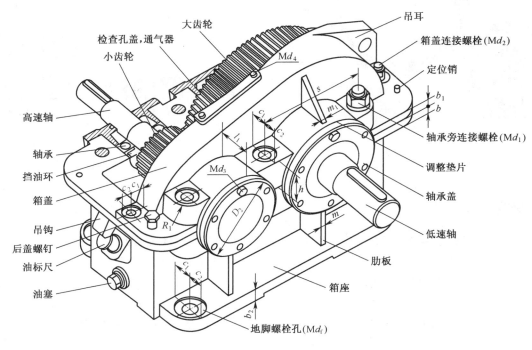

图 5.1　减速器的结构

【技能目标】

◎ 运用已学知识，分析齿轮减速器主要零件的连接形式和装配关系，能够对齿轮减速器进行装配工艺分析

◎ 运用已学技能，对齿轮减速器进行正确的拆卸

一、基础知识

在减速器中采用了螺栓、螺钉、螺塞等常用件和紧固件，在箱体和箱盖上为了满足结构和工艺上的需要，多处设有齿轮、键、深沟球轴承，多处设有凸台和凹坑，并在轴承座处加大铸件壁厚，多处增设加强肋，以保证减速器外壳的强度和刚度。考虑到减速器的润滑及密封，在箱体和箱盖的结合处均开有油槽以及挡油圈和毡圈。为了满足其工作的需要，减速器设有油面指示杆、放油孔、通气孔和观察孔。

1．减速器（见图 5.1）主要部件及附属零件的名称和作用

（1）检查孔盖和窥视孔。在减速器上部开检查孔盖，可以看到传动零件啮合处的情况，以便检查齿面接触斑点和齿侧间隙。润滑油也由此注入机体内。

窥视孔上有盖板，以防止污物进入机体内和润滑油飞溅出来。

（2）油塞。减速器底部设有放油孔，用于排出污油，注油前用螺塞堵住。

（3）油标尺（孔）。油标用来检查油面高度，以保证有正常的油量。油标有各种结构类型，有的已定为国家标准件。

（4）通气器。减速器运转时，摩擦发热使机体内温度升高，气压增大，导致润滑油从缝隙（如剖面、轴外伸处间隙）向外渗漏。所以常在机盖顶部或窥视孔盖上安装通气器，使机体内热胀气体自由逸出，达到机体内外气压相等，提高机体有缝隙处的密封性能。

（5）启盖螺钉。机盖与机座接合面上常涂有水玻璃或密封胶，连接后接合较紧，不易分开。为便于取下机盖，在机盖凸缘上常装有一至二个启盖螺钉，在启盖时，可先拧动此螺钉顶起机盖。

在轴承端盖上也可以安装启盖螺钉，便于拆卸端盖。

（6）定位销。为了保证轴承座孔的安装精度，在机盖和机座用螺栓连接后，镗孔之前装上两个定位销，销孔位置尽量远些以保证定位精度。如机体结构是对称的（如蜗杆传动机体），销孔位置不应对称布置。

（7）调整垫片。调整垫片由多片很薄的软金属制成，用以调整轴承间隙。有的垫片还要起传动零件（如蜗轮、圆锥齿轮等）轴向位置的定位作用。

（8）环首螺钉、吊环和吊钩。在机盖上装有环首螺钉或铸出吊环或吊钩，用以搬运或拆卸机盖。在机座上铸出吊钩，用以搬运机座或整个减速器。

（9）密封装置。在伸出轴与端盖之间有间隙，必须安装密封件，以防止漏油和污物进入机体内。密封件多为标准件，其密封效果相差很大，应根据具体情况选用。

2．机体结构

减速器机体用以支持和固定轴系零件，是保证传动零件的啮合精度、良好润滑及密封的重要零件，其重量约占减速器总重量的 50%。因此，机体结构对减速器的工作性能、加工工艺、材料消耗、重量及成本等有很大影响，设计时必须全面考虑。

机体材料多用铸铁（HT150 或 HT200）制造。在重型减速器中，为了提高机体强度，也有用铸钢铸造的。铸造机体重量较大，适于成批生产。机体也可用钢板焊成，焊接机体比铸造机体轻 1/4～1/2，生产周期短，但焊接时容易产生热变形，故要求较高的技术，并应在焊后退火处理。

图 5.2　上、下箱体

机体可以做成剖分式或整体式。剖分式机体的剖分面多取传动件轴线所在平面，一般只有一个水平剖分面（见图 5.2）。整体式机体加工量少，零件少，但装配比较麻烦。

二、课题实施

1．实训设备及工具

（1）Ⅰ级（Ⅱ级）圆柱齿轮传动减速器，Ⅰ级蜗杆传动减速器。

（2）活络扳手，螺丝起子、木锤、铜棒、钢尺、游标卡尺、垫铁等工量具。

2．实训方法与步骤

拆卸齿轮减速器

操作一　拆卸箱盖

（1）拆卸轴承端盖紧固螺钉（嵌入式端盖无紧固螺钉）。

（2）拆卸箱体与箱盖的连接螺栓，用拔销器起出定位销钉，然后拧动起盖螺钉，卸下上箱盖。

操作二　从箱体中取出各传动轴部件

（1）取出输入轴部件，分别取下轴上各零件，并做好标记。
（2）取出输出轴部件，分别取下轴上各零件，并做好标记。

操作三　拆卸齿轮箱上的其他各零件

取出油标（油尺）、油塞、密封等零件。

提　示

① 合理使用装卸工具，注意使用正确的拆卸方法。
② 成员分工明确，做好零件标记，并按顺序记录，以方便装配。

| 课题二　齿轮减速器装配 |

【技能目标】

◎ 看懂和正确分析减速器装配图
◎ 能进行部件装配，符合装配精度要求
◎ 能熟练地总装配 Ⅰ 级齿轮减速器，做到主要零件转动灵活，配合良好

一、基础知识

装配技术要求可根据部件的作用和性能及结构特点制订，一般在装配图和有关技术文件中给出。单级齿轮减速器的装配技术要求如下：

（1）零件和组件必须正确安装在规定位置，不得装入图样未规定的垫圈、衬套等零件。
（2）固定连接件必须保证连接的牢固性。
（3）旋转机构转动应灵活，轴承间隙合适，各密封处不得有漏油现象。
（4）齿轮副的啮合侧隙及接触斑痕必须达到规定的技术要求。
（5）润滑良好，运转平稳，噪声小于规定值。
（6）部件在达到热平稳时，润滑油和轴承的温度不能超过规定的要求。

Ⅰ 级直齿圆柱齿轮减速器装配图如图 5.3 所示。

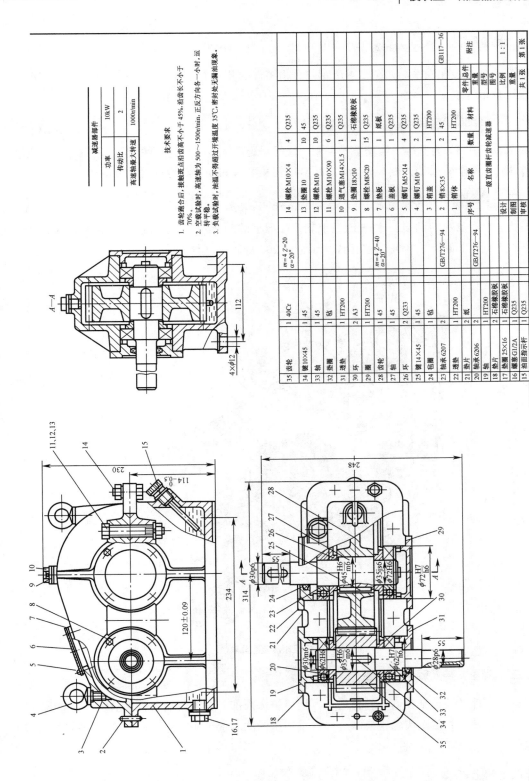

图 5.3　Ⅰ级圆柱齿轮减速器

二、课题实施

齿轮减速器的装配程序，如图5.4所示，分析零件的装配顺序和装配关系，确定装配方法与步骤，先进行组件装配。

操作一　装配输入轴组件

以输入轴（件3）为基准，修理键槽毛刺，修配平键后，装入平键（件34）。用铜棒敲入主动齿轮（件35）。两端装入挡油圈（件26）。两端用铜棒敲入6206球轴承（件20）。

操作二　装配输出轴组件

以输出轴（件27）为基准，修理键槽毛刺，修配平键后装入平键。用铜棒敲入从动齿轮（件28）。两端装入挡油圈（件30）。两端用铜棒敲入6207球轴承（件23）。

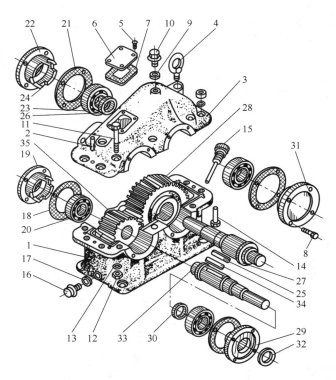

图5.4　齿轮减速器装配分解

操作三　清理、装入轴组后检查齿轮的啮合

检查有无零件及其他杂物留在箱体内后，擦净箱体内部。分别将输入、输出轴组件装入下箱体（件1）中，使主、从动齿轮正确啮合（可采用压铅法测量齿侧间隙，采用涂红丹粉进行接触精度的检验）。

操作四　合上箱盖

将箱内各零件，用棉纱擦净，并涂上机油防锈。再用手转动高速轴，观察有无零件干涉。无误后，经指导老师检查后合上箱盖。合上上箱体（件3），以箱体加工时的2只工艺销钉为基准定位（件 2），装上定位销，并敲实。装上螺栓、垫圈和螺母（件 11、12、13、14），用手逐一拧紧后，再用扳手分多次按顺序均匀拧紧。

操作五　盖板组件装配并调整游隙

分别在输入、输出轴两端装上盖板组件（件 18、19、21、24、29、32），将嵌入式端盖装入轴承压槽内，并用调整垫圈调整好轴承的工作间隙。装上螺钉、垫圈，用手逐一拧紧后，再用扳手分多次按顺序均匀拧紧。

操作六　装配附件

拧入放油孔螺塞（件 16），加垫片（件 17）；拧入通气塞（件 10），加垫片（件 9）；安放观察孔盖板（件 6）及垫片（件 7），拧紧四只螺钉（件 5），拧入 2 只吊环螺钉（件 4）。

操作七　检查两轴的配合

用棉纱擦净减速器外部，检查输入、输出轴转动情况，达到灵活无阻滞现象。

操作八　清点验收

清点好工具，擦净后交还指导老师验收。

　提　示

实训前必须预习，初步了解减速器的基本结构。按规定步骤进行拆装，分小组合作，成员分工明确，做好记录，多提出实际问题，以便在实训中加以解决。

三、拓展训练

1．测定减速器传动精度

采用接触斑点作为对减速器传动精度的检验项目。仔细擦净每一个齿轮，将红铅油均匀地涂在主动轮的工作齿面上（不少于 5 齿），用一只手转动输入轴，另一只手轻握输出轴，使齿轮在一个微小的阻力下工作，转过 3～5 齿后，观察从动轮轮齿齿面接触斑痕的分布情况，并沿齿宽、齿高方向测量接触斑痕的尺寸。按图 5.5 所示绘出接触斑点分布图。

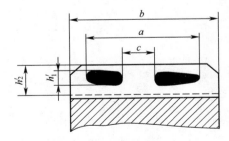

图 5.5　接触斑点分布示意图

齿长方向：接触痕迹的长度 a（扣除断开部分的长度 c）与工作长度 b（扣除倒角）之比的百

分比，即齿宽接触为 $\frac{a-c}{b}\times100\%$ 。一般控制在齿长的 50%～80%。

齿高方向：接触痕迹的平均高度 h_1' 与工作高度 h_2' 之比的百分比，即齿高接触为 $\frac{h_1'}{h_2'}\times100\%$ ，一般控制在齿高的 40%～70%。式中 h_2' 为工作高度。

2．测定侧隙

在相啮合轮齿间，插入直径稍大于齿侧间隙的铅丝。转动主轴，铅丝随轮齿前进并受到挤压变形。齿侧间隙距离等于变形后铅丝厚度的两倍。

3．轴承轴向间隙的测定与调整

安装固定好百分表，用手推动轴至一端，然后再推动它至另一端。百分表上所指示的量即轴向间隙的大小。适当增减轴承端盖处调整垫片厚度进行调整，直至符合要求。

对于嵌入式轴承盖用调整环或调整螺钉进行调整。

四、小结

本课题是在已学装配工艺规程和装配技能训练后的一次综合性训练，通过对减速器的拆装，理解常用装配方法在机械部件中的运用，熟练运用已学的装配知识和已掌握的操作技能，完成齿轮减速器的装拆，并学会思考和观察，学会运用相关理论知识和技能解决生产中的实际问题。

| 模块总结 |

本模块是在已学装配工艺规程和装配技能训练后的一次综合性训练，通过对齿轮减速器的拆装，了解了齿轮减速器的结构和装配关系，学习和掌握并巩固已有的装配知识和技能，学会思考和观察，学会运用装配工艺理论知识和装配方法解决典型部件的装配问题。

【学习目标】

◎ 培养学生的安全文明生产意识和良好的敬业、爱岗、团结、协作、勤俭节约的职业素质。通过实训，培养理论联系实际的严谨作风

◎ 巩固提高钳工的基本操作方法、掌握零件的主要加工方法和工艺过程，巩固机械制图知识，独立完成工件的加工

◎ 能够使用常用工具和量具制作完成有一定精度要求的工件

◎ 运用所学知识，进行零件加工工艺的编制并独立完成加工

综合练习是在完成钳工基本操作的基础上，为进一步提高操作技能水平，全面巩固已学知识，学习掌握典型零件的加工方法和了解工艺过程，熟练使用常用工具和量具对中等难度零件进行加工，达到钳工中级技能要求而进行的重要训练环节。

| 课题一　减速箱体立体划线 |

减速箱体的立体划线是已学知识技能的综合运用，通过对减速箱体的立体划线完成理论与技能的有机结合，达到技能目标。

【技能目标】

◎ 掌握利用划线工具在划线平台上的正确安放；找正工件；能合理确定中等复杂程度工件的找正基准和尺寸基准，并进行立体划线

工具：划线平板、千斤顶、划针盘、划针、样冲、小手锤、斜铁、塞块等。

量具：钢直尺、角尺、直尺。

零件毛坯：齿轮减速箱盖、箱座。

一、基础知识

有关提示与说明：

（1）用划针盘划线时，划针应基本处于水平位置；伸出部分尽量短些；夹紧要可靠。

（2）划线平板通常由铸铁或花岗石制成，表面平整光洁。划线平板的表面质量直接影响划线精度，因此划线平板的工作表面须经过精刨或刮削。

（3）使用角尺、直尺划线时，要准确对中，手扶稳，使划出的线条均匀准确。

（4）注意防止划针伤人，注意爱护平板，爱护使用和学会保养工具和量具。

（5）对不同的材料，选择使用涂料着色。

二、课题实施

1．零件划线图

操作一　第一次划线

图 6.1（a）、（b）所示为齿轮减速箱体，从图中可以看出它是由箱盖（a）和箱座（b）组合成的一个整体，所以第一次划线分别划出两个单件结合面的加工线，等加工后用螺钉紧固为一个整体后，再进行第二次划线，划出 470mm 两侧的校正和加工线；至于各孔的位置线，则由第二次划线来完成。

（1）箱盖划线。将箱盖按如图 6.2（a）所示的位置放在平板上，螺钉紧固面用 3 个千斤顶支承，使结合表面向上。用划线盘的弯钩进行找正，使紧固面的四角与平板基本平行，按紧固面至结合面之间厚度 25mm（后面出现的尺寸平标单位的均为 mm），划出结合面的加工界线，并检查 $\phi230$ 孔在该线上的对中点 O（以 $\phi230$ 孔凸台外缘为依据）至圆弧背的尺寸（377），如果差异较大，则应借正结合面的加工线，使 R377 保持基本正确。

（2）箱座划线。划出箱座结合表面和底面的加工线，其划法与箱盖大致相同。将箱体如图 6.2（b）安放在平板上的千斤顶上，分别用划针盘弯钩校正紧固面 1、2 的四角，使之与平板面基本平行，按紧固面 1 至结合面之间厚 25。划出结合表面的加工线，再根据结合面的加工线划出底面 320 的加工线，并如箱盖划线一样检查 $\phi230$ 孔的结合面加工线上的对中点 O 到圆弧背的尺寸 R377。

操作二　第二次划线

当箱盖与箱座经过上述划线、加工。即可按图划出螺孔的位置和加工线，待加工紧固、本定位销后，便成为整全箱体。接着可进行第二次划线。

将箱体如图 6.2（c）安放在平台上，用角尺校正底面使之与平板垂直，以决定图示前后的位置；用划针盘校平 450 毛坯平面与平板面基本平行，以决定图示左右位置。依据三孔两端凸台高低和中间凸筋，划出校正线 I—I。然后上移 470/2=235，划出上端加工线，再由上端加工线下移 470 划出下端加工线，即可转加工工序 470 部位。

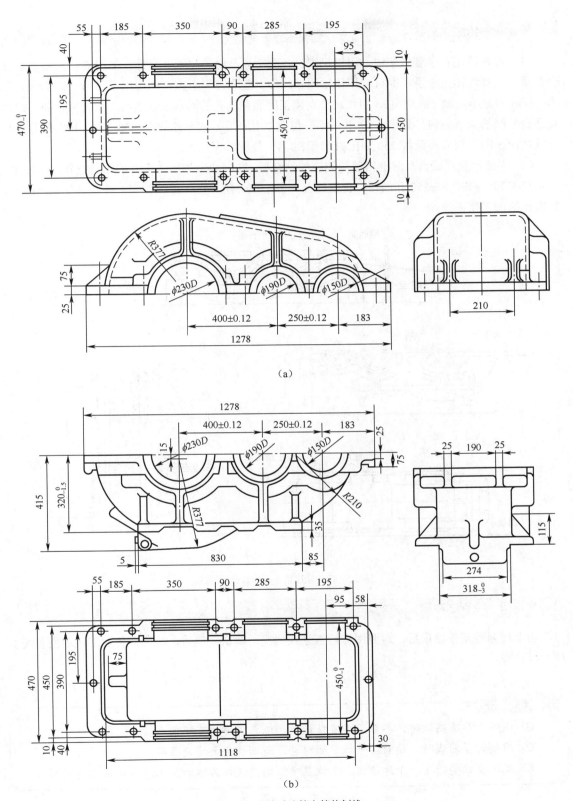

（a）

（b）

图 6.1 齿轮减速箱上箱体划线

操作三　第三次划线

（1）在各毛坯孔中装填塞块，用钢尺测量各孔毛坯凸缘的位置（尺寸参阅图6.1），如基本符合要求，又都有加工余量，即可将箱体如图6.2（d）竖立在平板上，两边用千斤顶（或斜铁）支承，仔细调整千斤顶（或斜面），用角尺分别校正底面和三孔的两端面使之与平板垂直，依据ϕ230孔凸台外缘的上下方向，划出ϕ230孔的第一位置线Ⅱ—Ⅱ，接着距此线400划出ϕ190孔的第一位置线Ⅲ—Ⅲ，随后距此线250划出ϕ150孔的第一位置线Ⅳ—Ⅳ。

（2）用长钢直尺或直尺对准箱盖与箱座的结合缝，在填块上划出三个孔的第二位置线Ⅴ—Ⅴ，分别与ϕ230、ϕ190和ϕ150孔的第一位置线Ⅱ—Ⅱ、Ⅲ—Ⅲ、Ⅳ—Ⅳ线相交，并以各交点为圆心，划出孔的加工校正线。

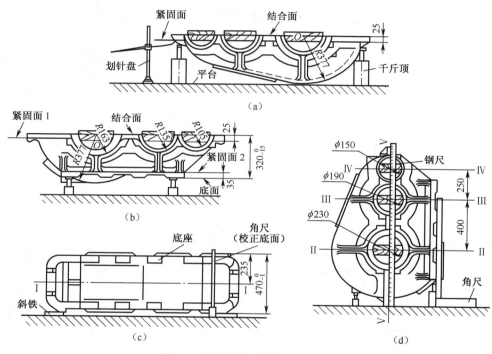

图6.2　齿轮减速箱下箱体及合箱划线

操作四　检查、冲眼

当上述划线操作结束后，对照图样检查划线情况，确认无误后，即可在各加工线和位置线上冲上样冲眼。

 提　示

① 调整千斤顶高低时，不可用手直接调节，以免工件掉下砸伤手。

② 用划针盘划线时，要紧贴平板平面移动，所划线条要清楚准确。

③ 工件安放要稳固，千斤顶边上要放置略低的垫块作为辅助支承，以防止工件倾斜。

2．成绩评分表（见表 6.1）

表 6.1 　　　　　　　　　　成绩评分表

工件号	学　号		姓　名		总　得　分	
项　目	检测内容	配分	评分标准		实测结果	得　分
立体划线	三个位置垂直度找正误差小于 0.35mm	24	超差一处扣 8 分			
	三个位置尺寸基准位置误差小于 0.5mm	24	超差一处扣 8 分			
	划线尺寸误差小于 0.35	24	每超差一处扣 3 分			
	线条清晰、样冲点准确	18	一处不正确扣 3 分			
	安全文明生产	10	违者酌情扣 5～10 分			
现场记录						

｜课题二　内外圆弧加工｜

内外圆弧加工，是钳工操作技术的基础，通过本课题的练习，能够熟悉锉削内外圆弧加工工艺和掌握操作要领。

【技能目标】

◎ 按图样要求划线

◎ 正确装夹、钻孔，并保证孔的相对位置

◎ 掌握锉削内外圆弧的加工技能

◎ 掌握运用推锉技能，对狭长面进行加工

◎ 掌握圆弧和直线连接处的加工技能

一、基础知识

1．锉削外圆弧面

方法一：横着圆弧面锉。将圆弧外的部分锉成接近圆弧的多边形用于粗加工（又称为切线法）如图 6.3（a）所示。

方法二：顺着圆弧面锉。在加工余量较小或精锉圆弧时采用，如图 6.3（b）、（c）所示。

视频 67 外圆弧面的锉削方法

加工步骤如下所述。

（1）划线。

（2）先采用横向锉削成多边形。

（3）再采用顺向锉。

（4）用半径规检查圆弧面，如图 6.3（d）所示。

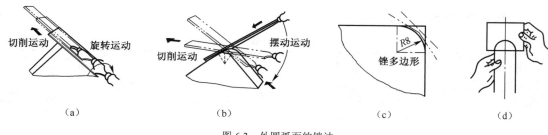

（a）　　　　　　　　（b）　　　　　　　　（c）　　　　　　　　（d）

图 6.3　外圆弧面的锉法

2．锉削内圆弧面

要点：锉内圆弧面，要用圆锉或半圆锉，其圆要小于待锉工件的圆弧半径。

（1）加工工序。粗加工（留 0.20mm 余量）后精加工，达到图纸要求。

（2）操作技术要点。为了锉削出内圆弧面，锉也必须有 3 个运动：前进运动，如图 6.4（a）所示；随圆弧面向左或向右移动和绕锉刀中心的转动，如图 6.4（b）、（c）所示；侧向进给力不能过大，否则会产生振痕，如图 6.4（d）所示。

视频 68　内圆弧面的锉削方法

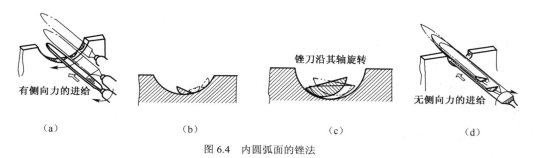

有侧向力的进给　　　　　　　　　　锉刀沿其轴旋转　　　　　　　　　无侧向力的进给

（a）　　　　　　　　（b）　　　　　　　　（c）　　　　　　　　（d）

图 6.4　内圆弧面的锉法

二、课题实施

（1）图形及技术要求如图 6.5 所示。

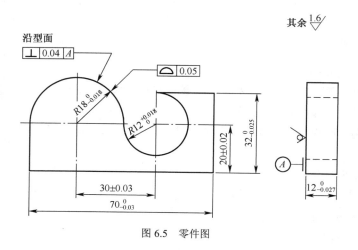

图 6.5　零件图

（2）考核要求。

① 公差等级：IT7。

② 形位公差：面轮廓度为 0.05mm、垂直度为 0.04mm。

③ 表面粗糙度：Ra1.6μm。

④ 时间定额：240 分钟。

（3）注意事项。

① 圆弧处应在锯削前倒角。

② 圆弧与直线连接处要光滑，注意不要破坏圆弧面。

③ 注意钻排孔时孔与孔之间的距离。

（4）准备要求。

① 按图 6.6 所示尺寸准备材料。

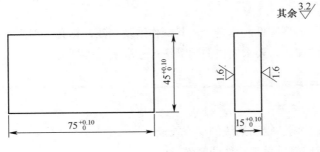

图 6.6 材料尺寸图

材料：Q235。

规格：75mm×45mm×15mm。

数量：1 件。

② 设备准备。划线平台、方箱、钳台、台虎钳、台式钻床、砂轮机。

③ 工、量、刃具准备。游标高度尺、游标卡尺、90°角尺、刀口尺、R 规、ϕ6mm 直柄麻花钻、平锉、半圆锉、样冲、钢直尺、软钳口、锉刀刷、手锤、锯弓、划针、划规。

（5）锉削工艺（略）。

（6）内外圆弧评分表（见表 6.2）。

表 6.2 内外圆弧评分表

序号	考核内容	考核要求	配分	评分标准	检测结果	扣分	得分
1	锉削 平面曲面	$R18^{\ 0}_{-0.018}$ mm	12	超差不得分			
2		$R12^{+0.018}_{\ 0}$ mm	12	超差不得分			
3		20±0.02mm	5	超差不得分			
4		30±0.03mm	5	超差不得分			
5		$12^{\ 0}_{-0.027}$ mm	6	超差不得分			
6		$32^{\ 0}_{-0.025}$ mm	8	超差不得分			
7		$70^{\ 0}_{-0.03}$ mm	7	超差不得分			

续表

序号	考核内容	考核要求	配分	评分标准	检测结果	扣分	得分
8		⊥ 0.04 A	13	超差不得分			
9		⌒ 0.05	12	超差不得分			
10		表面粗糙度：$Ra1.6\mu m$	10	升高一级不得分			
11		安全文明生产	10	违者酌情扣分			
	合　计		100				

评分人：　　　　　　　年　月　日　　　　　　　核分人：　　　　　　　年　月　日

课题三　鸭嘴锤制作

鸭嘴锤制作是钳工典型零件制作之一，其操作涉及划线、钻孔、锯割、锉削、孔型对称度的控制、光滑圆弧连接的加工。要求制作的鸭嘴锤尺寸准确、外型美观。

【技能目标】

◎ 巩固提高錾、锯、锉及划线的操作技能

◎ 能按图纸完成简单手工零件的制作

1．图形及技术要求

图形及技术要求如图 6.7 所示。

2．考核要求

（1）公差等级：IT9。

（2）形位公差：面轮廓度为 0.05mm、垂直度为 0.03mm。

（3）表面粗糙度：$Ra3.2\mu m$。

（4）时间定额：360 分钟。

3．注意事项

（1）倒角与圆弧处应先锉圆弧后倒角连接。

（2）圆弧与直线连接处要光滑，注意不要破坏圆弧面。

（3）注意钻腰孔处孔时两孔之间的距离，控制对称度。

4．准备要求

（1）材料准备。

材料：45 号钢。

规格：$21mm×21mm×115mm$（由课题一图 1.73 转下来）。

数量：1 件。

（2）设备准备。

划线平台、方箱、钳台、台虎钳、台式钻床、砂轮机。

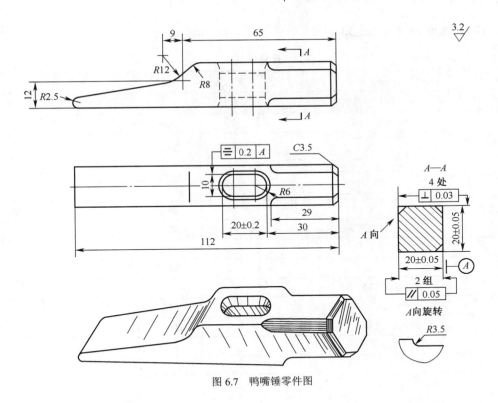

图 6.7　鸭嘴锤零件图

（3）工、量、刃具准备。

游标高度尺、游标卡尺、90°角尺、刀口尺、R 规、ϕ2.5 中心钻、ϕ5、ϕ9.8mm 直柄麻花钻、平锉、半圆锉、样冲、钢直尺、软钳口、锉刀刷、手锤、窄錾、锯弓、锯条、划针、划规。

5．加工步骤

先检查来料尺寸

（1）锉平 A 面。

（2）锉平底面 B，且垂直于 A 面，垂直度应小于 0.03。

（3）锉 A 面的对面，锉平，保证尺寸 20±0.2，且与 A 面平行，平行度小于 0.05。

（4）锉底面 B 的对面，锉平，保证尺寸 20±0.05，且与 B 面平行，平行度小于 0.05。

（5）锉右端面，锉平，且垂直于 A 面。

（6）划线，以右端面为基准划出 35、45、112、65 尺寸线，再以底面 B 为基准划中心线、腰槽线和 3.5×45°、最后划 R5、R8、R12 圆弧线（R12 圆心在工件外采用拼接法划出）。

（7）按划线在 R12mm 处钻 ϕ5mm 孔后，用手锯按加工线去除多余材料，留有锉削余量。

（8）用半圆锉按线粗锉 R12mm 内圆弧面，用扁锉精锉斜面与 R8 圆弧面到划线。用细扁锉及半圆锉做推锉修整，达到各形面连接光滑、纹理顺齐。保证 R12 圆弧面及与之相切的平面或斜面，保证尺寸为 65mm 及 9mm。

（9）八角头部棱边倒角、锉 3.5×45° 斜面及圆弧过度面，用粗、细扁锉粗、精锉倒角，再用小圆锉精加工 R3.5mm 圆弧，最后用推锉法修整。

（10）锉 R2.5mm 圆头，并保证工件总长为 112mm。

（11）钻 ϕ9.8 孔，用圆锉锉削连接两孔成腰形槽，锉腰孔保证对称度小于 0.20mm。

（12）整理锉痕、用砂布抛光，检查后上交。

6．评分标准（见表 6.3）

表 6.3　　　　　　　　　　　　　　　评分标准

工 件 号		学 号		姓 名		总 得 分	
项目	质量检查内容			配分	评分标准	实测结果	得分
锉削	（20±0.05）mm（2 处）			20	超差不得分		
	≡ 0.05 A　2 组			12	超差不得分		
	⊥ 0.03 A　4 处			12	超差不得分		
	C3.5			8	超差不得分		
	表面粗糙度 Ra3.2μm			8	升高一级不得分		
腰孔	（20±0.20）mm			10	超差不得分		
	10　　R 6　　30			6	超差不得分		
	表面粗糙度 Ra3.2μm			2	升高一级不得分		
其他	29　112　65　9　12　R8　R25			7	超差不得分		
	表面光整、美观			5	目测酌情扣分		
	安全文明生产			10	违者酌情扣分		
现场记录							

| 课题四　燕尾件镶配 |

燕尾件镶配是钳工锉削角度镶配类工件中的一种典型零件加工，其操作涉及角度的计算、对称度的控制、尺寸的换算等。

【技能目标】

◎ 掌握角度锉配的方法

◎ 学会误差的判断和检查方法

一、基础知识

加工工艺准备：

1．自制 60°角样板（见图 6.8）

（1）按图下料；

（2）锉削外形；

（3）划 60°锯割线；

（4）锯割角度；

（5）粗、精锉角度达 60°±2'；

（6）检查。

2．燕尾槽对称度的控制方法

（1）利用圆柱测量棒间接测量法，控制边角尺寸 M（见图 6.9）。

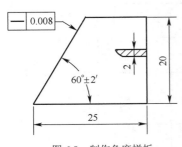

图 6.8 制作角度样板

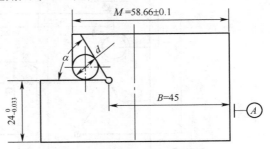

图 6.9 圆柱测量棒间接测量尺寸

测量尺寸 M 与样板尺寸 B 及圆柱棒直径 d 之间的关系如下：

$$M = B + \frac{d}{2}\cot\frac{\alpha}{2} + \frac{d}{2}$$

式中：M——测量读数值（mm）；

B——图样技术要求尺寸（mm）；

d——圆柱测量棒直径（mm）；

α——斜面的角度值。

（2）L 尺寸（见图 6.10）的计算方法如下：

已知圆柱测量棒直径 $d=\phi10$mm，$\alpha=60°$，$b=20$mm

计算公式为

$$L = b + d + d\cot\frac{\alpha}{2} = 20\text{mm} + 10\text{mm} + 10\text{mm}\times\cot30° = 47.32\text{mm}$$

（3）内燕尾槽 A 尺寸（见图 6.11）的计算方法如下：已知 $H=18$mm，$b=20$mm，$\alpha=60°$。

计算公式为

$$A = b + \frac{2H}{\tan\alpha} - (1 + \frac{1}{\tan\frac{1}{2}\alpha})d = 20 + \frac{36}{\sqrt{3}} - (1 + \frac{1}{\tan30°})\times10 = 13.47\text{mm}$$

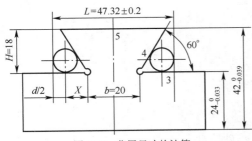

图 6.10 燕尾尺寸的计算

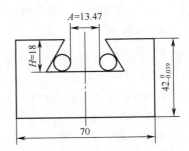

图 6.11 圆柱测量棒控制尺寸 A

二、课题实施

1．图形及技术要求

图形及技术要求如图 6.12 所示。

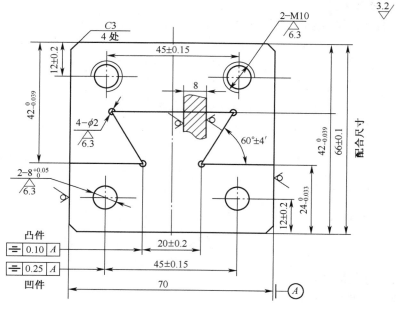

图 6.12 燕尾件镶配图

2．考核要求

（1）公差等级：IT8。

（2）形位公差：锉削对称度 0.10mm、钻孔对称度 0.25mm、垂直度 0.03mm。

（3）配合间隙：小于 0.04mm、错位量小于 0.06mm、表面粗糙度不大于 $Ra3.2\mu m$。

（4）时间定额：360 分钟。

3．注意事项

（1）凸件加工中只能先去掉一端 60°角料，待加工达到要求后才能去掉另一端 60°角料，便于加工时测量，控制燕尾对称度。

（2）采用间接测量来达到尺寸要求，必须正确换算和测量。

（3）由于加工面较狭窄，一定要锉平并与大端面垂直，才能达到配合精度。

（4）凹凸件锉配时，一般不再加工凸形面，否则失去精度基准难以进行修配。

4．准备要求

（1）材料准备。

材料：45 号钢。

规格：88mm×71mm×8mm。

数量：1 件。

（2）设备准备。

划线平台、方箱、钳台、台虎钳、台式钻床、砂轮机。

（3）工、量、刃具准备。

钢直尺、高度游标卡尺、游标卡尺、90°角尺、刀口形直尺、0～25mm、25～50mm、50～75mm 千分尺、百分表、磁性表座、划针、样冲、划规、錾子、手锤、锯弓、锯条、平锉、三角锉、方锉、铰杠、直柄麻花钻（ϕ2mm、ϕ8mm、ϕ8.5mm、ϕ11mm）、M10 丝锥。

5．操作步骤

检查来料尺寸，按图样要求划燕尾凹凸件加工线。钻 4—ϕ2mm 工艺孔，燕尾凹槽用 ϕ11mm 钻头钻孔，再锯割凹凸燕尾件如图（见图 6.13）。

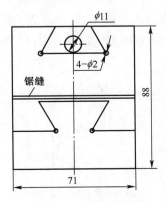

图 6.13 划线、钻孔、锯割

（1）按划线锯割材料,留有加工余量 0.8mm～1.2mm，如图 6.14（a）所示。

（2）锉削燕尾槽的一角，完成 60°±4′ 及 $24_{-0.033}^{0}$ mm 尺寸，达到表面粗糙度 Ra3.2μm 的要求。用图示的方法和百分表测量控制加工面 1 与底面平行度，并用千分尺控制尺寸 $24_{-0.033}^{0}$ mm ，如图 6.14（b）所示；利用间接测量法控制尺寸 M；用自制样板控制 60° 角，如图 6.14（c）所示。

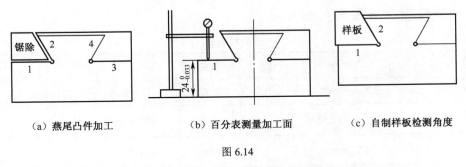

（a）燕尾凸件加工　　　　（b）百分表测量加工面　　　　（c）自制样板检测角度

图 6.14

（3）按划线锯削另一侧面 60° 角，留加工余量 0.8～1.2mm（见图 6.15）。

（4）如图 6.15 所示，锉削加工另一侧面 60° 角面 3 与面 4，完成 60°±4′ 及 $24_{-0.033}^{0}$ mm 尺寸，方法同上。

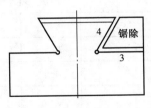

图 6.15 锯除另一侧角度

（5）锉削加工面 5（见图 6.12），达到 $42_{-0.039}^{0}$ mm 外形尺寸。

（6）检查各部分尺寸，去锐边毛刺。

操作三　加工燕尾凹件

（1）按图 6.16 所示，锯除燕尾凹槽余料，各面留有加工余量 0.8～1.2mm。

（2）按划线粗锉面 6、面 7、面 8，并留 0.1～0.2mm 修配余量，用凸件与凹件试配作，并达到图样要求和换位要求。此时用百分表按图 6.16（b）所示测量控制面 6 与底面平行；用自制 60° 小样板测量控制内 60° 角，如图 6.16（c）所示；用 ϕ10 圆柱测量棒控制尺寸 A（见图 6.11）。

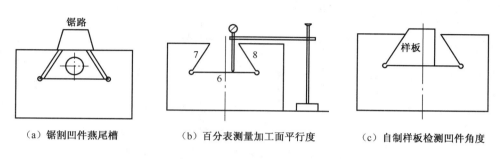

（a）锯割凹件燕尾槽　　　　（b）百分表测量加工面平行度　　　　（c）自制样板检测凹件角度

图 6.16　燕尾锯割、平行度测量、角度检测示意图

操作四　加工外形和孔加工

（1）锉削加工凹燕尾外形（见图 6.11），达到 $42_{-0.039}^{0}$ mm 尺寸及锉削加工 4 处与 3mm×45° 斜面。

（2）按划线钻 2—ϕ8mm 孔达孔距要求，再钻 2—ϕ8.5 mm 的孔，并用 M10 手用丝锥进行攻螺纹，达到图样要求（见图 6.12）。

（3）复检各尺寸，去锐边毛刺。

6. 评分检测表（见表 6.4）

表 6.4　　　　　　　　　　　　　　　　评分检测表

工件号		操作时间		姓名		总得分	
项目		质量检查内容		配分	评分标准	实测结果	得分
锉配		$42_{-0.039}^{0}$ mm（2 处）		12 分	超差不得分		
		$24_{-0.033}^{0}$ mm		8 分	超差不得分		
		60° ±4′		8 分	超差不得分		
		（20±0.02）mm		8 分	超差不得分		
		表面粗糙度 Ra3.2μm		8 分	升高一级不得分		
		≡ | 0.10 | A		4 分	超差不得分		
		配合间隙≤0.04mm（5 处）		20 分	超差不得分		
		错位量≤0.06mm		4 分	超差不得分		
钻孔		2—$\phi 8_{0}^{+0.05}$ mm		2 分	超差不得分		

续表

工件号		操作时间		姓名		总得分	
项目	质量检查内容			配分	评分标准	实测结果	得分
钻孔	2-M10			2分	超差不得分		
	（12±0.20）mm（4 处）			4分	超差不得分		
	（45±0.150）mm（2 处）			4分	超差不得分		
	表面粗糙度 Ra6.3μm（4 处）			4分	升高一级不得分		
	≡ | 0.25 | A			6分	超差不得分		
	安全文明生产			10分	违者酌情扣分		
现场记录							

| 课题五　制作 35mm 台虎钳 |

　　35mm 台虎钳制作，是钳工实习中对学生掌握已学理论和基本操作技能的一次综合检验，通过毛坯取料、平面（立体）划线、钻孔、攻丝、切割下料、成型与装配等一系列加工，全面了解和熟悉产品的加工制作工艺过程，提高锉削技能水平和使用常用量具进行正确测量的技能，并学会判断误差的大小和修整，最终完成作品。

【技能目标】

◎ 能够利用已学知识技能找正工件
◎ 能合理确定中等复杂程度工件的找正基准和尺寸基准，并进行立体划线
◎ 能综合分析 35mm 台虎钳装配图，了解装配关系和技术要求，确定各零件加工和装配方法

一、基础知识

加工工艺准备如下所述。

（1）识读装配图与零件图，分析其装配关系和主要零件的结构，编制加工工艺。

（2）按图样要求进行分析，选择划线基准，进行立体划线。

（3）复习燕尾对称度的控制与锉配

（4）根据装配关系，按排好的装配顺序，注意孔、面的加工及装配要求。

二、课题实施

1. 图形

35mm 台虎钳的装配图如图 6.17 所示，材料明细表如表 6.5 所示。

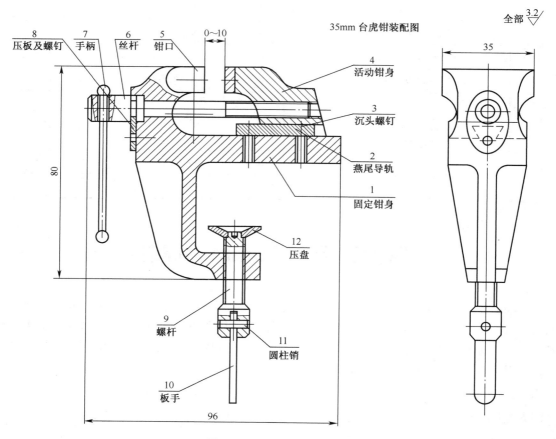

图 6.17　35mm 台虎钳装配图

表 6.5　　　　　　　　　　　　　　　　材料明细表

序　号	名　　称	数　　量	材　料	备　注
1	固定钳身	1	HT200	
2	燕尾导轨	1	45	
3	沉头螺钉	6	35	M3×10 标准件
4	活动钳身	1	HT200	
5	钳口	2	45	
6	丝杆	1	45	调质
7	手柄	1	45	可用 ϕ3 钢丝
8	小挡板	1	08F	
9	紧固螺钉组件	1 套	35	可用一个螺钉

2．技术要求

（1）外形美观，光洁。

（2）活动钳身移动灵活、顺动无阻滞现象。

（3）手柄转动灵活、钳口夹紧后间隙小于 0.03mm。

3．操作步骤

操作一　加工固定钳身

加工坯料（80±0.05×80±0.05×35±0.05）由锉削（见图 1.63）转入。

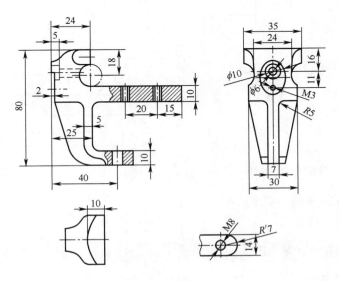

图 6.18　固定钳身

（1）立体划线（划出固定钳身轮廓图，同时划出孔线，包括工艺孔线）。

（2）按图要求加工出各孔及螺孔，包括工艺孔（由钻孔图 1.102 转入）。

（3）加工出加强筋（采用錾削后锉削加工或事先划线后铣削加工完成）。

（4）锯割粗成型（注意固定钳身下部切割料留做活动钳身用）。

（5）粗、精锉固定钳身成型达到图中要求（见图 6.18）。

（6）划线、钻孔、攻丝。

操作二　加工活动钳身

（1）按图立体划线（见图 6.19）。

（2）钻工艺孔。

（3）锯割粗成型。

（4）粗、精锉外形。

（5）配锉燕尾槽。

（6）划各孔线。

（7）钻孔、攻丝（中间 M6 螺孔装配后配钻、M3 螺孔与燕尾导轨和钳口配作）。

钳工工艺与技能训练（第2版）（微课版）

操作三　加工燕尾导轨

（1）划线（见图6.20）。

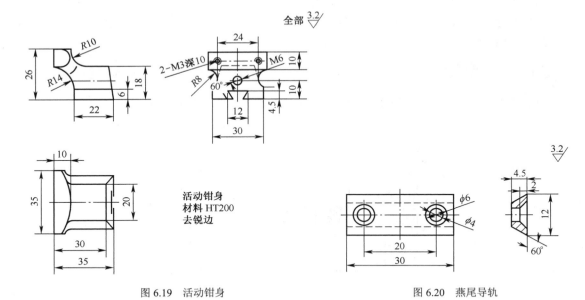

图 6.19　活动钳身　　　　　　　　　图 6.20　燕尾导轨

（2）锉削达图 6.20 中所示要求。

（3）划线、钻孔、锪沉孔。

操作四　加工钳口（见图6.21）

（1）锉外形达图纸要求。

（2）划线。

（3）钻孔、锪沉孔。

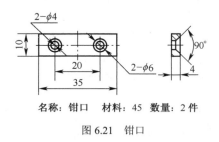

名称：钳口　材料：45　数量：2件

图 6.21　钳口

操作五　加工手柄

车加工件后装配球头（或用 ϕ3 钢丝，两头敲打后修锉成圆弧）。

操作六　加工丝杆（由图 1.128 转入）

操作七　加工其他零件

小挡板如图 6.22 所示。

螺钉标准件（外购件）：深头螺钉（M3×8）6 件、半圆头螺钉（M3×6）1 件以及紧固螺钉（车削加工）。

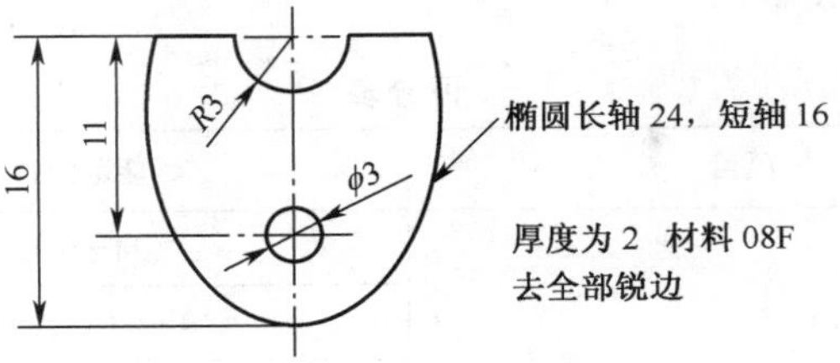
R3
11
16
ϕ3
椭圆长轴 24，短轴 16
厚度为 2 材料 08F
去全部锐边

图 6.22 小挡板

操作八 总装配(见图 6.23)

图 6.23 装配立体图

（1）安装二个钳口。以钳口两孔分别配作固定钳身和活动钳身的 2—M3。用螺钉将钳口与钳身连接固定。

（2）导轨的装配。将燕尾导轨用 M3 螺钉紧固在固定钳身上，装配后活动钳身与固定钳身两侧的错位量小于 0.20mm，二钳口重合后，两端间隙小于 0.03mm。注意调整与钳身中心的平行，用活动钳身试配，保证运动顺滑，便于总装配后的外型修整。

（3）配作活动钳身 M6 螺孔。将活动钳身装入导轨，两钳口合并夹紧，以固定钳身ϕ6.2 配钻活动钳身 M6 底孔ϕ5。

（4）装配丝杆，检查螺纹配合情况，做适当修整。

（5）安装挡板，配作小螺孔。

（6）安装手柄。

（7）装配台虎钳安装螺杆（螺杆由车加工备料）。

（8）锉修固定钳身和活动钳身的外形，钳口上平边齐，两侧圆弧过渡一致，达到平齐美观。

（9）全面检查、修光、去全部锐边、清洗、涂油。

4. 注意事项

（1）钻孔时注意垂直度的控制，特别是固定钳身与活动钳身配作时。

（2）燕尾导轨与活动钳身的配合要达到图纸要求。

（3）固定钳身锉削时，应注意其正确的装夹位置，尽可能夹在钳身处，防止夹持力不当而夹断钳身。

（4）M3 螺孔手持攻丝即可，以防丝锥折断。

5．评分表（见表6.6）

表6.6 评分表

序号	项目	鉴定内容	配分
01	固定钳身	24±0.02	2
02		10±0.02（2处）	4
03		2－R5/R9/R15	4
04		16±0.1/11±0.1	2
05		3－M3/M6	4
06		≡0.08	4
07		30±0.02/35±0.02	4
08		78±0.05/80±0.05	6
09	活动钳身	2－R8/R10/R28	4
10		2－M3/M6	3
11		10±0.1	1
12		30±0.02/35±0.02	4
13	附件	12±0.02/30±0.02	4
14		10±0.02/35±0.02	4
15		2－M6	4
16		$4.5^{+0.03}_{0}$	3
17		60°±4′（2处）	3
18	装配质量	钳口紧密平整	8
19		活动钳身活动自如	4
20		丝杠转动灵活	6
21		总装合理、定位稳定	12
22	操作过程	安全文明生产	6
23		按时完成考件	4
24	合计得分		100

模块七
综合练习（二）
初、中级技能考核训练

【学习目标】

◎ 培养学生的安全文明生产意识和良好的敬业、爱岗、团结、协作、勤俭节约的职业素质。通过实训，培养理论联系实际的严谨作风

◎ 巩固提高钳工的基本操作方法，掌握零件的主要加工方法和工艺过程，巩固机械制图知识，独立完成工件的加工

◎ 能够使用常用工具和量具制作完成有一定精度要求的工件

◎ 运用所学知识，进行零件加工工艺的编制并独立完成加工

本模块是在完成前面已学知识与技能后进行的专项技能训练，从而完成学习目标。进行典型考工件的训练，主要培养学生综合知识与技能的灵活运用，为参加职业资格等级证书的鉴定做好思想上、行动上的准备，同时通过综合练习，熟悉技能考试的要求和环节，熟练和提高其加工工艺与方法。

| 课题一　整体式镶配件 |

1．图样及技术要求
整体式镶配件图样如图 7.1 所示。
技术要求如下所述。
（1）以凸件（上）为基准，凹件（下）配作，配合互换间隙小于等于 0.05mm。两侧错位量小于等于 0.06mm。
（2）$\phi10H7$ 两孔对 A 的对称度误差小于等于 0.30mm。
（3）将此件锯开后进行检测。
（4）不准用砂布等打光加工表面。

2．工艺准备
（1）熟悉图纸。
（2）检查毛坯是否与图纸相符合（备料图见 7.2）。
（3）工具、量具、夹具准备。

（4）所需设备检查（如台钻）。

3．准备要求

（1）材料准备（见表 7.1）。

（2）设备准备（见表 7.2）。

（3）工、量、刃具准备（见表 7.3）。

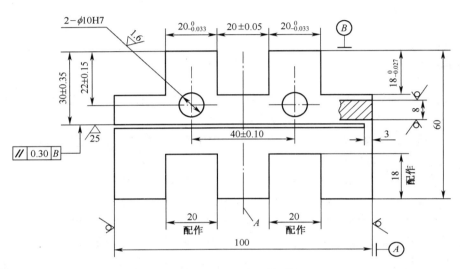

图 7.1　整体式镶配件图样

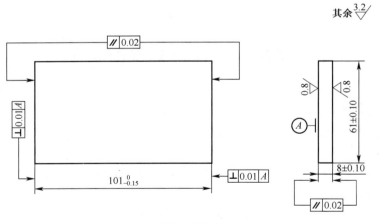

图 7.2　备料图

表 7.1　　　　　　　　　　　　　　材料准备清单

序　号	材 料 名 称	规　格	数　量	备　注
1	Q235－A	105mm×65mm×10mm	1	毛坯尺寸

表 7.2   设备准备清单

序　号	名　　称	规　格	序　号	名　　称	规　格
1	划线平台	2 000mm×1 500mm	4	钳台	3 000mm×2 000mm
2	方箱	205mm×205mm×205mm	5	台虎钳	125mm
3	台式钻床	Z4112	6	砂轮机	S3SL－250

表 7.3   工、量、刃具准备清单

名　　称	规　格	精度（读数值）	数　量	名　　称	规　格	精度（读数值）	数　量
游标高度尺	0～300mm	0.02mm	1		200mm（2 号纹）		1
游标卡尺	0～150mm	0.02mm	1	平锉	200mm（3 号纹）		1
万能角度尺	0°～320°	2′	1		150mm（4 号纹）		1
	0～25mm	0.01mm	1		100mm（5 号纹）		1
	25～50mm	0.01mm	1	方锉	200mm（3 号纹）		1
千分尺	50～75mm	0.01mm	1		200mm（4 号纹）		1
	75～100mm	0.01mm	1	三角锉	150mm（2 号纹）		1
深度千分尺	0～25mm	0.01mm	1	锯弓			1
刀口尺	125mm		1	锯条			自定
90°角尺	100mm×63mm	一级	1	手锤			1
塞规	φ10mm	H7	1	狭錾			自定
	φ5mm		1	样冲			1
直柄麻花钻	φ9.8mm		1	划规			1
	φ12mm		1	划针			1
手用圆柱铰刀	φ10mm	H7	1	钢直尺	0～150mm		1
铰杠			1	软钳口			1 副
平锉	300mm（1 号纹）		1	锉刀刷			1

4．考核要求

（1）公差等级：锉配 IT8、铰孔 IT7、锯削 IT14。

（2）形位公差：锯削平行度 0.35mm、铰孔对称度 0.30mm、锯削平行度 0.30mm。

（3）表面粗糙度：锉配 $Ra3.2\mu m$、铰孔 $Ra1.6\mu m$、锯削 $Ra25\mu m$。

（4）时间定额：300 分钟。

（5）其他方面：配合间隙小于等于 0.05mm、错位量小于等于 0.06mm。

（6）正确执行安全技术操作规程。做到场地清洁，工件、工具、量具等摆放整齐。

5．整体式镶配件评分表（见表7.4）

表7.4 整体式镶配件评分表

序号	考核内容	考核要求	配分	评分标准	检测结果	扣分	得分
1	锉配	20 ± 0.05mm	5	超差不得分			
2		$20_{-0.033}^{0}$mm（2处）	8	超差不得分			
3		$18_{-0.027}^{0}$mm	6	超差不得分			
4		表面粗糙度：$Ra3.2\mu$m（18处）	9	升高一级不得分			
5		配合间隙小于等于0.05mm（9处）	27	超差不得分			
6		错位量小于等于0.06mm	5	超差不得分			
7	铰孔	$2-\phi10H7$	2	超差不得分			
8		（22 ± 0.15）mm（2处）	2	超差不得分			
9		（40 ± 0.10）mm	5	超差不得分			
10		表面粗糙度：$Ra1.6\mu$m（2处）	2	升高一级不得分			
11		$\phi10H7$两孔对A的对称度误差小于等于0.30mm	4	超差不得分			
12	锯削	（30 ± 0.35）mm	8	超差不得分			
13		// | 0.30 | B	7	超差不得分			
14		安全文明生产	10	违者酌情扣分			
	合　计		100				

评分人： 　　年　月　日　　　　　　核分人： 　　年　月　日

|课题二　样板镶配件|

1．图样及技术要求

样板镶配件图样如图7.3所示。

技术要求为：以凸件为基准，凹件配作，配合间隙小于等于0.06mm，两侧错位量小于等于0.06mm。

2．工艺准备

（1）熟悉图纸。

（2）检查毛坯是否与图纸相符合（备料图见图7.4）。

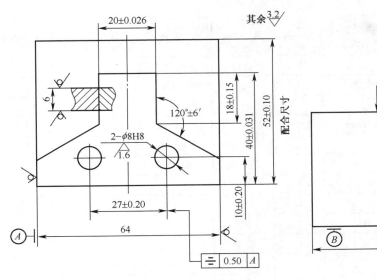

图 7.3 样板镶配件图样

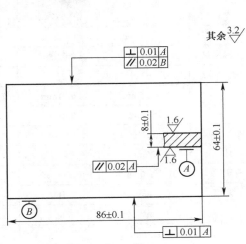

图 7.4 备料图

（3）工具、量具、夹具准备。

（4）所需设备检查（如台钻）。

3．考核要求

（1）公差等级：锉配 IT9、铰孔 IT8。

（2）形位公差：锉配 0.04mm、铰孔对称度 0.50mm。

（3）表面粗糙度：锉配 $Ra3.2\mu m$、铰孔 $Ra1.6\mu m$。

（4）时间定额：240 分钟。

（5）其他方面：配合间隙小于等于 0.06mm、两侧错位量小于等于 0.06mm、孔数不少于 2 个。

4．准备要求

（1）材料准备（见表 7.5）。

表 7.5 材料准备清单

序　号	材料名称	规　格	数　量	备　注
1	Q235－A	90mm×70mm×8mm	1	毛坯尺寸

（2）设备准备（见表 7.6）。

表 7.6 设备准备清单

序　号	名　称	规　格	序　号	名　称	规　格
1	划线平台	2 000mm×1 500mm	4	钳台	3 000mm×2 000mm
2	方箱	205mm×205mm×205mm	5	台虎钳	125mm
3	台式钻床	Z4112	6	砂轮机	S3SL－250

（3）工、量、刃具准备（见表 7.7）。

表 7.7 工、量、刃具准备清单

名 称	规 格	精度（读数值）	数 量	名 称	规 格	精度（读数值）	数 量
游标高度尺	0～300mm	0.02mm	1	方锉	200mm（2号纹）		1
游标卡尺	0～150mm	0.02mm	1	平锉	250mm（1号纹）		1
万能角度尺	0°～320°	2′	1		200mm（3号纹）		1
千分尺	0～25mm	0.01mm	1		150mm（4号纹）		1
	25～50mm	0.01mm			100mm（4号纹）		1
90°角尺	100mm×63mm	一级	1	三角锉	150mm（2号纹）		1
刀口尺	125mm		1	锯弓			1
塞尺	0.02～0.5mm		1	锯条			自定
塞规	ϕ8mm	H7	1	手锤			1
检验棒	ϕ10mm×30mm	h6	1	錾子			1
直柄麻花钻	ϕ3mm		1	划针			1
	ϕ7.8mm		1	划规			1
	ϕ10mm		1	样冲			1副
手用圆柱铰刀	ϕ8mm	H7	1	钢直尺	0～150mm		1
铰杠			1	软钳口			

5. 样板镶配件评分表（见表 7.8）

表 7.8 样板镶配件评分表

序号	考核内容	考核要求	配分	评分标准	检测结果	扣分	得分
1	锉配	（40±0.031）mm	8	超差不得分			
2		（20±0.026）mm	8	超差不得分			
3		（18±0.15mm）（2处）	6	超差不得分			
4		120°±6′（2处）	10	超差不得分			
5		表面粗糙度：Ra3.2μm（12处）	10	升高一级不得分			
6		两侧配合间隙小于等于0.06mm（5处）	20	超差不得分			
7		两侧错位量小于等于0.06mm	10	超差不得分			
8		（52±0.10）mm	3	超差不得分			
9	铰孔	2—ϕ8H8	3	超差不得分			
10		表面粗糙度：Ra1.6μm（2处）	2	升高一级不得分			
11		（10±0.20）mm	4	超差不得分			
12		（27±0.20）mm	3	超差不得分			
13		⟚ 0.50 A	3	超差不得分			
14		安全文明生产	10	违者酌情扣分			
合　计			100				

评分人：　　　　　年　月　日　　　　　　　　核分人：　　　　　年　月　日

|课题三 三角拼块|

1. 图样及技术要求

三角拼块的图样如图 7.5 所示。

技术要求为：以件 1 为基准，件 2 配作，配合间隙小于等于 0.06mm。

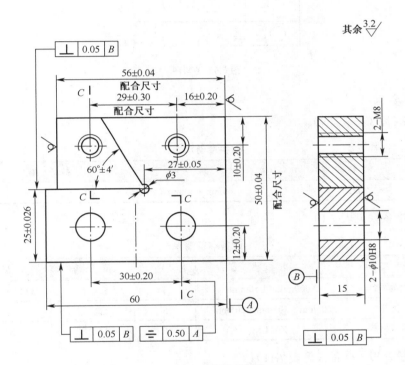

图 7.5 三角拼块的图样

2. 工艺准备

（1）熟悉图纸。

（2）检查毛坯是否与图纸相符合（备料图见图 7.6）。

（3）工具、量具、夹具准备。

（4）所需设备检查（如台钻）。

3. 考核要求

（1）公差等级：锉配 IT9、铰孔 IT8、攻螺纹 7H。

（2）形位公差：锉配 0.05mm、铰孔垂直度 0.05mm、对称度 0.50mm。

（3）表面粗糙度：锉配 Ra3.2μm、铰孔 Ra1.6μm、攻螺纹 Ra12.5μm。

（4）时间定额：240 分钟。

（5）其他方面：配合间隙小于等于 0.06mm、孔数不少于 2 个。

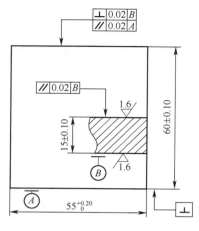

图 7.6　备料图

4．准备要求

（1）材料准备（见表 7.9）。

表 7.9　　　　　　　　　　　材料准备清单

序　号	材 料 名 称	规　格	数　量	备　注
1	Q235－A	65mm×60mm×20mm	1	毛坯尺寸

（2）设备准备（见表 7.10）。

表 7.10　　　　　　　　　　　设备准备清单

序　号	名　称	规　格	序　号	名　称	规　格
1	划线平台	2 000mm×1 500mm	4	钳　台	3 000mm×2 000mm
2	方箱	205mm×205mm×205mm	5	台虎钳	125mm
3	台式钻床	Z4112	6	砂轮机	S3SL－250

（3）工、量、刃具准备（见表 7.11）。

表 7.11　　　　　　　　　　刀、量、刃具准备清单

名　称	规　格	精度（读数值）	数　量	名　称	规　格	精度（读数值）	数　量
游标高度尺	0～300mm	0.02mm	1	铰杠			1
游标卡尺	0～150mm	0.02mm	1	锯弓			1
万能角度尺	0°～320°	2′		锯条			自定
千分尺	0～25mm	0.01mm		手锤			1
	25～50mm	0.01mm	1				
	50～75mm	0.01mm	1				
90°角尺	100mm×63mm	一级	1	平锉	300mm（1 号纹）		1
刀口尺	125mm		1		150mm（2 号纹）		1
塞尺	0.02～0.5mm		1		250mm（4 号纹）		1
塞规	φ10mm	H7	1		150mm（4 号纹）		1

续表

名　称	规　格	精度（读数值）	数　量	名　称	规　格	精度（读数值）	数　量
检验棒	ϕ10mm×20mm	h6	1	錾子			1
直柄麻花钻	ϕ3mm		1	划针			1
	ϕ6.8mm		1	划规			1
	ϕ9.8mm		1	样冲			1 副
	ϕ12mm			锉刀刷			
手用圆柱铰刀	ϕ10mm	H7	1	钢直尺	0～150mm		1
丝锥	M8		1	软钳口			1

5．三角拼块评分表（见表7.12）

表7.12　　　　　　　　　　三角拼块评分表

序号	考核内容	考核要求	配分	评分标准	检测结果	扣分	得分
1	锉配	（25±0.026）mm	7	超差不得分			
2		60°±4′	7	超差不得分			
3		（27±0.05）mm	8	超差不得分			
4		表面粗糙度：Ra3.2μm（7 处）	7	每升高一级不得分			
5	锉配	配合间隙小于等于0.06mm（2 处）	16	超差不得分			
6		（56±0.04）mm	5	超差不得分			
7		（29±0.30）mm	5	超差不得分			
8		（50±0.04）mm	5	超差不得分			
9	攻螺纹	2—M8	5	不符合要求不得分			
10		（10±0.20）mm（2 处）	6	超差不得分			
11		表面粗糙度：Ra12.5μm（2 处）	4	超差不得分			
12	铰孔	2—ϕ10H8	3	超差不得分			
13		表面粗糙度：Ra1.6μm（2 处）	2	超差不得分			
14		（30±0.20）mm	5	超差不得分			
15		⟋ 0.50 A	2	超差不得分			
16		⊥ 0.05 B	3	超差不得分			
17		安全文明生产	10	违者酌情扣分			
合　计			100				

评分人：　　　　　　年　月　日　　　　　　核分人：　　　　　　年　月　日

| 课题四　阶梯镶配件 |

1．图样及技术要求

阶梯镶配件图样如图 7.7 所示。

技术要求如下所述。

（1）以左件为基准，右件配作，配合互换间隙小于等于 0.04mm，配合后错位量小于等于 0.04mm。

（2）内角处不得开槽、钻孔。

2．工艺准备

（1）熟悉图纸。

（2）检查毛坯是否与图纸相符合（见图 7.8）。

（3）工具、量具、夹具准备。

（4）所需设备检查（如台钻）。

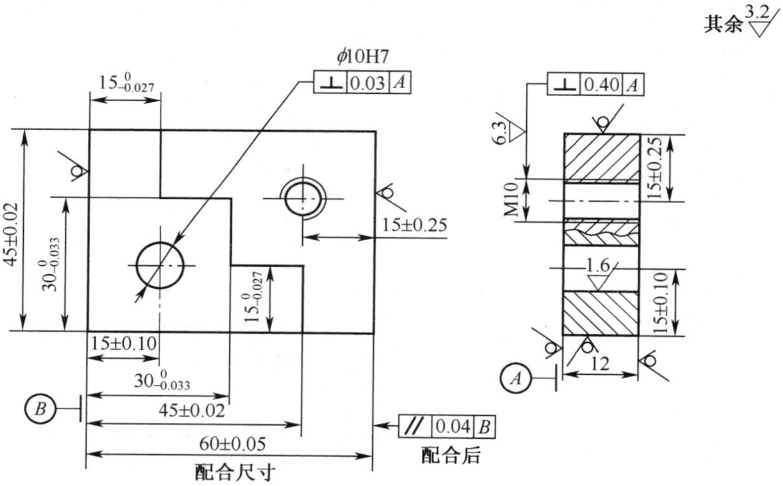

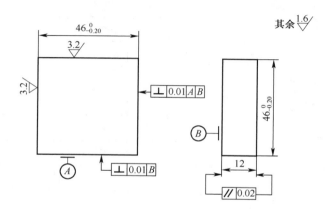

图 7.7　阶梯镶配件图样

图 7.8　备料图

3．考核要求

（1）公差等级：锉配 IT8、铰孔 IT7、攻螺纹 8H。

（2）形位公差：铰孔垂直度 0.03mm、攻螺纹垂直度 0.40mm、配合平行度 0.04mm。

（3）表面粗糙度：锉配 $Ra3.2\mu m$、铰孔 $Ra1.6\mu m$、攻螺纹 $Ra6.3\mu m$。

（4）时间定额：240 分钟。

（5）其他方面：配合间隙小于等于 0.04mm、错位量小于等于 0.04mm。

（6）正确执行安全技术操作规程。做到场地清洁，工件、工具、量具等摆放整齐。

4．准备要求

（1）材料准备（见表 7.13）。

表 7.13　　　　　　　　　　　　　材料准备清单

序　号	材料名称	规　格	数　量	备　注
1	Q235－A	50mm×50mm×15mm	2	毛坯尺寸

（2）设备准备（见表 7.14）。

表 7.14　　　　　　　　　　　　　设备准备清单

序　号	名　称	规　格	序　号	名　称	规　格
1	划线平台	2 000mm×1 500mm	4	钳台	3 000mm×2 000mm
2	方箱	205mm×205mm×205mm	5	台虎钳	125mm
3	台式钻床	Z4112	6	砂轮机	S3SL－250

（3）工、量、刃具准备（见表 7.15）。

表 7.15　　　　　　　　　　工、量、刃具准备清单

名　称	规　格	精度（读数值）	数　量	名　称	规　格	精度（读数值）	数　量
游标高度尺	0～300mm	0.02mm	1	平锉	300mm（1 号纹）		1
游标卡尺	0～150mm	0.02mm	1		200mm（2 号纹）		1
千分尺	0～25mm	0.01mm	1		200mm（4 号纹）		1
	25～50mm	0.01mm	1	方锉	200mm（3 号纹）		1
塞尺	0.02～0.5mm		1	三角锉	150mm（3 号纹）		1
塞规	ϕ10mm	H7	1	铰杠			1
90°角尺	100mm×63mm	一级	1	锯弓			1
刀口尺	125mm		1	锯条			自定
V 型架			1	手锤			1

5．阶梯镶配件评分表（见表 7.16）

表 7.16　　　　　　　　　　　　　　　阶梯镶配件评分表

序号	考核内容	考核要求	配分	评分标准	检测结果	扣分	得分
1	锉配	$15_{-0.027}^{0}$ mm（2 处）	6	超差不得分			
2		$30_{-0.033}^{0}$ mm（2 处）	6	超差不得分			
3		（45±0.02）mm（2 处）	4	超差不得分			
4		表面粗糙度：$Ra3.2\mu m$（12 处）	6	升高一级不得分			
5		配合间隙小于等于 0.04mm（5 处）	25	超差不得分			
6		错位量小于等于 0.04mm	4	超差不得分			
7		（60±0.05）mm	4	超差不得分			
8		// 0.04 B	5	超差不得分			
9	铰孔	10H7	2	超差不得分			
10		（15±0.10）mm（2 处）	8	超差不得分			
11		表面粗糙度：$Ra1.6\mu m$	2	升高一级不得分			
12		⊥ 0.03 A	3	超差不得分			
13	攻螺纹	M10	2	不符合要求不得分			
14		（15±0.25）mm	6	超差不得分			
15		表面粗糙度：$Ra6.3\mu m$	3	超差不得分			
16		⊥ 0.40 A	4	超差不得分			
17		安全文明生产	10	违者酌情扣分			
合　计			100				

评分人：　　　　　年　月　日　　　　　　核分人：　　　　　年　月　日

｜课题五　方孔圆柱｜

1．图样及技术要求

方孔圆柱图样如图 7.9 所示。

技术要求如下所述。

（1）方孔可用自制的方规（16mm×16mm）自测，相邻面垂直度误差小于等于 0.04mm。

（2）锯削面一次完成，不得反接、修锯。

2．工艺准备

（1）熟悉图纸。

（2）检查毛坯是否与图纸相符合（备料图见图 7.10）。

（3）工具、量具、夹具准备。

（4）所需设备检查（如台钻）。

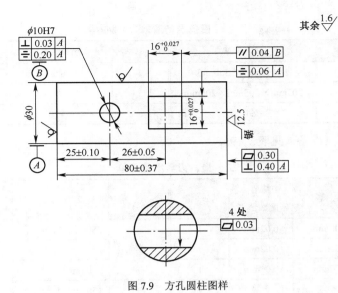

图 7.9 方孔圆柱图样

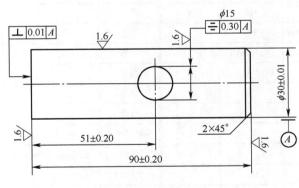

图 7.10 备料图

3．考核要求

（1）公差等级：锉削 IT8、铰孔 IT7、锯削 IT14。

（2）形位公差：锉削平行度、垂直度 0.04mm，平面度 0.03mm、对称度 0.06mm；铰孔垂直度 0.03mm、对称度 0.20mm；锯削平面度 0.30mm、垂直度 0.40mm。

（3）表面粗糙度：锉削 $Ra1.6\mu m$、铰孔 $Ra1.6\mu m$、锯削 $Ra25\mu m$。

（4）时间定额：270 分钟。

4．准备要求

（1）材料准备（见表 7.17）。

表 7.17 材料准备清单

序 号	材 料 名 称	规 格	数 量	备 注
1	45	$\phi35mm \times 95mm$	1	毛坯尺寸

（2）设备准备（见表7.18）。

表7.18 设备准备清单

序 号	名 称	规 格	序 号	名 称	规 格
1	划线平台	2 000mm×1 500mm	4	钳台	3 000mm×2 000mm
2	方箱	205mm×205mm×205mm	5	台虎钳	125mm
3	台式钻床	Z4112	6	砂轮机	S3SL—250

（3）工、量、刃具准备（见表7.19）。

表7.19 工、量、刃具准备清单

名 称	规 格	精度（读数值）	数量	名 称	规 格	精度（读数值）	数 量
游标高度尺	0～300mm	0.02mm	1	方锉	250mm（2号纹）		
游标卡尺	0～150mm	0.02mm	1		250mm（4号纹）		1
千分尺	25～50mm	0.01mm	1		200mm（5号纹）		1
90°角尺	100mm×63mm	一级	1	平锉	150mm（5号纹）		1
刀口尺	100mm		1		100mm（5号纹）		1
塞尺	0.02～0.5mm		1	三角锉	100mm（4号纹）		1
塞规	$\phi 10$mm	H7	1	锯弓			1
检验棒	$\phi 10$mm×120mm	h6	1	锯条			自定
百分表	0～0.8mm	0.01mm	1	手锤			1
表架			1	样冲			自定
V形架			1	划规			1
直柄麻花钻	$\phi 3$mm		1	划针			1
	$\phi 8$mm		1	钢直尺	0～150mm		1
	$\phi 9.8$mm		1	平板	280mm×330mm		1
手用圆柱铰刀	$\phi 10$mm	H7	1	软钳口			1副
铰杠			1	锉刀刷			1
三角锉	150mm（1号纹）		1	自制方规	$16^{+0.02}_{0}$mm×$16^{+0.02}_{0}$mm×60mm		1

5．方孔圆柱评分表（见表7.20）

表7.20 方孔圆柱评分表

序号	考核内容	考核要求	配分	评分标准	检测结果	扣分	得分
1	锉削	$16^{+0.027}_{0}$mm（2处）	16	超差不得分			
2		表面粗糙度：$Ra1.6\mu m$（4处）	6	每升高一级不得分			
3		（26±0.05）mm	9	超差不得分			
4		⊥ | 0.06 | A	10	超差不得分			
5		∥ | 0.04 | B	8	超差不得分			
6		相邻面垂直度误差小于等于0.04mm	6	超差不得分			

续表

序号	考核内容	考核要求	配分	评分标准	检测结果	扣分	得分
7	铰	$\phi 10H7$	4	超差不得分			
8		表面粗糙度：$Ra1.6\mu m$	4	升高一级不得分			
9	孔	（25±0.10）mm	4	超差不得分			
10		⊥ 0.03 A	2	超差不得分			
11		= 0.20 A	6	超差不得分			
12	锯削	（80±0.37）mm	6	超差不得分			
13		表面粗糙度：$Ra25\mu m$	3	升高一级不得分			
14		▱ 0.30	3	超差不得分			
15		⊥ 0.40 A	3	超差不得分			
16		安全文明生产	10	违者酌情扣分			
合 计			100				

评分人： 年 月 日　　　　核分人： 年 月 日

| 课题六　多角样板 |

1. 图样及技术要求

多角样板图样如图 7.11 所示。

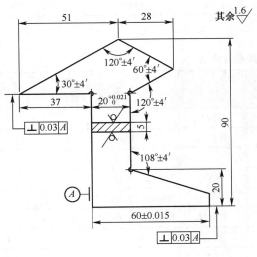

图 7.11　多角样板图样

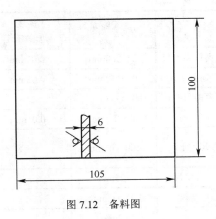

图 7.12　备料图

技术要求如下所述。

（1）工作面直线度误差小于等于 0.03mm。

（2）未注公差按 $\pm\dfrac{IT14}{2}$ 要求。

2．工艺准备

（1）熟悉图纸。

（2）检查毛坯是否与图纸相符合（备料图见图 7.12）。

（3）工具、量具、夹具准备。

（4）所需设备检查（如台钻）。

3．考核要求

（1）公差等级：IT7、未注公差（按 IT14/2）。

（2）形位公差：垂直度 0.03mm、直线度 0.03mm。

（3）表面粗糙度：$Ra1.6\mu m$。

（4）时间定额：240 分钟。

4．准备要求

（1）材料准备（见表 7.21）。

表 7.21　　　　　　　　　　　材料准备清单

序　号	材料名称	规　格	数　量	备　注
1	45	105mm×100mm×6mm	1	毛坯尺寸

（2）设备准备（见表 7.22）。

表 7.22　　　　　　　　　　　设备准备清单

序　号	名　称	规　格	序　号	名　称	规　格
1	划线平台	2 000mm×1 500mm	4	钳台	3 000mm×2 000mm
2	方箱	205mm×205mm×205mm	5	台虎钳	125mm
3	台式钻床	Z4112	6	砂轮机	S3SL—250

（3）工、量、刃具准备（见表 7.23）。

表 7.23　　　　　　　　　　　工、量、刃具准备清单

名　称	规　格	精度（读数值）	数　量	名　称	规　格	精度（读数值）	数　量
游标高度尺	0～300mm	0.02mm	1	样冲			1
游标卡尺	0～150mm	0.02mm	1	钢直尺	0～150mm		1
万能角度尺	0°～320°	2′	1	平锉	200mm（4 号纹）		1
千分尺	0～25mm	0.01mm	1		200mm（5 号纹）		1
90°角尺	100×63mm	一级	1		100mm（5 号纹）		1
刀口尺	125mm		1	三角锉	150mm（5 号纹）		1
塞尺	0.02～0.5mm		1	锯弓			1
直柄麻花钻	$\phi2mm$		1	锯条			自定
	$\phi4mm$		1	錾子			自定
手锤			1	软钳口			1 副
划针			1	锉刀刷			1
划规			1	外角样板	120°边长 40mm		1

5．多角样板评分表（见表7.24）

表7.24 　　　　　　　　多角样板评分表

序号	考核内容	考 核 要 求	配分	评 分 标 准	检测结果	扣分	得分
1	锉削	（60±0.015）mm	3	超差不得分			
2		$20^{+0.021}_{0}$ mm	3	超差不得分			
3		未注公差（按IT14/2）	5	超差不得分			
4	锉削	30°±4′	10	超差不得分			
5		120°±4′（凸）	10	超差不得分			
6		60°±4′	10	超差不得分			
7		120°±4′（凹）	10	超差不得分			
8		108°±4′（凸）	10	超差不得分			
9		工作面直线度误差小于等于0.03mm	10	超差不得分			
10		⊥ 0.03 A（2处）	10	超差不得分			
11		表面粗糙度：Ra1.6μm（9处）	9	升高一级不得分			
12		安全文明生产	10	违者酌情扣分			
	合　计		100				

评分人：　　　　年 月 日　　　　核分人：　　　　年 月 日

课题七　刀口形90°角尺

1．图样及技术要求

刀口形90°角尺图样如图7.13所示。

技术要求如下所述。

（1）刀口面直线度误差小于等于0.03mm，Ra1.6μm。

（2）形位公差达到图纸要求。

（3）未注公差按±$\dfrac{\text{IT14}}{2}$。

2．工艺准备

（1）熟悉图纸。

（2）检查毛坯是否与图纸相符合（备料图见图7.14）。

（3）工具、量具、夹具准备。

（4）所需设备检查（如台钻）。

3．考核要求

（1）公差等级：锉削IT8、铰孔IT7。

（2）形位公差：锉削0.03mm。

（3）表面粗糙度：锉削Ra3.2～Ra1.6μm、铰孔Ra1.6μm。

（4）时间定额：270分钟。

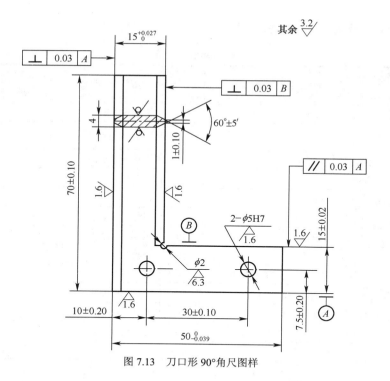

图 7.13　刀口形 90°角尺图样

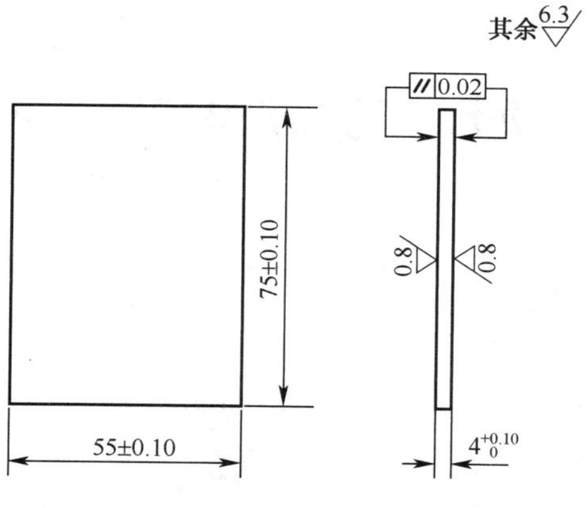

图 7.14　备料图

4．准备要求

（1）材料准备（见表 7.25）。

表 7.25　　　　　　　　　　　　　材料准备清单

序　号	材 料 名 称	规　格	数　量	备　注
1	45	80mm×60mm×6mm	1	毛坯尺寸

（2）设备准备（见表 7.26）。

表 7.26　　　　　　　　　　　　　设备准备清单

序　号	名　称	规　格	序　号	名　称	规　格
1	划线平台	2 000mm×1 500mm	4	钳台	3 000mm×2 000mm
2	方箱	205mm×205mm×205mm	5	台虎钳	125mm
3	台式钻床	Z4112	6	砂轮机	S3SL—250

（3）工、量、刃具准备（见表7.27）。

表7.27　　　　　　　　　　　　　**工、量、刃具准备清单**

名　称	规　格	精度（读数值）	数　量	名　称	规　格	精度（读数值）	数　量
游标高度尺	0～300mm	0.02	1	油石	扁形、三角形截面		自定
游标卡尺	0～150mm	0.02	1	锯弓			1
90°角尺	100mm×63mm	一级	1	锯条			自定
万能角度尺	0°～320°	2′	1	平锉	200mm（1号纹）		1
千分尺	0～25mm	0.01mm	1		200mm（3号纹）		1
直柄麻花钻	ϕ2mm		1		150mm（4号纹）		1
	ϕ4.8mm		1		150mm（5号纹）		1
	ϕ4.9mm		1	手锤			1
	ϕ7mm		1	样冲			1
手用圆柱铰刀	ϕ5mm	H7	1	划规			1
铰杠			1	软钳口			1副
				锉刀刷			1

5. 刀口形90°角尺评分表（见表7.28）

表7.28　　　　　　　　　　　　**刀口形90°角尺评分表**

序号	考核内容	考核要求	配分	评分标准	检测结果	扣分	得分
1	锉削	（15±0.02）mm	4	超差不得分			
2		$15^{+0.021}_{0}$ mm	5	超差不得分			
3		$50^{0}_{-0.039}$ mm	4	超差不得分			
4		（1±0.10）mm（2处）	5	超差不得分			
5		60°±5′	4	超差不得分			
6		// 0.03 A	10	超差不得分			
7		⊥ 0.03 A	12	超差不得分			
8		⊥ 0.03 B	12	超差不得分			
9		表面粗糙度：$Ra1.6\mu m$（4处）	8	升高一级不得分			
10		表面粗糙度：$Ra3.2\mu m$（6处）	6	升高一级不得分			
11	铰孔	2—ϕ5H7	6	超差不得分			
12		（30±0.10）mm	10	超差不得分			
13		表面粗糙度：$Ra1.6\mu m$（2处）	4	升高一级不得分			
14		安全文明生产	10	违者酌情扣分			
		合　计	100				

评分人：　　　　　　　年　月　日　　　　　　核分人：　　　　　　　年　月　日

模块八
安全用电

【学习目标】

◎ 观察学习安全用电案例或收集安全用电案例，强化安全用电意识
◎ 了解电流对人体的伤害，了解人体触电的原因及触电方式，掌握现场急救的有关知识以及防止触电的措施
◎ 理论联系实际，能在实际应用中遵守安全用电规则
◎ 了解钳工常用设备和手用电动工具的安全使用方法

　　我国现行安全用电的基本方针是"安全第一，预防为主"，为预防直接触电和间接触电事故，作为一名钳工除了掌握本专业工种的理论知识和操作技能，还必须了解电的常识，学会常用的安全用电方法。

　　本模块主要包括一名钳工所必须掌握的安全用电常识和安全用电的基本技能。通过学习，了解电流对人体的伤害和触电的原因、方式，学习急救知识和防触电的措施。在学习和使用钳工常用设备时，注意用电安全。

　　学习本模块首先要明白如下几个问题：

　　（1）触电是怎么一回事？

　　人体也是导体，人体触及带电体时，有电流通过人体，这就是触电（见图8.1）。

零线 ——————————

火线 ——————————

图 8.1　触电

（2）电流对人体的危险性与哪些因素有关？

电流对人体的危险主要与电流大小、通电时间长短、电流通过人体的部位等因素有关。另外，相同电压的交流电与直流电，交流电对人体的危害更大。

（3）人体触电就一定会死亡吗？

电流通过人体，人的感觉和反应：1mA 开始有麻痹感；10mA 有麻感，但可以摆脱；30mA 有剧痛感、神经麻痹、呼吸困难、生命危险；100mA 可以使人短时间内窒息，心跳停止。

（4）什么是安全电压？

所谓安全电压，是指为了防止触电事故而由特定电源供电所采用的电压系列。这个电压系列的上限，即两导体间或任一导体与地之间的电压，在任何情况下，都不超过交流有效值 50V。我国规定安全电压额定值的等级为 42V、36V、24V、12V、6V。当电气设备采用的电压超过安全电压时，必须按规定采取防止直接接触带电体的保护措施。

一、电及电流对人体的伤害

1．发电、输电和配电概况

（1）电力系统。电力系统是由发电厂、电网和用户组成的一个整体系统。图 8.2 所示为电力系统示意图。

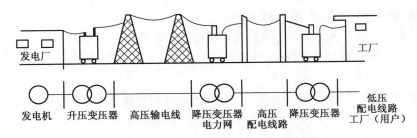

图 8.2　电力系统示意图

发电厂属于电力生产部门，由发电机产生交流电。根据发电厂所用能源的不同，可分为火力、水力、原子能以及太阳能发电厂等几种类型。

电力网是将发电厂生产的电能传输和分配到用户的输配电系统，简称电网。在电能输送过程中，电流会在导线中产生电压降和功率损耗。因此，为了提高输电效率和减少输电线路上的能量损失，通常采用升压变压器将电压升高后再进行远距离输电。当输送同样功率的电能时，电压越高，则电流越小。因而，远距离大容量输电时，采用高电压输送，可减小线路上的电压降，还可减少功率损耗，提高电力系统运行的经济性。

对于输电电压的高低，视输电容量和输电距离而定，其一般原则是：容量越大，距离越远，输电电压也就越高。随着电力技术的发展，超高压远距离输电已开始采用直流输电方式，与交流输电相比，具有更高的输电质量和效率。其方法是将三相交流电整流为直流，远距离输送至终端后，再由电力电子器件将直流转变为三相交流电，供用户使用。例如，我国葛洲坝水电站的强大电力就是通过直流输电方式输送到华东地区的。

（2）工厂、矿山企业的配电。电能输送到厂矿企业后，要进行变压或配电。变电所就担负着从电力网受电、变压、配电的任务。若只进行受电和配电，而不进行变压则称为配电所。

供电容量较大的工厂常设置一个总降压变电所，将电力网送来的 35kV 以上的高压电先降至 6～10kV，再分送到厂内各车间变电所；然后，各车间变电所再将 6～10kV 的高压电降至 380/220V 低压，以供动力、照明设备使用。对于供电容量较小的厂矿企业，它们通常将电力网 6～10kV 的进户电压经过 1～2 台变压器降压后直接向全厂用电设备供电；工作电流小于 30A 者，一般采用单相供电；工作电流大于 30A 者，一般采用三相四线制供电。在敷设线路时，也有将保护接地线或保护接零线同三根相线一根零线同时送出，称为"三相五线制"。三相负载平衡的动力线路采用三相三线制供电。

企业内部的供电线路一般称为电力线路。电力线路是用户电气装置的重要组成部分，起输送和分配电能的作用。电力线路一般按电压高低分为两大类：1 000V 以上的线路为高压线路，1 000V 以下的为低压线路；按线路结构形式分类有架空线路、电缆线路和户内配电线路等。

各种电力线路以不同的方式将电能由变、配电所输送到各用电设备。其主要方式有以下两种：

① 放射式配电。各用电设备由单独的开关、线路供电的方式称为放射式配电。这种配电方式的最大优点是供电可靠，维修方便，各配电线路之间不会相互影响，而且便于装设各类保护和自动装置。广泛应用于工厂内。

② 树干式配电。将每个独立的负载或一组负载集中按其所在位置依次接到由一路供电的干线上的供电方式称为树干式配电。这种配电方式的特点是投资小，安装维修方便，但其供电可靠性较差，各用电单元可能会相互影响。

2．人体触电的方式及对人体的伤害

人体触电的方式有多种多样，一般分为直接接触触电和间接接触触电两种。此外，还有高压电场、静电感应、雷击等对人体造成的伤害。

（1）直接接触触电。

① 单相触电。是指人体某一部分触及一相电源或接触到漏电的电气设备，电流通过人体流入大地造成触电。触电事故中大部分属于单相触电，而单相触电又分为中性点接地的单向触电［见图 8.3（a）］和中性点不接地的单相触电［见图 8.3（b）］两种。

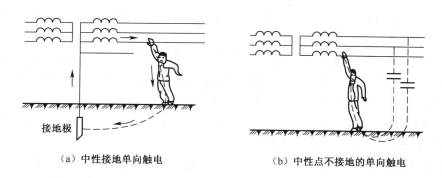

（a）中性接地单向触电　　　　　　（b）中性点不接地的单向触电

图 8.3　单相触电

单相触电时，人体只接触带电的一根相线，由于通过人体的电流路径不同，所以其危险性也不一样。如图 8.3（a）所示，电源变压器的中性点通过接地装置和大地作良好连接的供电系统，在这种系统中发生单相触电时，相当于电源的相电压加给人体电阻与接地电阻的串联电路。由于

接地电阻较人体电阻小很多，所以加在人体上的电压值接近于电源的相电压，在低压为380/220V的供电系统中，人体将承受220V电压，是很危险的。

图8.3（b）所示的单相触电时，电流通过人体、大地和输电线间的分布电容构成回路。显然这时如果人体和大地绝缘良好，流经人体的电流就会很小，触电对人体的伤害就会大大减轻。实际上，中性点不接地的供电系统仅局限在游泳池和矿井等处应用，所以单相触电发生在中性点接地的供电系统中最多。

② 两相触电（见图8.4）。当人体的两处，如两手、或手和脚，同时触及电源的两根相线发生触电的现象，称为两相触电。在两相触电时，虽然人体与地有良好的绝缘，但因人同时和两根相线接触，人体处于电源线电压下，在电压为380/220V的供电系统中，人体受380V电压的作用，并且电流大部分通过心脏，因此是最危险的。

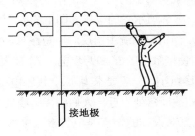

接地极

图 8.4　两相触电

（2）间接（高压）接触触电的两种形式。

过高的接触电压和跨步电压（见图8.5）也会使人触电。当电力系统和设备的接地装置中有电流时，此电流经埋设在土壤中的接地体向周围土壤中流散，使接地体附近的地表任意两点之间都可能出现电压。如果以大地为零电位，即接地体以外15～20m处可以认为是零电位，则接地体附近地面各点的电位分布如图8.6所示。

（a）高压电弧触电

（b）跨步电压触电

图 8.5　间接（高压）触电

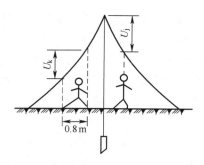

图 8.6　地体附近的电位分布

人站在发生接地短路的设备旁边，人体触及接地装置的引出线或触及与引出线连接的电气设备外壳时，则作用于人的手与脚之间就是图中的电压 U_j，称为接触电压。人在接地装置附近行走时，由于两足所在地面的电位不相同，人体所承受的电压即图中的 U_k 为跨步电压。跨步电压与跨步大小有关。人的跨距一般按 0.8m 考虑。当供电系统中出现对地短路时，或有雷电电流流经输电线入地时，都会在接地体上流过很大的电流，使接触电压 U_j 和跨步电压 U_k 都大大超过安全电压，造成触电伤亡。为此，接地体要做好，使接地电阻尽量小，一般要求为 4Ω。接触电压 U_j 和跨步电压 U_k 还可能出现在被雷电击中的大树附近或带电的相线断落处附近，人们应离断线处 8m 以外。

（3）电流对人体的伤害。电流对人体的伤害是电气事故中最为常见的一种，它基本上可以分为电击和电伤两大类。

① 电击。人体接触带电部分，造成电流通过人体，使人体内部的器官受到损伤的现象，称为电击触电。在触电时，由于肌肉发生收缩，受害者常不能立即脱离带电部分，使电流连续通过人体，造成呼吸困难，心脏麻痹，直至死亡，所以危险性很大。

如前面提到的直接与电气装置的带电部分接触、过高的接触电压和跨步电压都会使人触电。

② 电伤。电弧以及熔化、蒸发的金属微粒对人体外表的伤害，称为电伤。例如，在拉闸时，不正常情况下，可能发生电弧烧伤或刺伤操作人员的眼睛的事故。再如，熔丝熔断时，飞溅起的金属微粒可能使人皮肤烫伤或渗入皮肤表层等。电伤的危险程度虽不如电击，但有时后果也是很严重的。

触电的其他原因还有绝缘部分破损（灯座、插头、插座的绝缘外壳碰裂），火线外露，如图 8.7 所示。

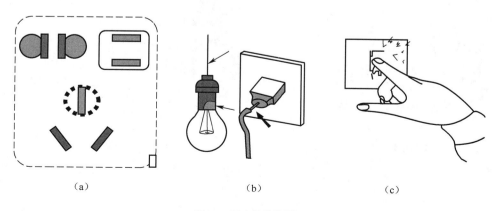

（a）　　　　　　　　　　（b）　　　　　　　　　　（c）

图 8.7　触电的其他原因

二、触电急救

人体触电事故发生后，若能及时采取正确的救护措施，死亡率亦可大大降低。有效的急救在于快而得法，即用最快的速度，施以正确的方法进行现场救护，多数触电者是可以生还的。触电急救的第一步是使触电者迅速脱离电源，第二步是现场救护。

视频69 触电抢救与灭火措施

当电路中发生触电时，应当赶快切断电源或用干燥的木棍、竹竿将电线挑开，如图8.8（a）所示。绝不能因救人心切直接去拉扯触电人，这样你和被救的人都会有生命危险。然后进行人工胸外按压 [见图8.8（b）]。

（a）切断电源、挑开电线　　　　　　　　　　（b）人工胸外按压

图8.8　触电急救方法

如为高压电触电则采取以下方法：

（1）立即采用通信工具向有关部门报警，以便尽快停电。

（2）如果电源开关离现场较近，可戴上绝缘手套及穿上绝缘鞋拉开高压断路器。

急救知识建议请专业医护人员进行现场指导。

三、安全用电

为预防直接触电和间接触电事故，应该采取以下措施。

视频70 安全技术

1．选用安全电压

发生触电时的危险程度与通过人体电流的大小、电流的频率、通电时间的长短、电流在人体中的路径等多方面因素有关。通过人体的电流为10mA时，人会感到不能忍受，但还能自行脱离电源；电流为30～50mA时，会引起心脏跳动不规则，时间过长，心脏停止跳动。

通过人体电流的大小取决于加在人体上的电压和人体电阻。人体电阻因人而异。差别很大，一般在八百欧至几万欧。考虑使人致死的电流和人体在最不利情况下的电阻，我国规定安全电压不超过36V。常用的有36V、24V、12V等。

在潮湿或有导电地面的场所，当灯具安装高度在2m以下，容易触及而又无防止触电措施时，其供电电压不应超过36V。

一般手提灯的供电电压不应超过36V，但如果作业地点狭窄，特别潮湿，且工作者接触有良好接地的大块金属时（如在锅炉里）则应使用不超过12V的手提灯。

2．佩戴保护用具

保护用具是保证工作人员安全操作的工具。设备带电部分应有防护罩，或者放置在不易接触的高处，或采用联锁保护装置。此外，使用手电钻等移动电器时，应使用橡胶手套、橡胶垫等保护用具，不能赤脚或穿潮湿鞋子站在潮湿的地面上使用电器。

3．实施保护接地和保护接零

在正常情况下，电气设备的金属外壳是不带电的，但在绝缘损坏或漏电时，外壳就会带电，人体触及就会触电。为了保证操作人员的安全，必须对电气设备采取保护接地和保护接零措施，这里不展开讲述。

4．安全用电注意事项

（1）不准带电移动电气设备。

（2）不准赤脚站在地面上带电进行作业。

（3）不准持钩接线。

（4）不准使用三危线路用电，三危线是指对地距离不符合安全要求的"拦腰线""地爬线""碰头线"。

（5）任何进行电气操作及值班工作的人员不准喝酒后上班。

（6）不准带负荷拉、合刀闸。停电时，先拉负荷开关后拉总开关；送电时，按相反顺序进行操作。

（7）对电气知识一知半解者，不准玩弄电气设备或乱拉、乱接导线；安装及修理工作要请合格电工进行操作。

（8）照明线路不准采用一线一地制。

（9）不准约时停、送电。

（10）不准私设电网。未经有关部门批准，任何单位和个人私设电网都是违法行为。

安全用电的原则是：不接触低压带电体；不靠近高压带电体。同时应警惕：本来不应带电的物体带了电；本来是绝缘的物体导了电。

四、技能训练

1．实习准备

（1）个人与分组结合学习。

（2）常用电工工具。

2．实训内容

（1）调查生产中防止触电的办法（写出书面调查报告）。

（2）制定子课题（可向老师询问或查找资料，小组讨论），写出书面小结进行交流。

① 使用台钻、砂轮机、手枪电钻和电工工具如何防止触电？

② 使用钳子、螺丝刀等工具时应采取怎样防止触电的措施？

③ 电工工作是如何防止触电的？

（3）触电的急救方法演练（利用人体模特）。

（4）对设备进行安全检查。

① 检查有无裸露的带电部分和漏电情况。裸露的带电线头，必须及时地用绝缘材料包好。检验时，应使用专用的验电设备，任何情况下都不要用手去鉴别。

② 检查装设保护接地或保护接零情况。当设备的绝缘损坏，电压窜到其金属外壳时，把外壳

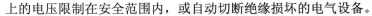

上的电压限制在安全范围内，或自动切断绝缘损坏的电气设备。

（5）正确使用各种安全用具，如绝缘棒、绝缘夹钳、绝缘手套、绝缘套鞋、绝缘地毯等。并悬挂各种警告牌，装设必要的信号装置。

（6）安装漏电自动开关。当设备漏电、短路、过载或人身触电时，自动切断电源，对设备和人身起保护作用。

3．思考题

（1）人体接触 220V 裸线触电，而鸟儿两脚站在高压裸电线上却相安无事，这是为什么？（　　）

  A．鸟儿电阻小   B．鸟儿干燥不导电

  C．鸟儿两只脚在同一根线上   D．鸟儿体积小

分析：人和鸟都是导体，人站在地上与 220V 火线接触造成触电事故，高压电线上的电压是指两根高压线之间或高压线与地面之间的电压，鸟儿两只脚站在同一根高压线上且靠得很近，电压很小，故不触电。故正确答案是 C。

（2）站在干燥的木凳子上检修照明电路，如果一手握火线，一手握零线就会造成触电，为什么这位同学一手扶墙壁也会触电？

分析：一手握火线，一手握零线，电流形成通路，会触电；而一手握火线，一手扶墙壁，电流则通过人体进入墙壁，与大地形成回路，当然也会触电。

（3）在宿舍，某同学因违规使用电器，引起火灾，她马上提一桶水救火，结果触电倒在地上，刚好走进宿舍的你，应该怎么办？（　　）

  A．切断电源   B．扶起同学

  C．找电工   D．提水救火

分析：正确答案是 A。只有先切断电源，才能保证自身安全，及时灭火。如果你处理的方法是错误的，那样你和被救的人都会有生命危险。

（4）如果发现有人触电了，下列哪些措施是正确的？（　　）

  A．迅速用手拉触电人，使他离开电线   B．用铁棒把人和电源分开

  C．用干燥的木棒将人和电源分开   D．迅速拉开电闸、切断电源

分析：正确答案是 C。处理触电事故的原则是尽快使触电人脱离电源，而避免在处理事故时，使其他人再触电，所以 A、B 两项是绝对错误的。

（5）脱离电源后的急救处理？

正确方法是：触电者脱离电源后，应尽量在现场抢救，抢救的方法根据伤害程度的不同而有所不同。如果触电人所受伤害并不严重，神志尚清醒，只是有些心慌、四肢发麻，全身无力或者虽一度昏迷，但未失去知觉时，都要使之安静休息，不要走路，并严密观察其症状。如触电者已失去知觉，但还有呼吸或心脏还在跳动，应使其舒适、安静地平卧。劝散围观者，使空气流通，解开其衣服以利呼吸。如天气寒冷，还应注意保温，并迅速请医生诊治。如发现触电者呼吸困难、稀少，不时还发生抽筋现象，应准备在心脏停止跳动、呼吸停止后立刻进行人工呼吸和人工胸外按压。如果触电人伤得相当严重，心跳和呼吸都已停止，人完全失去知觉时，则需采用口对口人工呼吸和人工胸外按压两种方法同时进行，千万不要认为已经死亡而不去急救。

抢救触电人往往需要很长时间，有时要进行 1~2 h，甚至更长时间，必须连续进行，不得间断，直到触电人心跳和呼吸恢复正常，触电人面色好转，嘴唇红润，瞳孔缩小，才算抢救完毕。

｜模块总结｜

通过对本模块的学习，对电的基本知识以及触电对人体的伤害有一个较为清晰的认识，了解了安全用电的基本常识，明确了对人体安全用电的电压为不高于 36V。对触电的形式：直接触电（单相触电、两相触电），间接（高压）触电（电弧触电、跨步电压触电）有了了解；明确了安全用电原则是不接触低压带电体、不靠近高压带电体。基本掌握了触电的急救方法：切断电源或者用干燥的木棒挑开电线、人工呼吸、人工胸外按压。通过合作学习，掌握钳工常用电动工具的正确安全使用方法，树立安全用电的意识，做到"安全第一、预防为主"。

附录 A
职业技能鉴定国家题库统一试卷

| 中级钳工知识试卷（一）|

一、选择题（第 1~80 题。选择正确的答案，将相应的字母填入题内的括号中。每题 1 分。满分 80 分）

1. 标注形位公差代号时，形位公差项目符号应填写在形位公差框格左起（　　）。
   （A）第一格　　　（B）第二格　　　（C）第三格　　　（D）任意
2. 零件图的技术要求的标注必须符合（　　）的规定注法。
   （A）工厂　　　（B）行业标准　　　（C）部颁标准　　　（D）国家标准
3. 局部剖视图用（　　）作为剖与未剖部分的分界线。
   （A）粗实线　　　（B）细实线　　　（C）细点划线　　　（D）波浪线
4. 在机件的主、俯、左三个视图中，机件对应部分的主、俯视图应（　　）。
   （A）长对正　　　（B）高平齐　　　（C）宽相等　　　（D）长相等
5. 内径百分表表盘沿圆周有（　　）刻度。
   （A）50　　　（B）80　　　（C）100　　　（D）150
6. 发现精密量具有不正常现象时，应（　　）。
   （A）自己修理　　　　　　　　（B）及时送交计量室修理
   （C）继续使用　　　　　　　　（D）可以使用
7. 孔的最大极限尺寸与轴的最小极限尺寸之代数差为负值叫（　　）。
   （A）过盈值　　　（B）最小过盈　　　（C）最大过盈　　　（D）最大间隙
8. 零件（　　）具有的较小间距和峰谷所组成的微观几何形状不平的程度叫做表面粗糙度。
   （A）内表面　　　（B）外表面　　　（C）加工表面　　　（D）非加工表面
9. 将能量由（　　）传递到工作机的一套装置称为传动装置。
   （A）汽油机　　　（B）柴油机　　　（C）原动机　　　（D）发电机
10. 下述（　　）场合不宜采用齿轮传动。
    （A）小中心距传动　　　　　　（B）大中心距传动
    （C）要求传动比恒定　　　　　（D）要求传动效率高
11. 在高温下能够保持刀具材料切削性能的是（　　）。
    （A）硬度　　　（B）耐热性　　　（C）耐磨性　　　（D）强度

12. 高速钢常用的牌号是（　　）。

　　（A）CrWMn　　　　　（B）W18Cr4V　　　　（C）9SiCr　　　　　（D）Cr12MoV

13. 修整砂轮一般用（　　）。

　　（A）油石　　　　　　（B）金刚石　　　　　（C）硬质合金刀　　　（D）高速钢

14. 钻床夹具有：固定式、回转式、移动式、盖板式和（　　）。

　　（A）流动式　　　　　（B）翻转式　　　　　（C）摇臂式　　　　　（D）立式

15. 机床照明灯应选（　　）伏电压。

　　（A）6　　　　　　　　（B）24　　　　　　　（C）110　　　　　　（D）220

16. 零件的加工精度对装配精度（　　）。

　　（A）有直接影响　　　（B）无直接影响　　　（C）可能有影响　　　（D）可能无影响

17. 錾削用的手锤锤头是碳素工具钢制成，并经淬硬处理，其规格用（　　）表示。

　　（A）长度　　　　　　（B）重量　　　　　　（C）体积　　　　　　（D）高度

18. 锉刀共分三种：普通锉、特种锉、还有（　　）。

　　（A）刀口锉　　　　　（B）菱形锉　　　　　（C）整形锉　　　　　（D）椭圆锉

19. 一般手锯的往复长度不应小于锯条长度的（　　）。

　　（A）1/3　　　　　　　（B）2/3　　　　　　（C）1/2　　　　　　（D）3/4

20. 钻直径超过 30mm 的大孔一般要分两次钻削，先用（　　）倍孔径的钻头钻孔，然后用与要求的孔径一样的钻头扩孔。

　　（A）0.3～0.4　　　　（B）0.5～0.7　　　　（C）0.8～0.9　　　　（D）1～1.2

21. 孔径较大时，应取（　　）的切削速度。

　　（A）任意　　　　　　（B）较大　　　　　　（C）较小　　　　　　（D）中速

22. 刮削后的工件表面，形成了比较均匀的微浅凹坑，创造了良好的存油条件，改善了相对运动件之间的（　　）情况。

　　（A）润滑　　　　　　（B）运动　　　　　　（C）摩擦　　　　　　（D）机械

23. 粗刮时，显示剂调得（　　）。

　　（A）干些　　　　　　（B）稀些　　　　　　（C）不干不稀　　　　（D）稠些

24. 粗刮时，粗刮刀的刃磨成（　　）。

　　（A）略带圆弧　　　　（B）平直　　　　　　（C）斜线形　　　　　（D）曲线形

25. 研磨的基本原理包含着物理和（　　）的综合作用。

　　（A）化学　　　　　　（B）数学　　　　　　（C）科学　　　　　　（D）哲学

26. 主要用于碳素工具钢、合金工具钢以及高速钢工件研磨的磨料是（　　）。

　　（A）氧化物磨料　　　（B）碳化物磨料　　　（C）金刚石磨料　　　（D）氧化铬磨料

27. 在研磨中起调和磨料、冷却和润滑作用的是（　　）。

　　（A）研磨液　　　　　（B）研磨剂　　　　　（C）磨料　　　　　　（D）研具

28. 用手工研磨生产效率低，成本高，故只有当零件允许的形状误差小于 0.005mm，尺寸公差小于（　　）mm 时，采用这种方法加工。

　　（A）0.001　　　　　（B）0.01　　　　　　（C）0.02　　　　　　（D）0.03

29. 直径大的棒料或轴类多件常采用（　　）矫直。

　　（A）压力机　　　　　（B）手锤　　　　　　（C）台虎钳　　　　　（D）活络板手

30. 在一般情况下，为简化计算，当 $r/t \geqslant 8$ 时，中性层系数可按（　　）计算。

　　（A）$X_0 = 0.3$　　　　（B）$X_0 = 0.4$　　　　（C）$X_0 = 0.5$　　　　（D）$X_0 = 0.6$

31. $D_0 = (0.75 \sim 0.8)D_1$ 是确定绕弹簧用心棒直径的经验公式，其中 D_1 为（　　）。

　　（A）弹簧内径　　　（B）弹簧外径　　　（C）钢丝直径　　　（D）弹簧中径

32. 产品装配的常用方法有完全互换装配法、（　　）、修配装配和调整装配法。

　　（A）选择装配法　　（B）直接选配法　　（C）分组选配法　　（D）互换装配法

33. 下面（　　）不是装配工作要点。

　　（A）零件的清理、清洗　　　　　　　（B）边装配边检查

　　（C）试车前检查　　　　　　　　　　（D）喷涂、涂油、装管

34. 产品的装配工作包括部件装配和（　　）。

　　（A）总装配　　　（B）固定式装配　　（C）移动式装配　　（D）装配顺序

35. 零件的密封试验是（　　）。

　　（A）装配工作　　　　　　　　　　　（B）试车

　　（C）装配前准备工作　　　　　　　　（D）调整工作

36. 为消除零件因偏重而引起振动，必须进行（　　）。

　　（A）平衡试验　　（B）水压试验　　（C）气压试验　　　（D）密封试验

37. 尺寸链中封闭环公差等于（　　）。

　　（A）增环公差　　　　　　　　　　　（B）减环公差

　　（C）各组成环公差之和　　　　　　　（D）增环公差与减环公差之差

38. 装配工艺规程的内容包括（　　）。

　　（A）装配技术要求及检验方法　　　　（B）工人出勤情况

　　（C）设备损坏修理情况　　　　　　　（D）物资供应情况

39. 立钻 Z525 主轴最高转速为（　　）。

　　（A）97r/min　　（B）1360r/min　　（C）1420r/min　　　（D）480r/min

40. 钻床主轴和进给箱的二级保养要更换（　　）零件。

　　（A）推力轴承　　（B）调整锁母　　（C）传动机构磨损　　（D）齿轮

41. 在拧紧圆形或方形布置的成组螺母纹时，必须（　　）。

　　（A）对称地进行　　　　　　　　　　（B）从两边开始对称进行

　　（C）从外到里　　　　　　　　　　　（D）无序

42. 静连接花键装配，要有较少的过盈量，若过盈量较大，则应将套件加热到（　　）后进行装配。

　　（A）50°　　　　（B）70°　　　　（C）80°～120°　　（D）200°

43. 销是一种（　　），形状和尺寸已标准化。

　　（A）标准件　　　（B）连接件　　　（C）传动件　　　（D）固定件

44. 带在轮上的包角不能太小，三角带包角不能小于（　　），才保证不打滑。

　　（A）150°　　　（B）100°　　　（C）120°　　　　（D）180°

45. 张紧力的调整方法是靠改变两带轮的中心距或用（　　）。

　　（A）张紧轮张紧　　　　　　　　　　（B）中点产生 1.6mm 的挠度

　　（C）张紧结构　　　　　　　　　　　（D）小带轮张紧

46. 带轮相互位置不准确会引起带张紧不均匀而过快磨损，对中心距不大的测量方法是（　　）。

    （A）长直尺　　　　（B）卷尺　　　　（C）拉绳　　　　（D）皮尺

47. 带陷入槽底，是带轮槽磨损造成的，此时的修理方法是（　　）。

    （A）更换轮　　　　　　　　　　（B）更换三角带

    （C）带槽镀铬　　　　　　　　　（D）车深槽

48. 带传动机构使用一段时间后，三角带陷入槽底，这是（　　）损坏形式造成的。

    （A）轴变曲　　　（B）带拉长　　　（C）带轮槽磨损　　　（D）轮轴配合松动

49. 链传动中，链和轮磨损较严重，用（　　）方法修理。

    （A）修轮　　　（B）修链　　　（C）链、轮全修　　　（D）更换链、轮

50. 转速高的大齿轮装在轴上后应作（　　）检查，以免工作时产生过大振动。

    （A）精度　　　　　　　　　　　（B）两齿轮配合精度

    （C）平衡　　　　　　　　　　　（D）齿面接触

51. 轮齿的接触斑点应用（　　）检查。

    （A）涂色法　　　（B）平衡法　　　（C）百分表测量　　　（D）直尺测量

52. 蜗杆的轴心线应在蜗轮轮齿的（　　）。

    （A）对称中心平面内　　　　　　（B）垂直平面内

    （C）倾斜平面内　　　　　　　　（D）不在对称中心平面内

53. 把蜗轮轴装入箱体后，蜗杆轴位置已由箱体孔决定，要使蜗杆轴线位于蜗轮轮齿对称中心面内，只能通过（　　）方法来调整。

    （A）改变箱体孔中心线位置　　　（B）调整垫片厚度

    （C）只能报废　　　　　　　　　（D）把轮轴车细、加偏心套改变中心位置

54. 凸缘式联轴器的装配技术要求在一般情况下应严格保证（　　）。

    （A）两轴的同轴度　　　　　　　（B）两轴的平行度

    （C）两轴的垂直度　　　　　　　（D）两轴的安定

55. 联轴器只有在机器停车时，用拆卸的方法才能使两轴（　　）。

    （A）脱离传动关系　　　　　　　（B）改变速度

    （C）改变运动方向　　　　　　　（D）改变两轴相互位置

56. 离合器装配的主要技术要求之一是能够传递足够的（　　）。

    （A）力矩　　　（B）弯矩　　　（C）扭矩　　　（D）力偶力

57. 当受力超过一定限度时，自动打滑的离合器叫（　　）。

    （A）侧齿式离合器　　　　　　　（B）内齿离合器

    （C）摩擦离合器　　　　　　　　（D）柱销式离合器

58. 常用向心滑动轴承的结构形式有整体式、（　　）和内柱外锥式。

    （A）部分式　　　（B）可拆式　　　（C）剖分式　　　（D）叠加式

59. 整体式滑动轴承，当轴套与座孔配合过盈量较大时，宜采用（　　）压入。

    （A）套筒　　　（B）敲击　　　（C）压力机　　　（D）温差

60. 剖分式滑动轴承的轴承合金损坏后，可采用（　　）的办法，并经机械加工修复。

    （A）重新浇注　　　（B）更新　　　（C）去除损坏处　　　（D）补偿损坏处

61. 液体静压轴承是用油泵把（　　）送到轴承间隙强制形成油膜。
    （A）低压油　　　（B）中压油　　　（C）高压油　　　（D）超高压油

62. 轴承合金具有良好的（　　）。
    （A）减摩性　　　（B）耐磨性　　　（C）减摩性和耐磨性　（D）高强度

63. 典型的滚动轴承由内圈、外圈、（　　）、保持架四个基本元件组成。
    （A）滚动体　　　（B）球体　　　（C）圆柱体　　　（D）圆锥体

64. 滚动轴承型号在（　　）中表示。
    （A）前段　　　（B）中段　　　（C）后段　　　（D）前、中、后三段

65. 轴承的轴向固定方式有两端单向固定方式和（　　）方式两种。
    （A）两端双向固定　　　　　　　　（B）一端单向固定
    （C）一端双向固定　　　　　　　　（D）两端均不固定

66. 轴、轴上零件及两端（　　）、支座的组合称轴组。
    （A）轴孔　　　（B）轴承　　　（C）支承孔　　　（D）轴颈

67. 柴油机的主要运动件是（　　）。
    （A）气缸　　　（B）喷油器　　　（C）曲轴　　　（D）节温器

68. 能按照柴油机的工作次序，定时打开排气门，使新鲜空气进入气缸和废气从气缸排出的机构叫（　　）。
    （A）配气机构　　　（B）凸轮机构　　　（C）曲柄连杆机构　　　（D）滑块机构

69. 设备修理，拆卸时一般应（　　）。
    （A）先拆内部、上部　　　　　　　（B）先拆外部、下部
    （C）先拆外部、上部　　　　　　　（D）先拆内部、下部

70. 相互运动的表层金属逐渐形成微粒剥落而造成的磨损叫（　　）。
    （A）疲劳磨损　　　（B）砂粒磨损　　　（C）摩擦磨损　　　（D）消耗磨损

71. 液压系统产生爬行故障的原因是（　　）。
    （A）节流缓冲系统失灵　　　　　　（B）空气混入液压系统
    （C）油泵不泵油　　　　　　　　　（D）液压元件密封件损坏

72. 丝杠螺母传动机构只有一个螺母时，使螺母和丝杠始终保持（　　）。
    （A）双向接触　　　（B）单向接触　　　（C）单向或双向接触　（D）三向接触

73. 用检查棒校正丝杠螺母副同轴度时，为消除检验棒在各支承孔中的安装误差，可将检验棒转过（　　）后再测量一次，取其平均值。
    （A）60°　　　（B）180°　　　（C）90°　　　（D）360°

74. 操作钻床时不能戴（　　）。
    （A）帽子　　　（B）手套　　　（C）眼镜　　　（D）口罩

75. 危险品仓库应设（　　）。
    （A）办公室　　　（B）专人看管　　　（C）避雷设备　　　（D）纸筒

76. 泡沫灭火机不应放在（　　）。
    （A）室内　　　（B）仓库内　　　（C）高温的地方　　　（D）消防器材架上

77. 起吊时吊钩要垂直于重心，绳与地面垂直时，一般不超过（　　）。
    （A）75°　　　（B）65°　　　（C）55°　　　（D）45°

78. 锯割时，回程时应（　　）。

（A）用力　　　　（B）取出　　　　（C）滑过　　　　（D）稍抬起

79. 钳工车间设备较少工件摆放时，要（　　）。

（A）堆放　　　　（B）大压小　　　　（C）重压轻　　　　（D）放在工件架上

80. 其励磁绕组和电枢绕组分别用两个直流电源供电的电动机叫（　　）。

（A）复励电动机　　（B）他励电动机　　（C）并励电动机　　（D）串励电动机

二、判断题（第 81～100 题。将判断结果填入括号中。正确的填"√"，错误的填"×"。每题 1 分。满分 20 分）

（　）81. 表面粗糙度的高度评定参数有轮廓算术平均偏差 Ra，微观不平度十点高度 Rz 和轮廓最大高度 Ry 三个。

（　）82. 绘制零件图的过程大体上可分：（1）形体分析、确定主视图；（2）选择其他视图，确定表达方案；（3）画出各个视图；（4）标注正确、完整、清晰合理的尺寸；（5）填写技术要求和标题栏等阶段。

（　）83. 形状公差是形状误差的最大允许值，包括直线度、平面度、圆度、圆柱度、线轮廓度、面轮廓度 6 种。

（　）84. 磨床液压系统进入空气，油液不洁净，导轨润滑不良，压力不稳定等都会造成磨床工作台低速爬行。

（　）85. 精加工磨钝标准的制订是按它能否充分发挥刀具切削性能和使用寿命最长的原则而确定的。

（　）86. 刀具磨损越慢，切削加工时就越长，也就是刀具寿命越长。

（　）87. 选定合适的定位元件可以保证工件定位稳定和定位误差最小。

（　）88. 夹紧机构要有自锁机构。

（　）89. 钢回火的加热温度在 A1 线以下，因此，回火过程中无组织变化。

（　）90. 大型工件划线时，如果没有长的钢直尺，可用拉线代替，没有大的直角尺则可用线坠代替。

（　）91. 利用分度头可在工件上划出圆的等分线或不等分线。

（　）92. 用接长钻头钻深孔时，可一钻到底，不必中途退出排屑。

（　）93. 钻孔时所用切削液的种类和作用与加工材料和加工要求无关。

（　）94. 研具材料比被研磨的工件硬。

（　）95. 弯曲有焊缝的管子，焊缝必须放在其弯曲内层的位置。

（　）96. 键的磨损一般都采取更换键的修理办法。

（　）97. 圆锥式磨擦离合器在装配时，必须用仪器测量检查两圆锥面的接触情况。

（　）98. 车床丝杠的横向和纵向进给运动是螺旋传动。

（　）99. 钻床变速前应取下钻头。

（　）100. 钳工工作场地必须清洁整齐，物品摆放有序。

|中级钳工知识试卷（二）|

一、选择题（第 1~80 题。选择正确的答案，将相应的字母填入题内的括号中。每题 1 分。满分 80 分）

1. 零件图中标注极限偏差时，上下偏差小数点对齐，小数点后位数相同零偏差（　　）。
   （A）必须标出　　　　（B）不必标出　　　　（C）文字说明　　　　（D）用符号表示

2. 千分尺固定套筒上的刻线间距为（　　）mm。
   （A）1　　　　　　（B）0.5　　　　　　（C）0.01　　　　　　（D）0.001

3. 内径百分表盘面刻有 100 刻度，两条刻线之间代表（　　）mm。
   （A）0.1　　　　　（B）0.01　　　　　（C）0.001　　　　　（D）1

4. 孔的最小极限尺寸与轴的最大极限尺寸之代数差为负值叫（　　）。
   （A）过盈值　　　　（B）最小过盈　　　　（C）最大过盈　　　　（D）最小间隙

5. 表面粗糙度基本特征符号√ 表示（　　）。
   （A）用去除材料的方法获得的表面　　　　（B）无具体意义，不能单独使用
   （C）用不去除材料的方法获得的表面　　　　（D）任选加工方法获得的表面

6. 将能量由原动机传递到（　　）的一套装置称为传动装置。
   （A）工作机　　　　（B）电动机　　　　（C）汽油机　　　　（D）接收机

7. 液压传动的工作介质是具有一定压力的（　　）。
   （A）气体　　　　　（B）液体　　　　　（C）机械能　　　　　（D）电能

8. 液压系统中的液压泵属于（　　）。
   （A）动力部分　　　（B）控制部分　　　（C）执行部分　　　（D）辅助部分

9. 国产液压油的使用寿命一般都在（　　）。
   （A）三年　　　　　（B）二年　　　　　（C）一年　　　　　（D）一年以上

10. 磨削加工的主运动是（　　）。
    （A）砂轮圆周运动　　　　　　　　（B）工件旋转运动
    （C）工作台移动　　　　　　　　　（D）砂轮架运动

11. 利用已精加工且面积较大的导向平面定位时，应选择的基本支承点（　　）。
    （A）支承板　　　（B）支承钉　　　（C）自位支承　　　（D）可调支承

12. 在夹具中，夹紧力的作用方向应与钻头轴线的方向（　　）。
    （A）平行　　　　（B）垂直　　　　（C）倾斜　　　　　（D）相交

13. 钻床夹具的类型在很大程度上决定于被加工孔的（　　）。
    （A）精度　　　　（B）方向　　　　（C）大小　　　　　（D）分布

14. 为改善 T12 钢的切削加工性，通常采用（　　）处理。
    （A）完全退火　　（B）球化退火　　（C）去应力火　　（D）正火

15. 封闭环公差等于（　　）。
    （A）各组成环公差之差　　　　　　（B）各组成环公差之和
    （C）增环公差　　　　　　　　　　（D）减环公差

16. 采用无心外圆磨床加工的零件一般会产生（   ）误差。

    （A）直线度   （B）平行度   （C）平面度   （D）圆度

17. 在零件图上用来确定其他点、线、面位置的基准称为（   ）基准。

    （A）设计   （B）划线   （C）定位   （D）修理

18. 分度头的手柄转一周，装夹在主轴上的工件转（   ）。

    （A）1 周   （B）20 周   （C）40 周   （D）1/40 周

19. 錾子的前刀面与后刀面之间的夹角称为（   ）。

    （A）前角   （B）后角   （C）楔角   （D）副后角

20. 平面锉削分为顺向锉、交叉锉、还有（   ）。

    （A）拉锉法   （B）推锉法   （C）平锉法   （D）立锉法

21. 锯割软材料或厚材料选用（   ）锯条。

    （A）粗齿   （B）细齿   （C）硬齿   （D）软齿

22. 对于标准麻花钻而言，在主截面内（   ）与基面之间的夹角称为前角。

    （A）后刀面   （B）前刀面   （C）副后刀面   （D）切削平面

23. 在钻壳体与其相配衬套之间的骑缝螺纹底孔时，由于两者材料不同，孔中心的样冲眼要打在（   ）。

    （A）略偏于硬材料一边   （B）略偏于软材料一边

    （C）两材料中间   （D）衬套上

24. 孔的精度要求较高和表面粗糙度值要求较小时，应取（   ）的进给量。

    （A）较大   （B）较小   （C）普通   （D）任意

25. 常用螺纹按（   ）可分为三角螺纹，方形螺纹，条形螺纹，半圆螺纹和锯齿螺纹等。

    （A）螺纹的用途   （B）螺纹在轴向剖面内的形状

    （C）螺纹的受力方式   （D）螺纹在横向剖面内的形状

26. M3 以上的圆板牙尺寸可调节，其调节范围是（   ）。

    （A）0.1～0.5mm （B）0.6～0.9mm （C）1～1.5mm （D）2～1.5mm

27. 在钢和铸铁件上加工同样直径的内螺纹时，钢件的底孔直径比铸铁件的底孔直径（   ）。

    （A）稍小   （B）小很多   （C）稍大   （D）大很多

28. 套丝前圆杆直径应（   ）螺纹的大径尺寸。

    （A）稍大于   （B）稍小于   （C）等于   （D）大于或等于

29. 检查用的平板其平面度要求 0.03，应选择（   ）方法进行加工。

    （A）磨   （B）精刨   （C）刮削   （D）锉削

30. 在研磨时，部分磨料嵌入较软的（   ）表面层，部分磨料则悬浮于工件与研具之间。

    （A）工件   （B）工件，研具   （C）研具   （D）研具和工件

31. 用于宝石、玛瑙等高硬度材料的精研磨加工的磨料是（   ）。

    （A）氧化物磨料   （B）碳化物磨料

    （C）金刚石磨料   （D）氧化铬磨料

32. 在研磨外圆柱面时，可用车床带动工件，用手推动研磨环在工件上沿轴线做往复运动进行研磨，若工件直径小于 80mm 时，车床转速应选择（   ）。

    （A）50r/min   （B）100r/min   （C）250r/min   （D）500r/min

33. 矫直棒料时，为消除因弹性变形所产生的回翘可（　　）一些。

    （A）适当少压　　　　　　　　　　　（B）用力小

    （C）用力大　　　　　　　　　　　　（D）使其反向弯曲塑性变形

34. 当金属薄板发生对角翘曲变形时，其矫平方法是沿（　　）锤击。

    （A）翘曲的对角线　　　　　　　　　（B）没有翘曲的对角线

    （C）周边　　　　　　　　　　　　　（D）四周向中间

35. 若弹簧内径与其他零件相配，用经验公式 $D_0=(0.75\sim0.8)D_1$ 确定心棒直径时，其系数应取（　　）值。

    （A）大　　　　　　（B）中　　　　　　（C）小　　　　　　（D）任意

36. 装配精度检验包括工作精度检验和（　　）检验。

    （A）几何精度　　　　（B）密封性　　　　（C）功率　　　　（D）灵活性

37. 装配工艺规程的内容包括（　　）。

    （A）所需设备工具时间额定　　　　　（B）设备利用率

    （C）厂房利用率　　　　　　　　　　（D）耗电量

38. 编制工艺规程的方法首先是（　　）。

    （A）对产品进行分析　　　　　　　　（B）确定组织形式

    （C）确定装配顺序　　　　　　　　　（D）划分工序

39. 要在一圆盘面上划出六边形，问每划一条线后分度头的手柄应摇（　　）周，再划第二条线。

    （A）2/3　　　　（B）6·2/3　　　　（C）6/40　　　　（D）1

40. 利用分度头可在工件上划出圆的（　　）。

    （A）等分线　　　　　　　　　　　　（B）不等分线

    （C）等分线或不等分线　　　　　　　（D）以上叙述都不正确

41. 立钻电动机二级保养要按需要拆洗电机，更换（　　）润滑剂。

    （A）20#机油　　　（B）40#机油　　　（C）锂基润滑脂　　　（D）1#钙基润滑脂

42. 螺纹装配有双头螺栓的装配和（　　）的装配。

    （A）螺母　　　　（B）螺钉　　　　（C）螺母和螺钉　　　　（D）特殊螺纹

43. 在拧紧（　　）布置的成组螺母时，必须对称地进行。

    （A）长方形　　　　（B）圆形　　　　（C）方形　　　　（D）圆形或方形

44. 松键装配在键长方向、键与轴槽的间隙是（　　）毫米。

    （A）1　　　　（B）0.5　　　　（C）0.2　　　　（D）0.1

45. 销连接在机械中的主要作用是定位，连接成锁定零件，有时还可作为安全装置的（　　）零件。

    （A）传动　　　　（B）固定　　　　（C）定位　　　　（D）过载剪断

46. 圆柱销一般靠（　　）固定在孔中，用以定位和连接。

    （A）螺纹　　　　（B）过盈　　　　（C）键　　　　（D）防松装置

47. 销是一种标准件，（　　）已标准化。

    （A）形状　　　　（B）尺寸　　　　（C）大小　　　　（D）形状和尺寸

48. 过盈连接是依靠孔、轴配合后的（　　）来达到坚固连接的。

    （A）摩擦力　　　　（B）压力　　　　（C）拉力　　　　（D）过盈值

49. 当过盈量及配合尺寸较大时，常采用（　　）装配。
　　（A）压入法　　（B）冷缩法　　（C）温差法　　（D）爆炸法

50. 在带传动中，不产生打滑的皮带是（　　）。
　　（A）平带　　（B）三角带　　（C）齿形带　　（D）可调节三角带

51. 两带轮相对位置的准确要求是（　　）。
　　（A）保证两轮中心平面重合　　　　（B）两轮中心平面平行
　　（C）两轮中心平面垂直　　　　　　（D）两轮中心平面倾斜

52. 带传动机构使用（　　）时间后，三角带陷入槽底，这是带轮槽磨损损坏形式造成的。
　　（A）一年　　（B）二年　　（C）五年　　（D）一段

53. 链传动的损坏形式有链被拉长，链和链轮磨损，（　　）。
　　（A）脱链　　（B）链断裂　　（C）轴颈弯曲　　（D）链和链轮配合松动

54. 转速（　　）的大齿轮装在轴上后应做平衡检查，以免工作时产生过大振动。
　　（A）高　　（B）低　　（C）1500r/min　　（D）1440r/min

55. 在接触区域内通过脉冲放电，把齿面凸起的部分先去掉，使接触面积逐渐扩大的方法叫（　　）。
　　（A）加载跑合　　（B）电火花跑合　　（C）研磨　　（D）刮削

56. 蜗轮副正确的接触斑点位置应在（　　）位置。
　　（A）蜗杆中间　　　　　　　　（B）蜗轮中间
　　（C）蜗轮中部稍偏蜗杆旋出方向　（D）蜗轮中部稍偏蜗轮旋出方向

57. 凸缘式联轴器的装配技术要求要保证各连接件（　　）。
　　（A）连接可靠　　　　　　　　（B）受力均匀
　　（C）不允许有自动松脱现象　　（D）以上说法全对

58. 十字沟槽式联轴器在工作时允许两轴线有少量径向（　　）。
　　（A）跳动　　（B）偏移和歪斜　　（C）间隙　　（D）游动

59. 用涂色法检查离合器两圆锥面的接触情况时，色斑分布情况（　　）。
　　（A）靠近锥顶　　（B）靠近锥底　　（C）靠近中部　　（D）在整个圆锥表面上

60. 整体式向心滑动轴承是用（　　）装配的。
　　（A）热胀法　　（B）冷配法　　（C）压入法　　（D）爆炸法

61. 剖分式滑动轴承常用定位销和轴瓦上的（　　）来止动。
　　（A）凸台　　（B）沟槽　　（C）销、孔　　（D）螺孔

62. 滑动轴承的主要特点之一是（　　）。
　　（A）摩擦小　　（B）效率高　　（C）工作可靠　　（D）装拆方便

63. 滑动轴承装配的主要要求之一是（　　）。
　　（A）减少装配难度　　　　（B）获得所需要的间隙
　　（C）抗蚀性好　　　　　　（D）获得一定速比

64. 液体静压轴承是用油泵把高压油送到轴承间隙里，（　　）形成油膜。
　　（A）即可　　（B）使得　　（C）强制　　（D）终于

65. 主要承受径向载荷的滚动轴承叫（　　）。
　　（A）向心轴承　　（B）推力轴承　　（C）向心、推力轴承　　（D）单列圆锥滚子轴承

66. 滚动轴承型号有（　　　）数字。

　　（A）5位　　　　　　（B）6位　　　　　　（C）7位　　　　　　（D）8位

67. 通过改变轴承盖与壳体端面间垫片厚度 δ 来调整轴承的轴向游隙 S 的方法叫（　　　）法。

　　（A）调整游隙　　　（B）调整垫片　　　（C）螺钉调整　　　（D）调整螺钉

68. 轴、轴上零件及两端轴承、支座的组合称为（　　　）。

　　（A）轴组　　　　　（B）装配过程　　　（C）轴的配合　　　　（D）轴的安装

69. 按工作过程的需要，定时向气缸内喷入一定数量的燃料，并使其良好雾化，与空气形成均匀可燃气体的装置叫（　　　）。

　　（A）供给系统　　　（B）调节系统　　　（C）冷却系统　　　（D）起动系统

70. 拆卸精度较高的零件，采用（　　　）。

　　（A）击拆法　　　　（B）拉拔法　　　　（C）破坏法　　　　（D）温差法

71. 螺旋传动机械是将螺旋运动变换为（　　　）。

　　（A）两轴速垂直运动　　　　　　　　　（B）直线运动

　　（C）螺旋运动　　　　　　　　　　　　（D）曲线运动

72. （　　　）间隙直接影响丝杠螺母副的传动精度。

　　（A）轴向　　　　　（B）法向　　　　　（C）径向　　　　　（D）齿顶

73. 钳工上岗时只允许穿（　　　）。

　　（A）凉鞋　　　　　（B）拖鞋　　　　　（C）高跟鞋　　　　（D）工作鞋

74. 钻床开动后，操作中允许（　　　）。

　　（A）用棉纱擦钻头　　　　　　　　　　（B）测量工作

　　（C）手触钻头　　　　　　　　　　　　（D）钻孔

75. 电线穿过门窗及其他可燃材料应加套（　　　）。

　　（A）塑料管　　　　（B）磁管　　　　　（C）油毡　　　　　（D）纸筒

76. 钻床变速前应（　　　）。

　　（A）停车　　　　　（B）取下钻头　　　（C）取下工件　　　（D）断电

77. 工具摆放要（　　　）。

　　（A）整齐　　　　　（B）堆放　　　　　（C）混放　　　　　（D）随便

78. 使用电钻时应戴（　　　）。

　　（A）线手套　　　　（B）帆布手套　　　（C）橡皮手套　　　（D）棉手套

79. 工作完毕后，所用过的工具要（　　　）。

　　（A）检修　　　　　（B）堆放　　　　　（C）清理、涂油　　（D）交接

80. 熔断器的作用是（　　　）。

　　（A）保护电路　　　　　　　　　　　　（B）接通、断开电源

　　（C）变压　　　　　　　　　　　　　　（D）控制电流

二、判断题（第 81~100 题。将判断结果填入括号中。正确的填"√"，错误的填"×"。每题 1 分。满分 20 分）

（　　）81. 带传动是依靠作为中间挠性件的带和带轮之间的摩擦力来传动的。

（　　）82. 液压传动具有传递能力大，传动平稳，动作灵敏容易实现无级变速过载保护，便于实现标准化、系列化和自动化等特点。

（　　）83. 刀具耐热性是指金属切削过程中产生剧烈摩擦的性能。

（　　）84. 粗加工磨钝标准是按正常磨损阶段终了时的磨损值来制订的。

（　　）85. 钻床可采用 220V 照明灯具。

（　　）86. 淬火后的钢，回火温度越高，其强度和硬度也越高。

（　　）87. 选择锉刀尺寸规格，取决于加工余量的大小。

（　　）88. 平面刮刀淬火后，在砂轮上刃磨时，必须注意冷却防止退火。

（　　）89. 煤油、汽油、工业甘油均可作研磨液。

（　　）90. 立式钻床的主要部件包括主轴变速箱、进给变速箱、主轴和进给手柄。

（　　）91. 锉配键是键磨损常采取的修理办法。

（　　）92. 当过盈量及配合尺寸较大时，常采用压入法装配。

（　　）93. 当带轮孔增大必须镶套，套与轴为螺纹连接套与带轮常用加骑缝螺钉方法固定。

（　　）94. 轮齿的接触斑点应用涂色法检查。

（　　）95. 蜗杆的轴心线应在蜗轮轮齿的对称中心平面内。

（　　）96. 联轴器的任务是传递扭短，有时可作定位作用。

（　　）97. 离合器的装配技术要求之一是能够传递足够的扭矩。

（　　）98. 相同精度的前后滚动轴承采用定向装配时，其主轴的径向跳动量不变。

（　　）99. 液压系统产生爬行故障原因是空气混入液压系统。

（　　）100. 工业企业在计划期内生产的符合质量的工业产品的实物量叫产品质量。

试卷（一）　参考答案与评分标准

一、选择题

评分标准：各小题答对给 1 分；答错或漏答不给分，也不扣分。

1. A　2. B　3. B　4. C　5. B　6. B　7. B　8. A　9. D　10. A
11. A　12. B　13. B　14. B　15. B　16. D　17. A　18. C　19. B　20. B
21. C　22. B　23. B　24. B　25. A　26. A　27. A　28. C　29. A　30. C
31. C　32. B　33. C　34. A　35. C　36. A　37. A　38. A　39. B　40. C
41. A　42. C　43. A　44. C　45. A　46. A　47. D　48. C　49. D　50. C
51. A　52. A　53. B　54. A　55. B　56. C　57. C　58. C　59. D　60. C
61. A　62. C　63. A　64. A　65. A　66. C　67. C　68. A　69. A　70. B
71. B　72. B　73. C　74. B　75. B　76. A　77. A　78. D　79. D　80. A

二、判断题

评分标准：各小题答对给 1 分；答错或漏答不给分，也不扣分。

81. √　82. √　83. ×　84. √　85. ×　86. ×　87. √　88. √　89. √　90. √
91. √　92. ×　93. ×　94. ×　95. √　96. √　97. √　98. √　99. ×　100. √

|试卷（二）　参考答案与评分标准|

一、选择题

评分标准：各小题答对给 1 分；答错或漏答不给分，也不扣分。

1. D	2. B	3. B	4. A	5. B	6. A	7. B	8. A	9. C	10. A
11. A	12. A	13. B	14. B	15. B	16. D	17. A	18. C	19. B	20. B
21. A	22. B	23. A	24. B	25. B	26. A	27. C	28. B	29. A	30. C
31. C	32. A	33. D	34. B	35. C	36. A	37. A	38. A	39. B	40. C
41. A	42. C	43. D	44. C	45. D	46. B	47. D	48. D	49. C	50. C
51. A	52. A	53. B	54. A	55. B	56. D	57. C	58. B	59. B	60. A
61. C	62. C	63. A	64. B	65. C	66. A	67. B	68. A	69. C	70. B
71. B	72. B	73. D	74. D	75. A	76. A	77. A	78. C	79. D	80. B

二、判断题

评分标准：各小题答对给 1 分；答错或漏答不给分，也不扣分。

81. √	82. √	83. ×	84. √	85. ×	86. √	87. √	88. √	89. ×	90. √
91. √	92. √	93. √	94. √	95. ×	96. √	97. ×	98. √	99. √	100. √

（一）

一、简答题

1. 钳工安全生产包括哪些内容？

2. 台虎钳使用时的安全要求有哪些？

3. 试述游标卡尺的读数原理和读数方法。

4. 试述千分尺的读数原理和读数方法。

5. 量具应怎样维护与保养？

6. 30°梯形螺纹的中径为 $33_{-0.453}^{-0.118}$ mm，试计算用三针测量时三针的最佳直径。

7. 什么是划线基准？

8. 什么是找正和借料？

9. 划线的作用是什么？

10. 划线基准一般有哪三种类型？

11. 按要求对轴承座（见附图 1）进行加工前划线，请按附表 1 填完划线步骤，并在操作内容栏内说明如何选择划线基准（图中已填，仅供参考）。操作内容编写好后，再认真填写在附表 1 中。

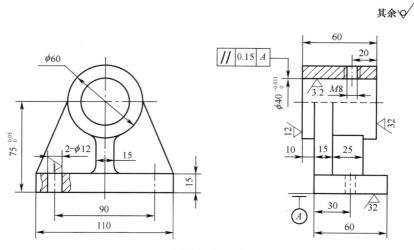

附图 1 轴承座

附表 1 轴承座划线步骤

图号	ZCZ-003		零件名称	轴承座	工件材料	HT200
			钳工工序卡			
序号	工 步 简 图			操 作 内 容		工量具
1				清理毛坯，ϕ40mm 孔用木块或铅块堵上，在划线部位涂上涂料		钢丝刷，检点锤
2				在平板上，以图示位置用千斤顶支承工件，以两端 ϕ40mm 孔中心及厚 15mm 底板顶面为划线基准，调好水平位置，用划针盘划出Ⅰ-Ⅰ、Ⅱ-Ⅱ水平线，并引至两侧面		
3				在平板上，以图示位置用千斤顶支承工件，以两端 ϕ40mm 孔中心及已划Ⅱ-Ⅱ线面作为垂直基准，调好水平和垂直位置，用划针盘划出Ⅲ-Ⅲ图示水平线，并引至两侧面。注意与筋板中心对称（可适当借料）		划线平板、千斤顶、直角尺、钢直尺、划针盘
4				以图示支承工件，分别以Ⅱ-Ⅱ、Ⅲ-Ⅲ为垂直基准，调整工作两方向垂直，划 60 等尺寸线，注意与筋板的尺寸		
5				检查无误后打上洋冲眼		钢皮尺、游标卡尺

12. 合理选用锉刀的原则是什么？

13. 怎样正确使用和保养锉刀？

14. 平面锉削的方法各有什么优缺点？应如何选用？

15. 如何选择锉刀？

16. 锯条的锯路是怎样形成的？其作用是什么？

17. 锯条的粗细应如何选择？

18. 如何安装锯条才是正确的？

19. 起锯应注意哪些问题？

20. 试述麻花钻各组成部分的名称及作用。

21. 麻花钻后角的大小对切削的什么影响？

22. 标准麻花钻切削部分存在哪些主要缺点？钻削中产生什么影响？

23. 标准麻花通常修磨哪些部位？其目的如何？

24. 怎样选择粗加工和精加工时的切削液？

25. 铰削时孔径缩小的原因有哪些？

26. 螺纹的螺距与导程有什么区别？

27．丝锥上的标志包括哪些内容？

28．螺纹底孔直径为什么要略大于螺纹小径？

29．为何弯曲中有回弹现象？弯曲作业中如何防止产生回弹？

30．弯曲时的最小弯曲半径是多少？为何要限制弯曲时的最小弯曲半径？

31．手工矫正工具有哪些？各适用哪些场合？

32．矫正的常用方法有哪些？其对象是什么？

33．刮削有何作用？

34．简述挺刮法的操作方法。

35．平刮刀精磨时应注意哪些方面？

36．刮削过程一般分几个步骤，各自的工作内容是什么？

37．显示剂种类有哪些？各适用哪些场合？

38．简述原始平板的刮削过程。

39．研磨中磨料起什么作用？

40．研磨液的作用是什么？

41．平面研磨运动轨迹有哪几种？各种方法适用于哪些场合？

42．简述黏合剂的种类和使用场合。

43．外圆柱面研磨应注意哪些方面？

44．简述台钻转速的调整方法。

45．台钻的安全操作规程有哪些？

46．砂轮机的安全操作规程有哪些？

47．电钻的安全操作规程有哪些？

48．角向磨光机的安全操作规程有哪些？

49．钻床夹具的种类和作用？

50．固定式钻夹具的特点是什么？

二、名词解释题

1．顶角

2．横刃斜角

3．螺旋角

4．钻削进给量

5．弯曲

6．矫正

7．冷作硬化

8．刮削

9．研磨

10．铆接

11．黏合

三、计算题

1．在一钻床上钻$\phi 10$mm 的孔，选择转速 n 为 500r/min，求钻削时的切削速度。

2．在一钻床钻$\phi 20$mm 的孔，根据切削条件，确定切削速度 v 为 20m/min，求钻削时应选择的转速。

四、作图题

1．作出标准麻花钻横刃上的前角、后角和横刃斜角示意图，并用代号表示。

2．作出磨花钻前角修磨示意图。

3．试比较麻花钻、扩孔钻、铰刀的结构和加工特点，完成附表 2。

附表 2　　　　　　　　　　　　　　刀具结构和加工特点

比较内容 ＼ 刀具种类	麻花钻	扩孔钻	铰刀
刀齿数			
排屑槽的深度			
相同尺寸刀具的芯部粗细			
刀具刚度			
切深范围			
加工孔的尺寸公差等级			
加工孔的粗糙度 Ra 值			

（二）

简答题

1．产品的装配工艺过程由哪几部分组成？其主要内容是什么？

2．什么叫解装配尺寸链？其解法有哪几种？

3．试述螺纹连接的装配要点。

4．销连接的作用有哪些？为什么连接件的销孔在装配时要一起钻、铰？

5．链条两端接头如何连接？连接时应注意哪些问题？

6．齿轮传动机构有哪些优缺点？

7．试述螺旋传动机构的装配技术要求。

8．联轴器和离合器的根本区别是什么？

9．滑动轴承常用的结构形式及装配方法有哪些？

10．CA6140 型卧式车床主轴轴承间隙过大或过小会产生什么现象？

11．简述减速器的功能以及传动形式。

12．齿轮减速器其机械结构反映了哪些装配关系？

13．减速器机体结构的种类和应用场合有哪几种？

14．齿轮减速器的装配技术要求有哪些？

15．立体划线时应注意哪些事项？

16．简述内圆弧锉削要点。

17．如何保证制作鸭嘴锤时腰孔的对称度？

18．如何保证燕尾加工时的燕尾对称度？

19．35mm 台虎钳总装配时应注意哪些要求？

20．简述整体式镶配件加工时应如何保证配合精度。

21．如何保证样板锉配件两孔的对称度要求？

22．三角锉配件下料时应注意哪些方面？

23．简述内方孔加工的注意事项。

24．电流对人体的危险性与哪些因素有关？

25．人体触电就一定会死亡吗？

26．简述触电急救的方法。

27．安全用电的措施有哪些？

28．脱离电源后的急救处理方式有哪些？